SAMMLUNG GÖSCHEN BAND 584/584a

KINEMATIK

von

DR. HANS ROBERT MÜLLER
o. Prof. an der Technischen Universität Berlin

Mit 75 Figuren

WALTER DE GRUYTER & CO.
vormals G. J. Göschen'sche Verlagshandlung · J. Guttentag, Verlagsbuchhandlung · Georg Reimer · Karl J. Trübner · Veit & Comp.
BERLIN 1963

Sämtliche Figuren wurden von Herrn Detlef Krüger (Berlin) angefertigt.

Beim Lesen der Korrekturen halfen die Herren Josef Hoschek (Darmstadt) und Peter Meyer (Braunschweig)

 — Archiv-Nr. 7932639. — Satz und Druck: Walter de Gruyter & Co., Berlin 30. — Printed in Germany.

Inhaltsverzeichnis

B. Räumliche Kinematik

Schrifttum

Auf einzelne Abhandlungen jüngeren Datums wird im Text durch Fußnoten hingewiesen. Einige neuere Lehrbücher oder geschlossene Darstellungen der Kinematik, die meist auch ausführliche Literaturhinweise enthalten, mögen angeführt werden:

[1] R. Beyer, Technische Kinematik, Leipzig 1931.

[2] W. Blaschke—H. R. Müller, Ebene Kinematik, München 1956.

[3] R. Bricard, Leçons de Cinématique I, II, Paris 1926/27.

[4] K. Federhofer, Graphische Kinematik und Kinetostatik, Berlin 1932.

[5] R. Garnier, Cours de Cinématique I, II, III, Paris 1949 bis 1956.

[6] F. Hohenberg, Konstruktive Geometrie in der Technik, Wien 1961.

[7] G. Julia, Cours de Cinématique, Paris 1936.

[8] J. L. Krames, Darstellende und kinematische Geometrie für Maschinenbauer, Wien 1956.

[9] E. Kruppa, Analytische und konstruktive Differentialgeometrie, Wien 1957.

[10] H. R. Müller, Sphärische Kinematik, Berlin 1962.

[11] H. E. Timerding, Geometrie der Kräfte, Leipzig 1908.

[12] E. A. Weiß, Einführung in die Liniengeometrie und Kinematik, Leipzig und Berlin 1935.

Zwecks näherer Begründung der mathematischen Hilfsmittel sowie als Hinweise auf technische Anwendungen sei auf folgende Bände dieser Sammlung verwiesen:

K. P. Grotemeyer, Analytische Geometrie (65/65a).

K. Strubecker, Differentialgeometrie I (1113/1113a), II (1179/1179a), III (1180/1180a).

S. Valentiner—H. König, Vektoren-Matrizen (354/354a).

P. Grodzinski, Getriebelehre (1061).

Einleitung

In der Kinematik werden räumlich-zeitliche Aspekte und Eigenschaften von stetigen Bewegungsvorgängen, also von stetigen Lageänderungen ebener oder räumlicher Gebilde betrachtet. Andere Begriffe der Mechanik, wie Massen, Kräfte usf., die hierbei wirksam werden, sind außer acht zu lassen. Das Interesse gilt in erster Linie den geometrischen Eigenschaften von Bewegungen und dem geometrischen Kern technischer Anwendungen. — Wir beschränken uns hier auf zwangläufige, d. h. einparametrige Bewegungsvorgänge und erheben auch bei deren Behandlung keinerlei Anspruch auf Vollständigkeit. Insbesondere ist der Abschnitt über räumliche Kinematik kurz und knapp gehalten, zumal der ebenen Kinematik größere praktische Bedeutung zukommt. Aus der Fülle der kinematischen Erkenntnisse kann nur eine kleine Auswahl geboten werden.

Da ein Großteil der kinematischen Fragestellungen und Sätze differentialgeometrischer Natur ist, wurde eine analytische (also rechnerische) Behandlungsweise gewählt, die allein eine exakte Beweisführung und ein Vordringen zu Eigenschaften höherer Ordnung gestattet. Vielfach wurden jedoch auch anschaulich-geometrische, synthetische Überlegungen und Schlüsse durchgeführt und graphisch-konstruktive Verfahren behandelt. Als adäquates analytisches Hilfsmittel wurden neben der Vektorrechnung in der ebenen Kinematik komplexe Zahlen herangezogen. In der räumlichen Kinematik wird vom „begleitenden Dreibein" und dem Darbouxschen Drehvektor Gebrauch gemacht. Mathematische Ergänzungen und Erläuterungen wurden mehrfach im Kleindruck eingefügt, so daß an Vorkenntnissen nur die Grundbegriffe der Analysis und analytischen Geometrie vorausgesetzt werden.

A. EBENE KINEMATIK

I. Punktbahnen und Geschwindigkeiten

1. Zwangläufige Bewegungsvorgänge in der Ebene

Wir gehen von einer ebenen Scheibe aus, die auf einer ebenen Unterlage liege und gegen diese beweglich sei. Als Vertreter (Repräsentant) jedes dieser beiden Systeme wählen wir in ihnen je einen rechten Winkel: Die bewegliche Ebene oder *Gangebene* **E** werde durch das rechtwinkelige Achsenkreuz $\{U;\, x_1, x_2\}$ mit dem Ursprung U und den beiden rechtwinkeligen x_i-Achsen erfaßt. In gleicher Weise bestimme das Achsenkreuz $\{U';\, x'_1, x'_2\}$ die feste Ebene oder *Rastebene* **E**′ (vgl. Fig. 1).

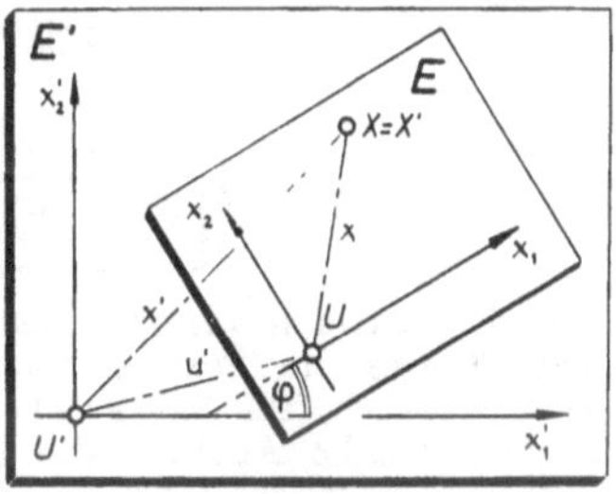

Fig. 1. Gang- und Rastebene

Für eine analytische Behandlung der ebenen Kinematik wird es sich als sehr zweckmäßig erweisen, die auf dem *Gangkreuz* $\{U;\, x_1, x_2\}$ fußenden kartesischen Koordinaten x_1, x_2 eines reellen Punktes X zu einer komplexen Zahl

$$x = x_1 + i x_2 \qquad (i^2 = -1)$$

zusammenzufassen, die Ebene **E** also, wie etwa auch in der Funktionentheorie, Wechselstromtechnik usf. üblich, als Gauß*sche Zahlenebene* zu betrachten. Derselbe Punkt X von **E** oder eigentlich der sich mit ihm deckende Punkt X' der Ebene **E**′ besitze bei Bezugnahme auf das *Rastkreuz* $\{U';\, x'_1, x'_2\}$ die Normalkoordinaten x'_1, x'_2, mit denen wir ebenfalls eine komplexe Zahl, nämlich

$$x' = x'_1 + i x'_2$$

bilden. Diese komplexen Zahlen x, x′ entsprechen hierbei den Ortsvektoren $\mathfrak{x} = \overrightarrow{UX}$, $\mathfrak{x}' = \overrightarrow{U'X'}$. Zum Ursprung U gehört im Rastsystem die Zahl

$$u' = u'_1 + i u'_2,$$

sie vertritt den Vektor $\mathfrak{u} = \overrightarrow{U'U}$.

Der Winkel φ, um den das Gangkreuz gegenüber dem Rastkreuz verdreht ist, werde als *Drehwinkel* bezeichnet.

Für einen beliebigen Punkt X gilt wegen

$$\mathfrak{x}' = \overrightarrow{U'X} = \overrightarrow{U'U} + \overrightarrow{UX} = \mathfrak{u} + \mathfrak{x}$$

die Gleichung

$$\text{(1)} \qquad \boxed{x' = u' + x e^{i\varphi}.}$$

Hierbei machten wir von folgenden Eigenschaften der komplexen Zahlen und ihrer Darstellung in der Gaußschen Zahlenebene Gebrauch: Die *Summe* zweier komplexen Zahlen bedeutet die geometrische Addition der entsprechenden Vektoren. Das *Produkt* einer komplexen Zahl x, die dem Ortsvektor $\mathfrak{x} = \overrightarrow{UX}$ entsprechen möge, mit einer komplexen Zahl

$$a = a_0 (\cos \alpha + i \sin \alpha) = a_0 e^{i\alpha}, \quad (a_0, \alpha \text{ reell})$$

also die Transformation

$$y = ax$$

stellt eine *Drehstreckung* mit dem Ursprung U als Zentrum dar. Hierbei bedeutet

$$\alpha = \arg a$$

den Drehwinkel und

$$a_0 = |a|$$

den Ähnlichkeitsfaktor. Für $a_0 = 1$ erhalten wir insbesondere eine reine Drehung.

In (1) müssen wir an der komplexen Zahl x, die den Vektor $\overrightarrow{UX}$ im Gangsystem darstellt, den Drehungsfaktor $e^{i\varphi}$ anbringen, um diesen Vektor im Rastsystem zu erhalten.

Ein *zwangläufiger* (*eingliedriger* oder *einparametriger*) *Bewegungsvorgang* **B** = **E**/**E**′ der Gangebene **E** gegenüber der Rastebene **E**′ liegt nun vor, wenn

$$u' = u'(t), \quad \varphi = \varphi(t)$$

Funktionen eines reellen Parameters t (Zeit) sind. Diese Funktionen mögen in einem gemeinsamen Definitionsbereich genügend oft stetig differenzierbar vorausgesetzt werden.

Die Ableitung

$$d\varphi : dt = \dot{\varphi} = \omega \tag{2}$$

bedeutet die Dreh- oder Winkelgeschwindigkeit von **B**. Wir wollen vorerst immer

$$\dot{\varphi} = \omega \neq 0 \tag{3}$$

annehmen, also reine Schiebvorgänge ausschließen.

2. *Geschwindigkeiten, Momentanpol*

Wir stellen uns nun vor, daß der Punkt X auch eine Eigenbewegung in der Ebene **E** vollführe. Dann ist der *Vektor der Relativgeschwindigkeit* $\dot{\mathfrak{x}}_r$ des Punktes X, also die vektorielle Geschwindigkeit von X gegenüber der Ebene **E** im Gangkreuz durch

$$\dot{x}_r = dx : dt = \dot{x} \tag{4}$$

gegeben. Im festen Koordinatensystem wird dieser Vektor durch die komplexe Zahl

$$\dot{x}'_r = \dot{x}_r \cdot e^{i\varphi} = \dot{x} \cdot e^{i\varphi} \tag{4'}$$

dargestellt. — Bezogen auf das Rastkreuz finden wir durch Differenzieren von (1) für den *Vektor der Absolutgeschwindigkeit* $\dot{\mathfrak{x}}_a$, also für die vektorielle Geschwindigkeit des Punktes X gegenüber der festen Ebene **E**′ die komplexe Zahl

$$\dot{x}'_a = dx' : dt = \dot{x}' = \dot{u}' + i\,\dot{\varphi}\,x e^{i\varphi} + \dot{x} e^{i\varphi}$$

und somit wegen (4′)

$$\dot{x}'_a = \dot{x}'_f + \dot{x}'_r. \tag{5'}$$

Hierbei ist durch

(6′) $$\dot{x}'_f = \dot{u}' + i\dot{\varphi}x e^{i\varphi} = \dot{u}' + i\dot{\varphi}(x' - u')$$

die *Führungsgeschwindigkeit* $\dot{\mathfrak{x}}_f$ von X bestimmt. Die absolute Geschwindigkeit eines Punktes X reduziert sich auf die Führungsgeschwindigkeit, wenn X in **E** fest ist, die Relativgeschwindigkeit also verschwindet: $\dot{\mathfrak{x}}_r = \dot{x}_r = \dot{x}'_r = 0$. Somit gilt:

Die Führungsgeschwindigkeit eines Punktes X ist die Geschwindigkeit jenes Punktes der Gangebene, der sich zum betrachteten Zeitpunkt mit dem Punkt X deckt.

Formel (5′) beschreibt die *Zusammensetzung der Geschwindigkeiten:*

Satz 1: *Bei der Zusammensetzung der Eigenbewegung eines Punktes X in der Gangebene* **E** *mit der Bewegung von* **E** *gegenüber der Rastebene* **E′** *ist der Vektor der Absolutgeschwindigkeit von X die (geometrische) Summe des Vektors der Führungsgeschwindigkeit von X und des Vektors der Relativgeschwindigkeit von X.*

In Vektorschreibweise gilt also

(5*) $$\boxed{\dot{\mathfrak{x}}_a = \dot{\mathfrak{x}}_f + \dot{\mathfrak{x}}_r.}$$

Nach Einführung von

(7) $$u' = -u e^{i\varphi}$$

und damit

$$\dot{u}' = -(\dot{u} + i\dot{\varphi}u)e^{i\varphi}$$

ergibt sich nach (1), (5′), (6′) für die Darstellung im Koordinatensystem der beweglichen Ebene

(5) $$\dot{x}_a = \dot{x}_f + \dot{x}_r$$

mit

(6) $$\dot{x}_f = \dot{x}'_f e^{-i\varphi} = -\dot{u} + i\dot{\varphi}(x - u).$$

Wir fragen nun nach Punkten mit verschwindender Führungsgeschwindigkeit. Solche Punkte haben die Eigenschaft, nicht nur in der Gangebene **E**, sondern auch in der Rastebene **E**′ für den Augenblick zu ruhen. Aus $\dot{x}_f = \dot{x}'_f = 0$ finden wir wegen (3) die Werte

$$\boxed{x = p = u - i\frac{\dot{u}}{\dot{\varphi}}} \quad , \quad \boxed{x' = p' = u' + i\frac{\dot{u}'}{\dot{\varphi}},} \qquad (8)$$

die in unseren beiden Koordinatensystemen den *Momentanpol P* festlegen.

Es gilt somit der

Satz 2: *Bei einem ebenen zwangläufigen Bewegungsvorgang mit nicht verschwindender Winkelgeschwindigkeit gibt es zu jedem Zeitpunkt einen Punkt — Momentanpol, Drehpol, Momentanzentrum, Geschwindigkeitspol oder einfach Pol genannt —, dessen Führungsgeschwindigkeit verschwindet, der also in beiden Ebenen augenblicklich in Ruhe ist.*

Wegen (6), (6′) und (7) können wir die Führungsgeschwindigkeit des Punktes *X* auch in der Form schreiben (Elimination von $\dot{u}$ bzw. $\dot{u}'$):

$$\boxed{\dot{x}_f = i\,\dot{\varphi}(x - p)} \quad , \quad \boxed{\dot{x}'_f = i\,\dot{\varphi}(x' - p')\,.} \qquad (9)$$

Daraus können wir zwei wichtige Folgerungen ziehen:

a) Der Vektor $\overrightarrow{PX}$ des *Polstrahls* vom Pol *P* zum Punkt *X* steht auf der Führungsgeschwindigkeit des Punktes *X* senkrecht, denn die komplexen Zahlen $x - p$ und $\dot{x}_f$ unterscheiden sich nur durch einen rein imaginären Faktor.

b) Für den Betrag der Führungsgeschwindigkeit gilt

$$|\dot{x}_f| = |\dot{\varphi}| \cdot |x - p|\,.$$

Die (skalare) Führungsgeschwindigkeit ist somit proportional dem Abstand des betreffenden Punktes vom Drehpol.

Bringen wir also in einzelnen Punkten *X*, *Y*, *Z*... die Vektoren $\dot{\mathfrak{x}}_f$, $\dot{\mathfrak{y}}_f$, $\dot{\mathfrak{z}}_f$ ... ihrer zugehörigen Führungsgeschwindigkeiten an, so bilden deren Endpunkte mit den Punkten $X, Y, Z \ldots$ und dem Pol P ähnliche Dreiecke (Fig. 2). Dies kann man dazu benützen, durch einfache Winkelübertragungen in beliebigen Punkten die vektorielle Führungsgeschwindigkeit zu konstruieren, falls diese nur für einen Punkt bekannt ist.

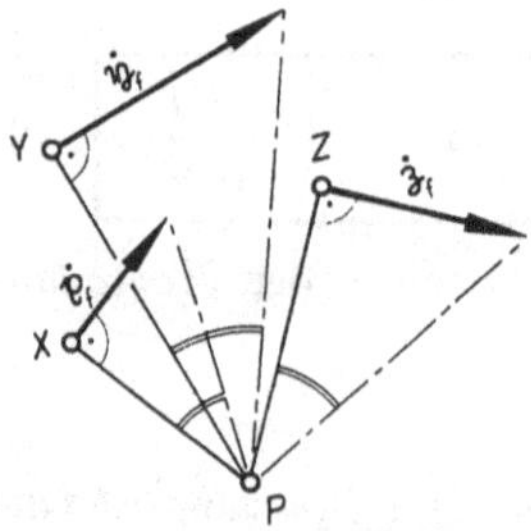

Fig. 2. Verteilung der Führungsgeschwindigkeiten

Man kann die Feststellungen a) und b) auch dahin zusammenfassen: *Jeder Punkt der Gangebene* **E** *erfährt im Augenblick eine infinitesimale Drehung (Momentandrehung) um den Pol P mit der Winkelgeschwindigkeit* $\dot{\varphi} = \omega$. Im Zeitelement dt erfolgt also eine Drehung durch den Winkel $\omega \cdot dt$. Somit gelangen wir zu

Satz 3: *Ein ebener zwangläufiger Bewegungsvorgang* **B** *besteht im Augenblick aus einer infinitesimalen Drehung der Gangebene* **E** *um den Momentanpol P mit der Winkelgeschwindigkeit* ω.

Satz 4: *Jeder Punkt der Gangebene* **E** *beschreibt bei* **B** *in der Rastebene* **E**′ *eine Bahnkurve, deren Normale (Bahnnormale) jeweils durch den Pol geht.*

Auf Grund dieser Sätze können wir für viele kinematisch erzeugbare Kurven Tangentenkonstruktionen herleiten.

3. Polbahnen

Da zu jedem Zeitpunkt t ein Drehpol P gehört, nimmt P im Verlaufe unseres Bewegungsvorgangs **B** verschiedene Lagen in den beiden Ebenen **E**, **E**′ an. Der Ort der Punkte P in der Gangebene **E** ist im allgemeinen eine Kurve $p = (P)$ und heißt die *Gangpolbahn* oder die *bewegliche Polkurve* von **B**. Entsprechendes gilt für die Rastebene **E**′: Der Ort der Punkte $P' = P$ in **E**′ ist die *Rastpolbahn* oder die *feste Polkurve* $p' = (P')$ von **B**.

Wir fragen nun nach den *Polgeschwindigkeiten* (*Polwechselgeschwindigkeiten*), also nach den Geschwindigkeiten, mit denen der Punkt P diese beiden Polbahnen p, p' durchläuft. Der Drehpol war nach früherem durch $\dot{\mathfrak{x}}_f = 0$ gekennzeichnet; daher ist nach (5) für $\mathfrak{x} = \mathfrak{p}$

$$\dot{\mathfrak{x}}_a = \dot{\mathfrak{x}}_r = \dot{\mathfrak{p}}\,.$$

Somit gilt der

Satz 5: *Zu jedem Zeitpunkt stimmen die Geschwindigkeitsvektoren überein, mit denen der Drehpol P die beiden Polkurven in der festen bzw. beweglichen Ebene durchläuft.*

Es berühren sich daher die beiden Polbahnen p, p' derart im augenblicklichen Drehpol P, daß in gleichen Zeitelementen dt auch gleiche Bogenelemente zurückgelegt werden:

$$ds' = |\,\dot{\mathfrak{x}}_a\,| \cdot dt = |\,\dot{\mathfrak{x}}_r\,| \cdot dt = ds.$$

Wenn sich aber zwei Kurven ständig berühren und zwischen entsprechenden Berührungspunkten gleiche Bogenlängen aufweisen, so sagt man: „Die beiden Kurven *rollen ohne zu gleiten* aufeinander". Daher gilt der

Satz 6: *Bei einem ebenen eingliedrigen Bewegungsvorgang* **B** *rollt die Gangpolbahn* $p = (P)$ *von* **E** *gleitungslos auf der Rastpolbahn* $p' = (P')$ *von* **E**'.

Daraus folgt: Ein Bewegungsvorgang **B** kann abgesehen vom „Zeitgesetz", d. h. abgesehen vom zeitlichen Verlauf der Bewegung **B** so erzeugt werden, daß auf der Kurve $p' = (P')$ von **E**' die Kurve $p = (P)$ von **E** gleitungslos abrollt (Fig. 3). Man kann sich dies veranschaulichen, indem man Scheiben aus dünnem Material (Holz, Pappe oder dgl.) nach den Polbahnen formt und tatsächlich aufeinander abrollen läßt.

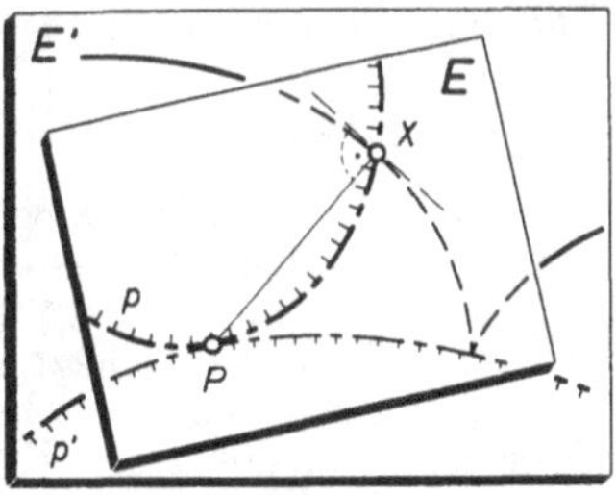

Fig. 3. Die rollenden Polkurven, Bahn eines Punktes der Gangpolbahn

Ausnahmen von Satz 6 erhalten wir in folgenden Fällen:

a) Schrumpft eine der beiden Polbahnen, etwa die Gangpolbahn p auf einen Punkt P von **E** zusammen, so gilt Gleiches auch von der anderen Polbahn p' in **E**′. Der Bewegungsvorgang **B** besteht dann einfach aus einer *kontinuierlichen Drehung um den festen Punkt P.*

b) Verschwindet für einen bestimmten Wert t die Winkelgeschwindigkeit, gilt also dort $\dot{\varphi} = 0$, dann haben nach (6), (6′) alle Punkte X der Gangebene **E** die gleiche Geschwindigkeit (Führungsgeschwindigkeit)

$$\dot{\mathfrak{x}}_{\mathfrak{f}} = -\dot{\mathfrak{u}}, \quad \dot{\mathfrak{x}}'_{\mathfrak{f}} = \dot{\mathfrak{u}}'.$$

Die Betrachtung des Grenzüberganges $\dot{\varphi} \to 0$ läßt erkennen, daß hierbei der Drehpol P ins *Unendliche* rückt. Die beiden Polbahnen p, p' besitzen für diese Stelle von **B** *mit Asymptoten versehene Fernpunkte.* Das Rollen der Polbahnen erfolgt „über diese Fernpole hinweg."

c) Ist für alle Werte von t ständig $\dot{\varphi} = 0$, gilt also $\varphi =$ konst., so ist in unserem Bewegungsvorgang überhaupt kein Drehbestandteil enthalten, man spricht dann von einem *Schiebvorgang* oder einer *krummen Schiebung.* Alle Pole liegen im Unendlichen, eine Erzeugung von **B** durch das Abrollen von Polkurven oder dgl. ist nicht möglich.

4. *Umkehrbewegung*

Unter der *Umkehrbewegung* oder *inversen Bewegung* eines Bewegungsvorgangs **B** verstehen wir jenen Bewegungsvorgang **B**′, der sich bei **B** einem auf **E** befindlichen Beobachter darbietet. Es wird also jetzt **E** festgehalten und **E**′ bewegt und alles hierbei von **E** aus betrachtet. Es vertauschen nun die beiden Polbahnen ihre Rollen: Auf der nun festen Polkurve p rollt gleitungslos die Kurve p' und bestimmt allein dadurch bis auf das Zeitgesetz den inversen Bewegungsvorgang **B**′. Da sich jetzt **E**′ im entgegengesetzten Sinn gegenüber **E** dreht, ändern der Drehwinkel und damit auch die Winkelgeschwindigkeit ihre Vorzeichen. Dies erkennt man auch, wenn man mit (7) die Gleichung (1) unserer Bewegung in der Form

$$(10) \qquad \mathrm{x} = \mathrm{u} + \mathrm{x}' e^{i\varphi'}, \quad \varphi' = -\varphi$$

schreibt. Somit gilt auch für die Winkelgeschwindigkeit

$$\dot{\varphi}' = \omega' = -\omega.$$

Wir haben also den

Satz 7: *Bei der Umkehrbewegung* **B'** *eines eingliedrigen Bewegungsvorgangs* **B** *vertauschen nicht nur Gang- und Rastebene, sondern auch Gang- und Rastpolbahn ihre Rollen. Die Winkelgeschwindigkeiten inverser Bewegungsvorgänge* **B, B'** *sind entgegengesetzt gleich.*

Man entnimmt ferner daraus, daß es vom geometrischen Standpunkt aus im Wesentlichen gleichgültig ist, welche der beiden Ebenen **E, E'** wir als fest und welche wir als beweglich ansehen. Nur die gegenseitigen Lageänderungen sind von Interesse. In den Anwendungen ist es jedoch meist umgekehrt: Das eine ebene System ist von Natur aus fest, das andere beweglich. In solch geometrischer Betrachtungsweise ist also z. B. der Streit um die Lehre des Kopernikus, ob sich die Erde um die Sonne bewegt oder umgekehrt, hinfällig.

X sei nun ein (fester) Punkt von **E**; er beschreibe bei **B** eine Bahnkurve, d. h. der Ort seiner Lagen in **E'** oder, genauer gesagt, die sich mit X der Reihe nach deckenden Punkte X' von **E'** erfüllen eine Kurve $x' = (X')$. Bei der Umkehrbewegung **B'** geht nun diese in **E'** feste (starre) Kurve x' ständig durch den Punkt X von **E**. Wir sagen, die Kurve x' von **E'** hat bei **B'** den Punkt X zum *Stützpunkt*. Wir können diesen Sachverhalt in anschaulicher Weise mechanisch realisieren: Wir denken uns die Kurve x' aus einem festen *Draht* hergestellt und an der Ebene **E'** befestigt. In der Ebene **E** hingegen bringen wir im Punkte X eine kleine *Hülse* an, die um eine zu **E** senkrechte Achse drehbar ist. Bei **B'** gleitet der Draht nun ständig durch diese „*Dreh-*

hülse“ hindurch, die sich ihrerseits um die im Punkte X angebrachte Achse dreht (Fig. 4).

Wir zeichnen nun in **E** um den Punkt X als Mittelpunkt einen Kreis k und lassen ihn zusammen mit der Ebene **E** die Bewegung **B** ausführen. Er durchläuft hierbei eine eingliedrige Schar kongruenter Kreise, deren Mittelpunkte auf der Bahnkurve x' des Punktes X liegen. Diese Kreisschar besitzt eine Einhüllende $k' = k'_1 + k'_2$, die im allgemeinen aus zwei Zügen oder Zweigen k'_1 und k'_2 bestehen wird. Wir sagen kurz: *Der Kreis k hüllt bei* **B** *die Kurve k' ein.* Die beiden Zweige von k' sind *Parallelkurven* oder *Äquidistante* von x' im Abstand $\pm\,\varrho$, wenn ϱ der Radius von k ist. — Bei der Umkehrbewegung **B'** hüllen umgekehrt zwei Parallelkurven k'_1, k'_2 von x' zum Abstand $\pm\,\varrho$, die in der Ebene **E'** als fest angenommen werden, in **E** einen Kreis k um X mit ϱ als Halbmesser ein (Fig. 4).

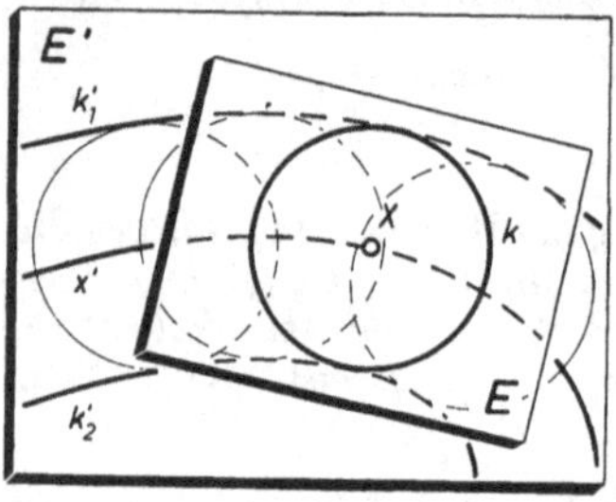

Fig. 4. Stützpunkt, Hüllbahn eines Kreises

Wir bemerken noch, daß beim Übergang zur Umkehrbewegung sich auch die Führungsgeschwindigkeit eines Punktes mit dem Faktor —1 multipliziert. Wir brauchen hierzu nur in Formel (6') gestrichene und ungestrichene Größen miteinander zu vertauschen und (10) zu berücksichtigen, um im Vergleich mit (6) dies zu bestätigen.

5. *Beispiele einfacher Bewegungsvorgänge*

Wir wollen nun die abgeleiteten Sätze auf eine Reihe von Beispielen anwenden, bei denen die Bewegungsvorgänge in verschiedenster Weise erzeugt werden. So können wir etwa einfache Kurven als Polbahnen wählen oder die Bewegung von einem einfachen Mechanismus (Getriebe) beschreiben lassen. Wir beginnen mit der Vorgabe von Punktbahnen.

A) Zweipunktführung: Zwei Punkte A, B der Gangebene **E** mögen auf zwei Kurven $a' = (A')$, $b' = (B')$ der Rastebene **E**' bewegt werden. Durch diese technisch wichtige *Zweipunktführung* ist ein Bewegungsvorgang **B** = **E**/**E**' bis auf das

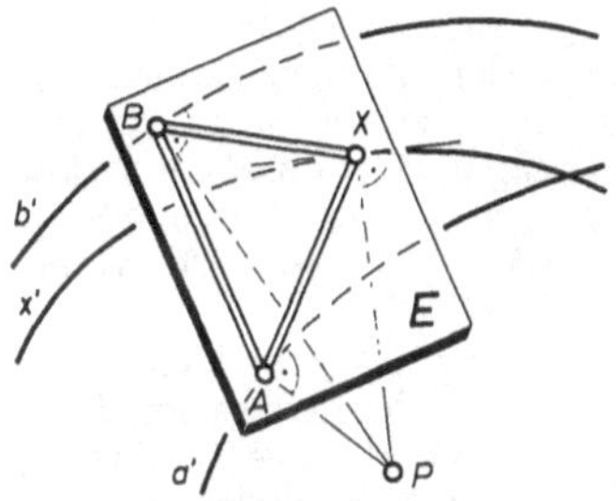

Fig. 5. Zweipunktführung

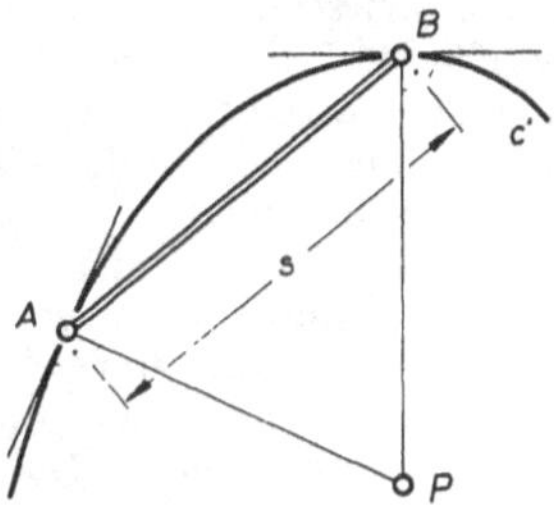

Fig. 6. Bewegung einer Kurvensehne fester Länge

Zeitgesetz bestimmt. Der zur betrachteten Lage von **E** gegen **E**' gehörige Drehpol P kann als Schnittpunkt der Bahnnormalen in A und B gefunden werden (Fig. 5). Die Bahntangente eines beliebigen Punktes X von **E** steht dann auf dem Polstrahl PX senkrecht. Durch wiederholtes Einpassen der Strecke AB fester Länge zwischen den beiden Führungskurven erhalten wir so punktweise die Polbahn in der festen Ebene. Durch Übertragung des jeweiligen Dreiecks ABP in die Ausgangslage von **E** könnte man dort die Gangpolbahn ebenfalls punkteweise konstruieren.

Ein Sonderfall dieser Zweipunktführung entsteht, wenn eine Strecke AB der festen Länge s gezwungen wird, sich so zu bewegen, daß beide Endpunkte A und B auf der gleichen Kurve c' wandern. Auch für diese Bewegung einer Sehne von fester Länge wird der Drehpol P jeweils als Schnittpunkt der Kurvennormalen in A und B gefunden (Fig. 6).

B) Gleiten einer Kurventangente: Wir wollen nun im vorhergehenden Beispiel die beiden Punkte A und B immer näher zusammenrücken lassen, bis sie schließlich beide in einen Punkt C unserer Kurve c' fallen. Für diesen Grenzübergang $s \to 0$ wird hierbei die in **E** feste Verbindungsgerade $g = AB$ zur Tangente an c' im Punkte C. (Es kann hierbei etwa $C = A$ gewählt werden!) Unser Bewegungsvorgang **B** ist jetzt so erklärt: *Eine Gerade g von* **E** *bewegt sich längs einer Kurve c' von* **E'** *derart, daß ein fester Punkt C von g die Kurve c' beschreibt und hierbei g stets Kurventangente von c' im Punkte C ist.* Nun schneiden sich die Kurvennormalen in benachbarten Punkten einer Kurve jeweils im zugehörigen Krümmungsmittelpunkt. *Der Drehpol P ist somit der Krümmungsmittelpunkt von c' zum Punkte C, die Rastpolbahn p' deckt sich mit der Evolute der gegebenen Kurve c'.* Als Gangpolbahn p fungiert der Polstrahl PC (Fig. 7).

Hierauf beruht eine *Krümmungskreiskonstruktion* einer gezeichnet vorliegenden Kurve, die Nikolaides im Jahre 1866 angegeben hatte. Die Bahnkurve x' eines Punktes X unserer gleitenden Tangente g kann auch so erhalten werden, daß man auf den Tangenten von c' jeweils vom Berührungspunkt C aus in der gleichen Richtung eine Strecke fester Länge $CX = x$ abträgt. Man nennt die so erhaltene Kurve x' eine *Tangentialkurve*, *Tangentiale* oder auch *Äquitangentialkurve* von c' und umgekehrt c' eine *Traktrix* oder *Zuglinie* von x'. Die Bahnnormale im Punkte X geht nun durch den Krümmungsmittelpunkt P. Daraus folgt die *Zeichenvorschrift: Man ermittle punktweise aus der gezeichnet vorliegenden Kurve c' zu einer beliebigen Tangentenlänge x die Tangentialkurve und suche an sie im Punkte X, der C entspricht, graphisch die Tangente. Im Schnitt der Kurvennormalen der Punkte C und X ergibt sich dann der Krümmungsmittelpunkt P der ursprünglich vorgegebenen Kurve c'* (Fig. 7)[1]).

C) Evolventenbewegung: Von der eben betrachteten Gleitbewegung einer Geraden längs einer Kurve wohl zu unterscheiden sind Bewegungsvorgänge, bei denen eine *Gerade*

---

[1]) Verwendet man jedoch ein *Spiegellineal*, so empfiehlt es sich, gleich die Kurvennormale zu zeichnen. Andernfalls schiebt man besser ein (gewöhnliches) Lineal von der hohlen (konkaven) Kurvenseite her an den Berührungspunkt heran und ermittelt so erst die Kurventangente.

p als Gangpolbahn auf einer *gekrümmten Rastpolbahn p' gleitungslos abrollt* (Fig. 8). Jeder Punkt von *p* beschreibt eine (gespitzte) *Evolvente* von *p'*. Zwei verschiedene Evolventen sind *Parallelkurven*, denn sie besitzen, auf den ge-

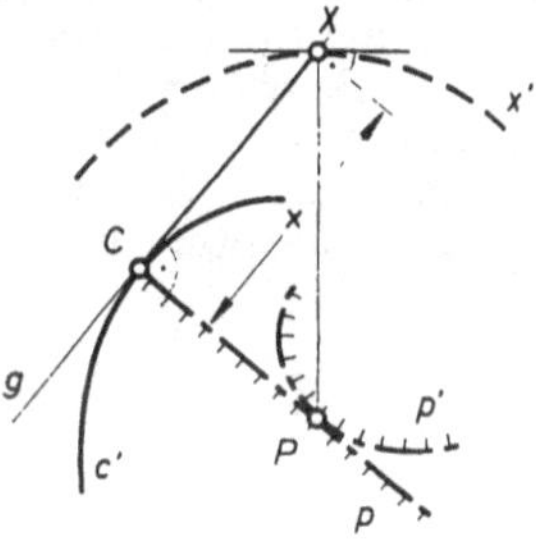

Fig. 7. Gleiten einer Kurventangente, Krümmungskreiskonstruktion

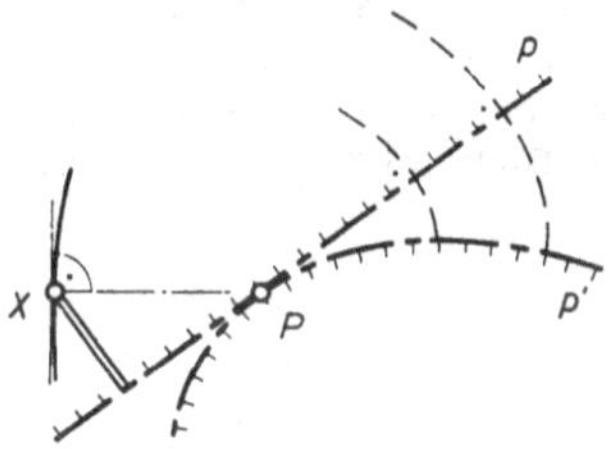

Fig. 8. Evolventenbewegung

meinsamen Bahnnormalen gemessen, stets den gleichen Abstand. Die Ausgangskurve *p'* ist gemeinsame Evolute all dieser Evolventen. Auch hier kann man für jeden beliebigen Punkt *X*, der mit *p* starr verbunden ist, die Tangente seiner Bahnkurve finden. Wird im besonderen *p'* als *Kreis* gewählt, so beschreiben die Punkte der rollenden Tangente *Kreisevolventen*. (Auch die in Beispiel B) betrachtete Bewegung ist eine Evolventenbewegung, bei der die Bahnnormale von *c'* auf der Evolute *p'* rollt.)

D) Umkehrung der Evolventenbewegung: Von Wichtigkeit ist jener Bewegungsvorgang, der durch Umkehrung der Kreisevolventenbewegung entsteht. Es rollt hierbei ein Kreis als Gangpolbahn auf einer Geraden, die als Rastpolbahn dient. Die Bahnkurven sind *Zykloiden* und zwar je nach Lage des beschreibenden Punktes zum rollenden Kreis (außerhalb, auf oder innerhalb des Rollkreises) treten *verschlungene, gespitzte oder gestreckte Zykloiden* auf. Da der Berührungspunkt von Rollkreis und Gerade jeweils Drehpol ist, kann die Bahntangente einer solchen Kurve leicht gefunden werden.

E) Gelenkviereck: Werden vier Stangen verschiedener Länge an ihren Endpunkten durch Gelenke miteinander verbunden, so daß ein ebenes Viereck entsteht, so spricht man von einem *Gelenkviereck.* Wird in diesem eine Seite, der *Steg*, festgehalten, so beschreibt die gegenüberliegende Seite, die als *Koppel* bezeichnet wird, einen Bewegungsvorgang, die sogenannte *Koppelbewegung.* Diese Bewegung ist dadurch gekennzeichnet, daß zwei Punkte B und C der Gangebene (Koppelebene) auf Kreisen um A bzw. D geführt werden (Fig. 9). Die Bahnkurve eines mit der Koppel starr

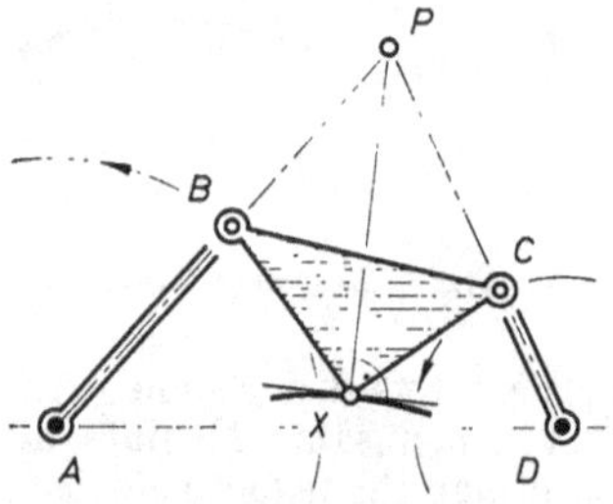

Fig. 9. Gelenkviereck

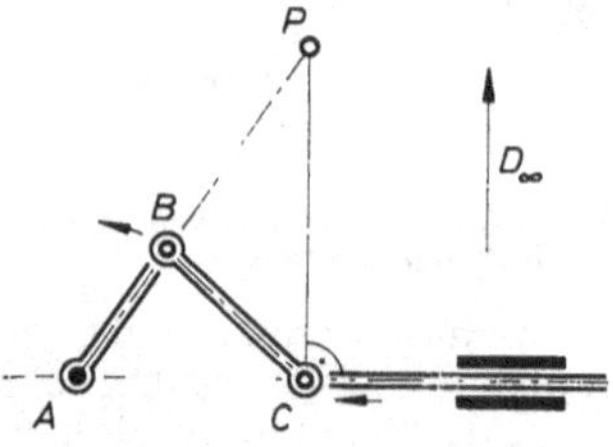

Fig. 10. Schubkurbel

verbundenen Punktes X (also eines Punktes der Koppelebene E) heißt *Koppelkurve.* Wegen der großen Bedeutung von Gelenkmechanismen für die Technik werden wir später auch noch auf diese Gelenkvierecke zurückkommen. Für die augenblickliche Stellung eines Gelenkvierecks finden wir im Schnittpunkt der *Arme* AB und CD den Drehpol P, denn diese Geraden sind ja Bahnnormalen der auf Kreisen bewegten Punkte B und C. Somit können wir auch in X die Bahntangente finden.

Ein solches Gelenkviereck kann auch in eine *Schubkurbel* ausarten (Fig. 10). Der Punkt B wird auf einem Kreis um A geführt, während C auf einer Geraden (durch A) gleitet. Im Schnitt des Armes AB und der Bahnnormalen in C liegt der augenblickliche Drehpol P. Wir können uns vorstellen, unsere Schubkurbel sei ein Gelenkviereck, bei dem der feste

Punkt D auf einer Normalen zu AC ins Unendliche gerückt sei.

F) Zwillingsgetriebe: Wir betrachten ein Gelenkviereck, in dem gegenüberliegende Stangen gleich lang sind und das längere Stangenpaar sich überschneidet (Fig. 11, 12). Es ist also

$$\overline{AB} = \overline{CD} = 2\,\mathrm{a}, \quad \overline{BC} = \overline{DA} = 2\,\mathrm{e}.$$

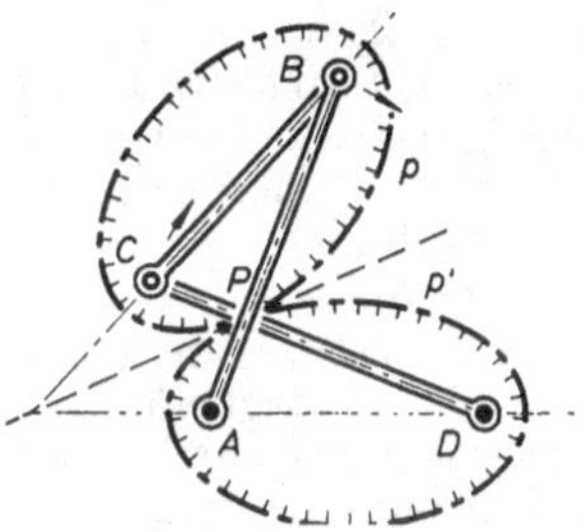

Fig. 11. Gleichläufiges Zwillingsgetriebe

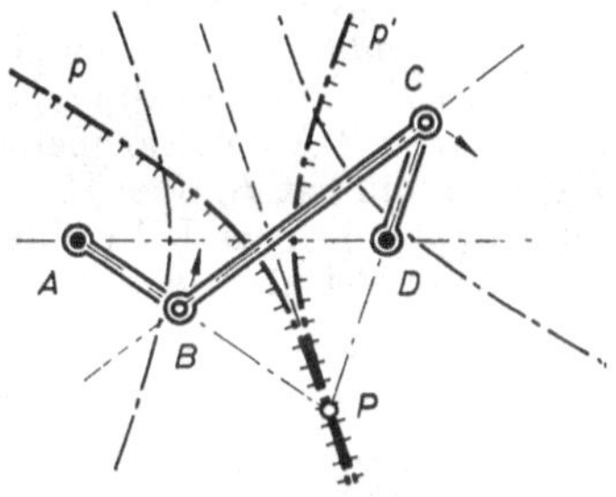

Fig. 12. Gegenläufiges Zwillingsgetriebe

Da B und C wiederum auf Kreisen um die festen Punkte A bzw. D wandern, liegt der Drehpol P im Schnittpunkt von AB und CD. Die Figur unseres Vierecks setzt sich nun jeweils aus zwei symmetrischen Dreiecken zusammen. — Wir unterscheiden die Fälle $\mathrm{a} > \mathrm{e}$ und $\mathrm{a} < \mathrm{e}$.

Für $\mathrm{a} > \mathrm{e}$ erhalten wir das *gleichläufige Zwillingsgetriebe* bei dem sich die beiden Arme im gleichen Sinne drehen (Fig. 11). Es gilt

$$\overline{AP} + \overline{DP} = \overline{AP} + \overline{PB} = \overline{AB} = 2\,\mathrm{a}.$$

Die Rastpolbahn p' ist somit eine *Ellipse* mit A und D als Brennpunkten und der Hauptachsenlänge $2\,\mathrm{a}$. Ebenso finden wir

$$\overline{CP} + \overline{BP} = \overline{CP} + \overline{PD} = \overline{CD} = 2\,\mathrm{a}.$$

Die Gangpolbahn p ist also gleichfalls eine *Ellipse* der Hauptachsenlänge $2\,\mathrm{a}$, für welche jetzt B und C Brennpunkte sind.

Der Bewegungsvorgang, den die Koppel BC beschreibt, entsteht also auch durch (*äußeres*) *Abrollen zweier kongruenter Ellipsen in symmetrischer Lage zur jeweiligen Tangente.*

Im Falle a < e finden wir

$$\overline{AP} - \overline{DP} = \overline{AP} - \overline{BP} = \overline{AB} = 2\mathrm{a},$$

$$\overline{CP} - \overline{BP} = \overline{CP} - \overline{DP} = \overline{CD} = 2\mathrm{a}.$$

Bei diesem *gegenläufigen Zwillingsgetriebe* drehen sich die Arme im entgegengesetzten Sinn. Die Rastpolbahn p' ist eine *Hyperbel* mit den Brennpunkten A, D und der Hauptachsenlänge 2a; die Gangpolbahn p ist eine kongruente *Hyperbel* und hat B, C zu Brennpunkten. Beim Bewegungsvorgang der Koppel BC vollführen die beiden kongruenten Hyperbeln gleichfalls eine *symmetrische Rollung* (Fig. 12).

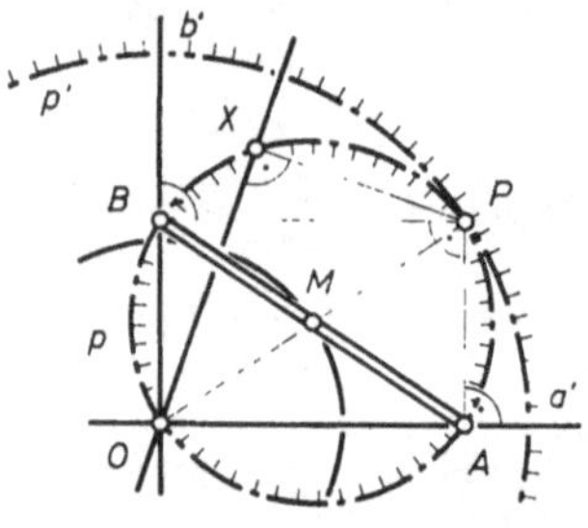

Fig. 13. Kreuzschieber- oder Ellipsenbewegung

G) Ellipsenbewegung: Wir erklären einen zwangläufigen Bewegungsvorgang durch folgende Zweipunktführung: *Eine Strecke AB fester Länge (Kreuzschieber) bewege sich so, daß ihre Endpunkte A, B auf zwei rechtwinkeligen Geraden a', b' wandern* (Fig. 13). Man kennt also die Bahnen zweier Punkte der Gangebene und findet daher im Schnittpunkt der Bahnnormalen jeweils den Momentanpol P. Hierbei entsteht jedesmal ein Rechteck $OAPB$. Um die Polbahnen zu finden, betrachten wir diese Konstruktion des Punktes P einmal von der Gangebene **E**, das andere Mal von der Rastebene **E**′ aus.

In der beweglichen Ebene **E** hat man stets über der Strecke AB einen rechten Winkel zu errichten. Daher ist die Gangpolbahn p ein *Kreis* über AB als Durchmesser. In der festen Ebene **E**′ hat P vom Punkte O stets den festen Abstand $\overline{OP} = \overline{AB}$. Somit ergibt sich als feste Polkurve p'

ebenfalls ein *Kreis*, dessen Halbmesser $\overline{AB}$ ist. Unser Bewegungsvorgang entsteht also auch durch das *Abrollen eines Kreises im Innern eines doppelt so großen Kreises.* Wir untersuchen nun die Bahnkurven, die die Punkte X von **E** in **E**′ beschreiben. Je nach der Lage von X unterscheiden wir die Fälle:

a) Der Mittelpunkt M des rollenden Kreises wandert auf einem *Kreis* um O (Mittelpunkt des festen Kreises).

b) Ein Punkt X der Gangpolbahn p bewegt sich so, daß seine Bahntangente ständig durch den Punkt O geht. X beschreibt somit eine *Gerade* durch O. Es wandern also nicht nur die Punkte A und B, sondern sämtliche Punkte des rollenden Kreises auf Geraden durch O. Man kann daher die Bewegung auch so erklären, daß die Endpunkte einer Strecke CD fester Länge auf zwei Geraden c', d' gleiten, die unter beliebigem Winkel gegeneinander geneigt sind (Fig. 14).

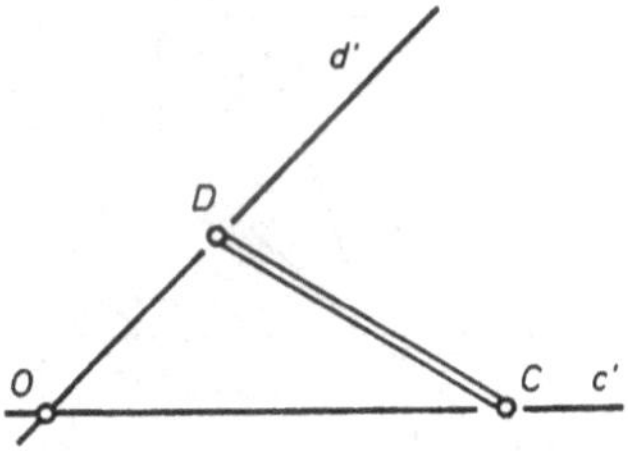

Fig. 14. Geradlinige Zweipunktführung (Ellipsenbewegung)

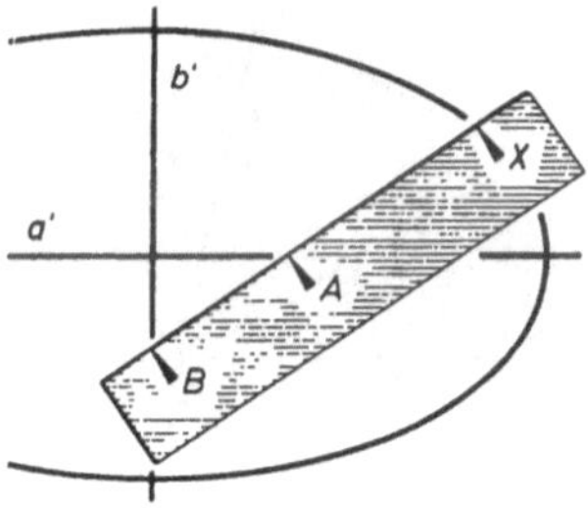

Fig. 15. Papierstreifenkonstruktion der Ellipse

c) Ein beliebiger Punkt X der Geraden AB beschreibt eine *Ellipse.* Man hat nämlich die Verwirklichung der bekannten *Papierstreifenkonstruktion.* Hierbei ist $\overline{BX} = a$ die Länge der halben Hauptachse und $\overline{AX} = b$ die Länge der halben Nebenachse, falls die Punkte A, B und X wie in Fig. 15 angeordnet sind. Daß die Bahnkurve des Punktes X tatsächlich eine Ellipse mit den angegebenen Achsenlängen ist, kann man auch dadurch erkennen, daß man die Geraden a', b' als Achsen eines Koordinatensystems wählt und

$$x = a \cos \varphi, \quad y = b \sin \varphi$$

setzt, woraus sofort die Gleichung

$$\left(\frac{x}{a}\right)^2 + \left(\frac{y}{b}\right)^2 = 1$$

folgt.

d) Als Bahn eines beliebigen Punktes X, der mit der gleitenden Strecke AB starr verbunden ist, finden wir gleichfalls eine *Ellipse*. Man gelangt zum vorhergehenden Fall, wenn man X mit M verbindet und diese Gerade mit dem rollenden Kreis p in den Punkten A^* und B^* zum Schnitt bringt. Nach b) bewegen sich nun diese Punkte A^*, B^* auf zwei rechtwinkeligen Geraden $a^{*\prime}$, $b^{*\prime}$ und man gelangt so wiederum zur Papierstreifenkonstruktion einer *Ellipse* (Fig. 16).

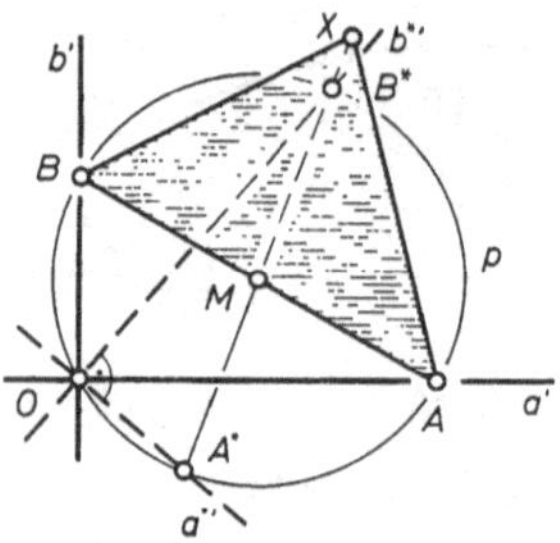

Fig. 16. Zur Ellipsenbewegung

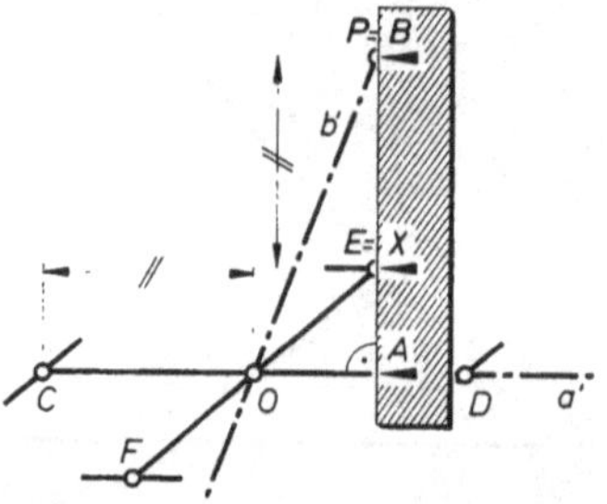

Fig. 17. Papierstreifenkonstruktion einer Ellipse aus konjugierten Durchmessern

Wir fassen zusammen:

Satz 8: *Die Ellipsenbewegung entsteht in der Weise, daß die Endpunkte einer Strecke der Gangebene, somit also einfach zwei Punkte der Gangebene auf zwei sich schneidenden Geraden geführt werden. Hierbei rollt ein Kreis (Gangpolbahn) im Innern eines doppelt so großen Kreises (Rastpolbahn). Die Bahnkurven, die von den Punkten der Gangebene in der Rast-*

ebene beschrieben werden, sind konzentrische Ellipsen mit Kreis und Geradenstück als Ausartungsfällen.

Je nach der Lage des Punktes X besitzen die Bahnellipsen Halbachsen a, b von fester Summe oder Differenz: $\overline{AB} = |a \pm b|$.

Daraus folgt eine *Papierstreifenkonstruktion* einer Ellipse, die durch ein *Paar konjugierter Durchmesser CD, EF* gegeben ist (Fig. 17). (In den Endpunkten konjugierter Durchmesser sind die Ellipsentangenten jeweils zum anderen Durchmesser parallel.) Man errichte auf dem Durchmesser $CD = a'$ das Lot durch einen der Endpunkte des konjugierten Durchmessers, etwa E. Hierbei ergebe sich A als Lotfußpunkt. Nun trage man auf diesem Lot von E aus die Strecke $\overline{OC} = \overline{EB}$ ab. Den so gefundenen Punkt B verbinde man mit O. Wird nun die Strecke AB so bewegt, daß A auf a' und B auf $OB = b'$ wandern, so beschreibt der auf AB feste Punkt X, der sich augenblicklich mit E deckt, eine Ellipse durch die Punkte C, D, E, F. Da der Momentanpol P mit B zusammenfällt, hat diese Ellipse in $X = E$ eine zu a' parallele Tangente, deckt sich also mit der durch die konjugierten Durchmesser CD, EF festgelegten Ellipse. (Ein Kegelschnitt ist bekanntlich durch 5 Punkte oder 4 Punkte samt Tangente in einem von ihnen bestimmt!)

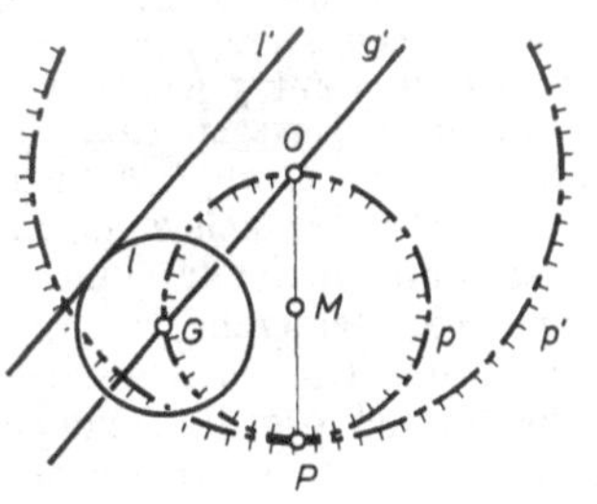

Fig. 18. Zur Konchoidenbewegung (Kreise als Geradenhüllbahnen)

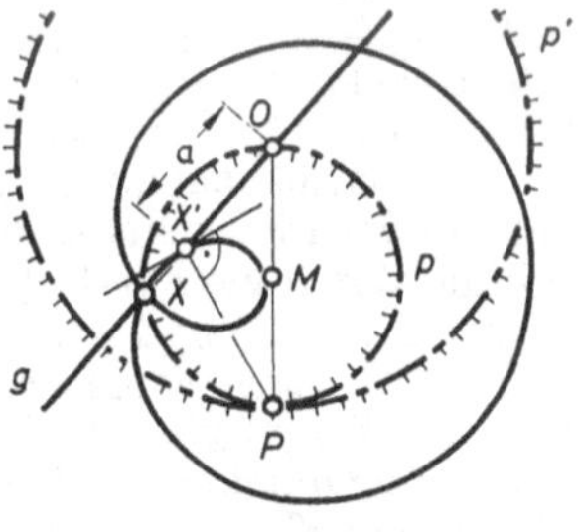

Fig. 19. Zur Konchoidenbewegung (Pascalsche Schnecken als Punktbahnen)

H) Konchoidenbewegung: Bei der Umkehrbewegung der eben behandelten Ellipsenbewegung rollt ein Kreis auf einem halb so großen Kreis innen ab. In Fig. 18 ist jetzt p fest und

p' beweglich. Eine Gerade g' durch O, die fest mit der Ebene $\mathbf{E}'$ verbunden ist, *dreht* sich nun um ihren zweiten Schnittpunkt G mit p. Denn bei der Ellipsenbewegung beschreibt ja umgekehrt ein Punkt G des Rollkreises einen Durchmesser g' des festen Kreises. Nimmt man nun eine beliebige Parallele l' zu g', so ist nach unseren allgemeinen Überlegungen von Kap. 4 die Hüllbahn von l' ein *Kreis* l um den in $\mathbf{E}$ festen Punkt G. *Eine in der beweglichen Ebene befestigte Gerade hüllt also bei der Umkehrung der Ellipsenbewegung einen Kreis ein.*

Nun fragen wir nach der Bahnkurve, die ein mit dem beweglichen Kreis p' starr verbundener Punkt X' beschreibt. Die Gerade OX' schneidet den festen Kreis p in noch einem Punkt X und dreht sich bei der Umkehrbewegung um ihn. Hierbei bleibt die Entfernung $\overline{OX'} = \mathrm{a}$ unverändert. Die Bahnkurve x eines Punktes X' entsteht also in folgender Weise: *Um den festen Punkt X eines festen Kreises p dreht sich eine Gerade g. Auf ihr wird vom zweiten Schnittpunkt O aus jeweils im gleichen Sinn die Strecke OX' der festen Länge a abgetragen.* Nach dieser Erzeugungsweise sind also die Bahnkurven *Kreis-Konchoiden*; sie werden auch Pascalsche *Schnecken* genannt (Fig. 19).

Eine *allgemeine Konchoide* entsteht, wenn sich in der Ebene eine Gerade g um einen festen Punkt S von g dreht und vom Schnittpunkt G einer vorgegebenen Kurve c mit g jeweils eine Strecke GX fester Länge im gleichen Sinne abgetragen wird.

Die Konchoidenbewegung kann auch so erzeugt werden, daß wir zwei Schenkel a', b' eines starren Winkels zwingen, ständig durch zwei feste (nicht zusammenfallende) Punkte A und B zu gehen, die als Stützpunkte fungieren.

Da die Konchoidenbewegung ja die Umkehrung einer Ellipsenbewegung ist, werden deren Bahnellipsen nun ständig durch Stützpunkte geführt. Bringt man in einem solchen Stützpunkt also die Schneide eines spanabhebenden Werkzeuges an, so wird ein der Konchoidenbewegung unterworfenes Werkstück nach Ellipsen geformt. Ein nach diesem Gesichtspunkt gebautes *Ovalwerk* zum Drehen von elliptischen Querschnitten war bereits Leonardo da Vinci bekannt.

Die Konchoidenbewegung tritt auch bei der sogenannten Oldham-*Kupplung* paralleler Wellen auf, die sich jeweils mit gleichen Winkelgeschwindigkeiten um ihre Achsen drehen. Man bezeichnet unsere Bewegung daher auch vielfach als Oldham-*Bewegung*.

II. Hüllbahnen

6. Hüllbahnen

In der Gangebene **E** werde eine Kurve k befestigt. Bei einem zwangläufigen Bewegungsvorgang **B** nimmt sie ∞^1 Lagen in **E**′ ein, die im allgemeinen eine Einhüllende k' besitzen. Wir nennen k' die *Hüllbahn* von k bei **B**. Hierbei setzen wir k und k' als glatte Kurven (zumindestens in der Umgebung ihres augenblicklichen Berührungspunktes) voraus, nehmen also an, daß k und k' dort keine Ecken, Spitzen usf. aufweisen. In jedem ihrer Punkte mögen also k und k' eine reguläre Tangente besitzen.

Zum Zeitpunkt t berühre k ihre Hüllbahn k' im Punkte X. Im Verlaufe von **B** bewegt sich nun dieser gemeinsame Berührungspunkt X einerseits auf der Kurve k, andererseits auch auf der Kurve k'. Hierbei wird die Kurve k mit der vektoriellen Geschwindigkeit $\dot{\mathfrak{x}}_r$, der Geschwindigkeit von X gegenüber **E** durchlaufen, für die wir in Kap. 2 die Bezeichnung *Relativgeschwindigkeit* eingeführt haben. Ebenso erfolgt die Durchlaufung von k' mit der *Absolutgeschwindigkeit* $\dot{\mathfrak{x}}_a$, der Geschwindigkeit von X gegen **E**′. Da sich die beiden Kurven k, k' in X berühren, fallen $\dot{\mathfrak{x}}_r$ und $\dot{\mathfrak{x}}_a$ in die gemeinsame Tangente. In diese Richtung weist nun aber auch der Vektor der Führungsgeschwindigkeit des Punktes X, für den nach *Satz 1* oder (5)

$$\dot{\mathfrak{x}}_f = \dot{\mathfrak{x}}_a - \dot{\mathfrak{x}}_r$$

gilt. Nach *Satz 4* steht aber die Führungsgeschwindigkeit auf dem Polstrahl PX senkrecht. Somit gilt auch

Satz 9: *Bei einem zwangläufigen Bewegungsvorgang* **B** *geht die Hüllbahnnormale, also die gemeinsame Normale einer Kurve k (fest in* **E**) *und ihrer Hüllbahn k' (in* **E**′) *im Berüh-*

rungspunkt X ständig durch den augenblicklichen Drehpol P von **B**.

Man hätte dies auch auf Grund von *Satz 3* aus der Momentandrehung der Ebene **E** und damit der in ihr befestigten Kurve k um den Pol P schließen können.

Solange X von P verschieden ist, wird auch $\dot{\mathfrak{x}}_f \neq 0$ und somit $\dot{\mathfrak{x}}_a \neq \dot{\mathfrak{x}}_r$ sein. Der Punkt X durchläuft daher die beiden Kurven k, k' mit verschiedenen skalaren Geschwindigkeiten und legt in einem bestimmten Zeitabschnitt auf ihnen verschiedene Bogenlängen zurück. Die gegenseitige Lageänderung von k und k' ist somit aus *Rollen* und *Gleiten* zusammengesetzt. Für diesen Vorgang des *Rollgleitens* ist das Geschwindigkeitsverhältnis

$$|\dot{\mathfrak{x}}_r| : |\dot{\mathfrak{x}}_a| = \lambda$$

kennzeichnend. Wir nennen λ die zugehörige *Rollgleitzahl.* $\lambda = 1$ bedeutet gleitungsloses Rollen, was nur für die beiden Polbahnen p, p' stattfindet. Reines Gleiten wird durch $\lambda = 0$, ∞ beschrieben.

Die Hüllbahn k' kann Punkt für Punkt konstruiert werden, wenn die beiden Polbahnen p, p' und die Kurve k gezeichnet vorliegen (Fig. 20). Man fällt in **E** aus einzelnen Punkten

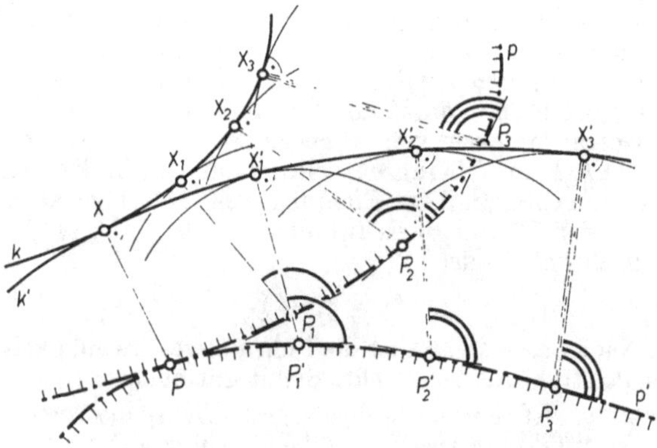

Fig. 20. Konstruktion der Hüllbahn

$P_1, P_2 \ldots$ von p jeweils das Lot auf die Kurve k und erhält so die zugehörigen Berührungspunkte $X_1, X_2 \ldots$ mit der Hüllbahn k'. Nun sucht man in **E**′ auf p' die entsprechenden Punkte $P'_1, P'_2 \ldots$ durch (näherungsweise) Übertragung der Bogenlängen auf entsprechenden Polbahnstücken. Von diesen Punkten trägt man nun die Polstrahllängen $\overline{P_j X_j} = \overline{P'_j X'_j}$ so ab, daß die Winkel zwischen den Polstrahlen und den Polbahntangenten jeweils erhalten bleiben. Die glatte Verbindung der so gefundenen Punkte $X'_1, X'_2, \ldots$ ist dann die gesuchte Hüllbahn k'. Nach J. V. Poncelet (1827) kann man auch so vorgehen, daß man in **E**′ Kreise um die einzelnen Lagen $P'_1, P'_2 \ldots$ des Drehpoles auf p' beschreibt, wobei die zugehörigen Polstrahllängen als Halbmesser zu wählen sind. Die Hüllbahn k' wird dann als ein Zug der Einhüllenden dieser Kreisschar gefunden. Man kann sich hierbei auch schon die Ausgangskurve k als Einhüllende von Kreisen mit den Mittelpunkten $P_1, P_2 \ldots$ auf p vorstellen und hat dann nur die Übertragung gleich großer Kreise jeweils vorzunehmen.

Führen wir diese Konstruktion für zwei parallele Gerade g_1, g_2 von **E** durch, so werden wir auf zwei Hüllbahnen g'_1, g'_2 geführt, die jeweils gleichen Abstand voneinander, gemessen auf der gemeinsamen Normalen durch P besitzen. Diese beiden Hüllbahnen sind somit *Parallelkurven.* Wenn man allgemeiner bereits von zwei Parallelkurven k_1, k_2 der Gangebene **E** ausgeht, so gelangt man in **E**′ zu Hüllbahnen k'_1, k'_2, die gleichfalls Parallelkurven sind. Somit gilt der

Satz 10: *Parallelkurven der Gangebene* **E** *besitzen in der Rastebene* **E**′ *bei einem zwangläufigen Bewegungsvorgang wiederum Parallelkurven zu Hüllbahnen.*

Im besonderen besteht die Hüllbahn eines Kreises aus Parallelkurven zur Bahnkurve seines Mittelpunktes. Hier müssen wir uns nämlich die Parallelkurve des Kreises in **E** auf einen Punkt (Kreismittelpunkt, Nullkreis) zusammengeschrumpft denken. — Andererseits können wir auch einen Kreis als Parallelkurve zu sich selbst ansehen und gelangen so zu seiner aus zwei Zweigen bestehenden äquidistanten Hüllbahn.

Ein weiterer Sonderfall unseres Satzes tritt ein, wenn bei **B** eine in **E** feste Kurve k ständig durch einen festen Punkt, den *Stützpunkt* K' (fest in **E**') geht. Jede Parallelkurve von k umhüllt dann in **E**' einen Kreis mit der Mitte K'. (Vgl. hierzu auch Kap. 4!)

Bei der *Umkehrbewegung* **B**' von **B** vertauschen die Kurven k und k' ihre Rollen: Die in **E**' feste Kurve k' besitzt die Kurve k als Hüllbahn in **E**.

In Verallgemeinerung der Zweipunktführung (Beispiel A von Kap. 5) kann ein eingliedriger Bewegungsvorgang **B** im allgemeinen auch dadurch erzeugt werden, daß man in **E** zwei Kurven k_1, k_2 und in **E**' ihre Hüllbahnen k'_1, k'_2 vorgibt und alle jene Lagen von **E** gegenüber **E**' betrachtet, bei denen die Kurvenpaare k_1, k'_1 und k_2, k'_2 sich jeweils berühren.

Zusammengehörige Hüllkurvenpaare spielen als Flanken von *Kurvengetrieben* und *Zahnrädern* (*zylindrischen Stirnrädern*) eine wichtige Rolle.

7. *Berechnung der Hüllbahnen*

Wir gehen von Feststellungen des letzten Kapitels aus: Der gemeinsame Berührungspunkt X durchläuft das Hüllkurvenpaar k, k' mit vektoriellen Geschwindigkeiten, die als die Relativgeschwindigkeit $\dot{\mathfrak{x}}_r$ bzw. als die Absolutgeschwindigkeit $\dot{\mathfrak{x}}_a$ des Punktes X anzusprechen sind. Da nach Satz 9 diese beiden Vektoren auf dem Polstrahl PX senkrecht stehen, gilt

$$\boxed{\dot{\mathfrak{x}}_r = \lambda \dot{\mathfrak{x}}_a.}$$

In den Koordinatensystemen von Gang- bzw. Rastebene lautet diese Bedingung

$$\dot{\mathrm{x}}_r = \lambda \cdot \dot{\mathrm{x}}_a, \quad \dot{\mathrm{x}}'_r = \lambda \cdot \dot{\mathrm{x}}'_a. \tag{11}$$

Hierin kommt die Berührung der Kurven k und k' zum Ausdruck und bedeutet λ die schon früher eingeführte *Rollgleitzahl*. Statt (11) können wir auch schreiben

$$\dot{x}_r = \lambda(\dot{x}_r + \dot{x}_f), \quad \dot{x}'_a - \dot{x}'_f = \lambda \dot{x}'_a$$

und finden schließlich wegen (9)

$$\dot{x} = \lambda\{\dot{x} + i\,\dot{\varphi}(x - p)\}, \tag{12}$$

$$\lambda \dot{x}' = \quad \dot{x}' - i\,\dot{\varphi}(x' - p'). \tag{13}$$

Ist nun k eine beliebige Kurve von **E** und k' die zugehörige Hüllbahn in **E**′, so wird sich im allgemeinen die Rollgleitzahl λ mit der Zeit t ändern: $\lambda = \lambda(t)$.

Wir geben nun umgekehrt λ als Funktion der Zeit t beliebig vor und fragen nach allen Hüllkurvenpaaren k, k', die bei unserem Bewegungsvorgang **B** *mit der Rollgleitzahl $\lambda = \lambda(t)$ aufeinander rollen und gleiten.* Hierzu müssen wir die durch (12) oder auch (13) gegebene komplexe Differentialgleichung (oder das damit gleichwertige System von zwei reellen gewöhnlichen Differentialgleichungen) integrieren.

Nach Umformung von (12) finden wir

$$\boxed{\dot{x} = i L\,\dot{\varphi}(x - p),} \tag{14}$$

wobei zur Abkürzung

$$\frac{\lambda}{1 - \lambda} = L$$

gesetzt wurde. Das zugehörige *homogene System*

$$\dot{x} = i L\,\dot{\varphi} x \tag{15}$$

kann durch *Trennung der Veränderlichen* oder durch den Ansatz

$$x = e^{i\Phi(t)}$$

gelöst werden. Für die reelle Funktion $\Phi = \Phi(t)$ ergibt sich

$$\dot{\Phi} = L\,\dot{\varphi} \quad \text{oder} \quad \Phi = \int L\,\dot{\varphi}\,dt = \int L \cdot d\varphi .$$

Bedeutet nun A eine beliebige komplexe Konstante, so haben wir in

$$x = A e^{i\Phi} = A e^{i\int L d\varphi}$$

das allgemeine Integral von (15) gefunden. Das *inhomogene System* (14) kann nun durch *Variation der Konstanten* integriert werden. Wir fassen hierzu A ebenfalls als Funktion von t auf und gehen damit in (14) ein. Wir erhalten so

$$\dot{A} = -iL\dot{\varphi}pe^{-i\Phi}$$

und daraus

$$A = -i\int L\dot{\varphi}pe^{-i\Phi}dt + A_0 = -i\int Lpe^{-i\Phi}d\varphi + A_0$$

mit der komplexen Integrationskonstanten A_0.

Die gesuchten Kurven k von **E** besitzen somit die Darstellung

$$\boxed{x = -ie^{i\Phi}\int Lpe^{-i\Phi}d\varphi + A_0e^{i\Phi}.} \tag{16}$$

Durch geeignete Wahl der Konstanten A_0 können wir erreichen, daß die Kurve k zu einem beliebigen Zeitpunkt t_0 durch einen beliebigen Punkt X_0 mit $x = x_0$ hindurchgeht und dort von der entsprechenden Kurve k' der festen Ebene **E'** berührt wird.

Eine Darstellung der Hüllbahn k' ergibt sich durch Integration von (13) oder

$$\dot{x}' = iL'\dot{\varphi}(x' - p') \tag{17}$$

mit

$$L' = \frac{1}{1-\lambda} = L + 1.$$

Da diese Differentialgleichung die gleiche Gestalt wie (14) hat, finden wir für die Lösung

$$\boxed{x' = -ie^{i\Phi'}\int L'p'e^{-i\Phi'}d\varphi + A'_0e^{i\Phi'},} \tag{18}$$

wobei

$$\Phi' = \int L'd\varphi = \Phi + \varphi$$

ist. Man kann von (16) mit der Formel (1) unter Verwendung von (7) und (8) auch direkt zu (18) gelangen und findet hierbei, daß der Zusammenhang der Integrationskonstanten durch

$$A_0 = A'_0$$

gegeben ist.

Damit haben wir alle rollgleitenden Kurvenpaare k, k' zur vorgegebenen Funktion $\lambda = \lambda(t)$ ermittelt und explizit angeschrieben.

Von besonderem Interesse ist das *eigentliche Rollgleiten* mit fester Rollgleitzahl λ. Es sind dann auch L und L' feste Zahlen und gilt

$$\Phi = L\varphi. \tag{19}$$

Auf ein Beispiel, sowie auf eine geometrische Deutung der Rollgleitzahl λ werden wir später noch eingehen[1]).

III. Drehpolpläne

8. *Mehrere bewegte Ebenen, Drehpolpläne*

Wir betrachten drei ebene Systeme **E**, **E'**, **E''**, die zu Paaren zwangläufige Bewegungsvorgänge gegeneinander ausführen. Jede dieser Ebenen werde wieder durch ein rechtwinkeliges Achsenkreuz repräsentiert und als Gausssche Zahlenebene aufgefaßt.

Für die Bewegung **E**/**E'** der Ebene **E** gegen die Ebene **E'** finden wir bei Zugrundelegung eines Punktes *X* so wie in Kap. 1 die Beziehung

$$x' = u' + x e^{i\varphi}. \tag{1}$$

Ebenso gilt für die Bewegungen **E**/**E''**, **E'**/**E''**

$$x'' = v'' + x e^{i\psi}, \tag{20}$$

$$x'' = w'' + x' e^{i\chi}. \tag{21}$$

Dabei denken wir uns die Größen $u', v'', w'', \varphi, \psi, \chi$ als Funktionen der Zeit t vorgegeben. Durch Einsetzen ergibt sich

$$v'' = w'' + u' e^{i\chi}, \quad \chi + \varphi = \psi \tag{22}$$

und daraus durch Differenzieren

$$\dot{v}'' = \dot{w}'' + \dot{u}' e^{i\chi} + i u' \dot{\chi} e^{i\chi}, \quad \dot{\chi} + \dot{\varphi} = \dot{\psi}. \tag{23}$$

---

[1]) Vgl. hierzu H. R. Müller, Zur Kinematik des Rollgleitens. Archiv d. Math. 4 (1953) 239—246.

Die Darstellung (8) des Momentanpols P der Bewegung $\mathbf{E}/\mathbf{E}'$ können wir wegen (7) und damit

$$\dot{\mathrm{u}}' = -(\dot{\mathrm{u}} + \mathrm{i}\,\dot{\varphi}\mathrm{u})e^{\mathrm{i}\varphi} = -\mathrm{i}\,\dot{\varphi}\left(\mathrm{u} - \mathrm{i}\frac{\dot{\mathrm{u}}}{\dot{\varphi}}\right)e^{\mathrm{i}\varphi}$$

umformen in

$$\text{(24)} \qquad \mathrm{p} = \mathrm{i}\frac{\dot{\mathrm{u}}'}{\dot{\varphi}}e^{-\mathrm{i}\varphi}, \quad \mathrm{p}' = -\mathrm{i}\frac{\dot{\mathrm{u}}}{\dot{\varphi}}e^{\mathrm{i}\varphi}.$$

Zum Zeitpunkt t besitzen dann die Bewegungen $\mathbf{E}/\mathbf{E}''$, $\mathbf{E}'/\mathbf{E}''$ Drehpole Q und R, die durch

$$\text{(25)} \qquad \mathrm{q} = \mathrm{i}\frac{\dot{\mathrm{v}}''}{\dot{\psi}}e^{-\mathrm{i}\psi}, \quad \mathrm{r}' = \mathrm{i}\frac{\dot{\mathrm{w}}''}{\dot{\chi}}e^{-\mathrm{i}\chi}$$

erfaßt werden. Um alle drei Pole im gleichen Achsenkreuz, etwa dem der Ebene $\mathbf{E}$ auszudrücken, wenden wir auf den Punkt R die Formeln (7) und (10) an:

$$\text{(26)} \quad \mathrm{r} = \mathrm{u} + \mathrm{r}'\,e^{-\mathrm{i}\varphi} = (\mathrm{r}' - \mathrm{u}')\,e^{-\mathrm{i}\varphi} = \mathrm{i}\frac{\dot{\mathrm{w}}''}{\dot{\chi}}e^{-\mathrm{i}\psi} - \mathrm{u}'\,e^{-\mathrm{i}\varphi}.$$

Nun folgern wir mit (24), (25), (26) aus (23) die Beziehung

$$\text{(27)} \qquad \mathrm{p}\,\dot{\varphi} - \mathrm{q}\,\dot{\psi} + \mathrm{r}\,\dot{\chi} = 0.$$

Diese Gleichung besagt, daß die drei Punkte P, Q, R auf einer Geraden, der *Polgeraden* liegen.

Berücksichtigen wir noch die zweite Gleichung (23), so können wir statt (27) auch

$$\text{(28)} \qquad \overline{PQ} : \overline{QR} : \overline{PR} = \dot{\chi} : \dot{\varphi} : \dot{\psi}$$

schreiben. In Worten ausgedrückt gelangen wir somit zu

Satz 11: *Vollführen drei Ebenen paarweise gegeneinander zwangläufige Bewegungsvorgänge, dann liegen zu jedem Zeitpunkt* t *die drei relativen Drehpole so auf einer Geraden, daß ihre Abstände im Verhältnis der Winkelgeschwindigkeiten stehen.*

Man kann diesen Sachverhalt auch noch auf andere Weise unmittelbar und ohne Rechnung einsehen: Der Drehpol R der Bewegung von $\mathbf{E}'$ gegen $\mathbf{E}''$ ist jener Punkt von $\mathbf{E}$, dessen

Geschwindigkeitsvektoren gegenüber **E**′ und **E**″ übereinstimmen. Bei der Bewegung **E**/**E**′ erfahren nun die Punkte von **E** Momentandrehungen um den Pol P; die Tangente an die Bahnkurve eines Punktes X steht auf dem Polstrahl PX senkrecht. Ebenso dreht sich bei der Bewegung **E**/**E**″ die Ebene **E** im Augenblick um den Pol Q; die Bahntangente in X steht also auch auf QX senkrecht. Die Übereinstimmung der Geschwindigkeiten bedingt nun, daß $X = R$ auf der Geraden PQ liegt (Fig. 21). Beachtet man die schon erwähnte Übereinstimmung der Geschwindigkeiten von R (als Punkt von **E**) gegenüber **E**′ und **E**″, so gilt für deren Beträge (skalare Geschwindigkeiten)

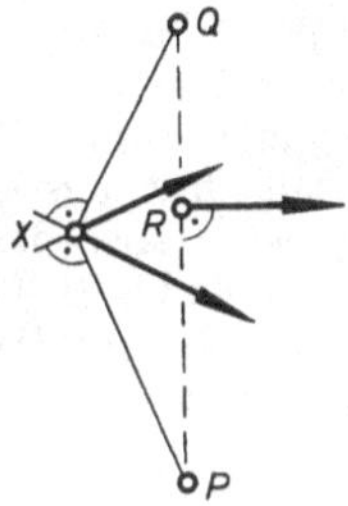

Fig. 21. Zu Satz 11

$$\overline{PR}\cdot\dot{\varphi} = \overline{QR}\cdot\dot{\psi},$$

da ja die Geschwindigkeit eines Punktes einer bewegten Ebene gleich dem Produkt seines Abstandes vom Drehpol mit der Winkelgeschwindigkeit ist. In ähnlicher Weise können wir auch die noch fehlende Beziehung in obiger fortlaufenden Proportion finden.

Drei gegeneinander bewegliche ebene Systeme werden auch als eine *dreigliedrige kinematische Kette* bezeichnet. Haben wir nun allgemeiner n Ebenen, die zu Paaren jeweils einen ebenen Bewegungsvorgang gegeneinander beschreiben, so spricht man von einer *n-gliedrigen kinematischen Kette*. Hängt jeder dieser Bewegungsvorgänge von einem reellen Parameter t (Zeit) ab, liegt also eine *n-gliedrige Zwanglaufkette* vor, so gibt es zu jedem Wert t nun $\binom{n}{2}$ relative Drehpole. Je drei dieser Pole liegen auf einer der $\binom{n}{3}$ Polgeraden und durch jeden Pol gehen selbst wiederum (n — 2) Polgerade hindurch.

Die Gesamtheit der $\binom{n}{2}$ relativen Drehpole und der zugehörigen $\binom{n}{3}$ Polgeraden bildet eine *Konfiguration*, die man den *Drehpolplan* der n-gliedrigen kinematischen Kette nennt. Für je drei der n gegeneinander bewegten Ebenen gilt Satz 11.

Für die Untersuchung von Maschinengetrieben, die vielfach ebene, mehrgliedrige kinematische Ketten bilden, ist Satz 11 von größter Wichtigkeit. Durch Gelenke, die im Mechanismus vorliegen, sind von vornherein Drehpole bekannt; durch Ergänzen zur vollständigen Konfiguration findet man aus ihnen die noch fehlenden Drehpole und Polgeraden, also den zugehörigen Drehpolplan.

So sind z. B. für ein *Gelenkviereck* $ABCD$ mit der Koppel $BC = \mathbf{E}$, den Armen $AB = \mathbf{E}'$, $CD = \mathbf{E}''$ und dem Steg AD $= \mathbf{E}'''$ die Pole $P_{13} = A$, $P_{01} = B$, $P_{02} = C$, $P_{23} = D$ unmittelbar als Gelenke gegeben (Fig. 22). Die noch fehlenden Pole P_{03}, P_{12} und damit der gesamte Drehpolplan sind nun leicht zu finden. (Vgl. auch Beispiel E in Kap. 5!) Mit P_{ij} wurden hierbei die Pole der Bewegung $\mathbf{E}^{(i)}/\mathbf{E}^{(j)}$ oder ihrer Umkehrung bezeichnet.

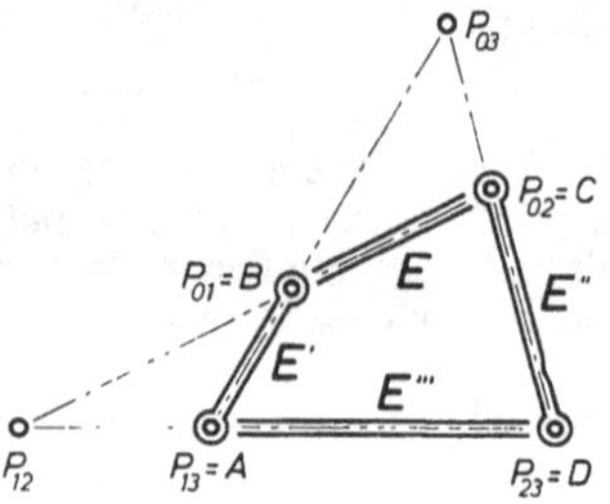

Fig. 22. Drehpolplan eines Gelenkvierecks

Es sei bemerkt, daß man auch von mehrgliedrigen kinematischen Ketten spricht, wenn die einzelnen Ebenenpaare nur irgendwie in ihrer freien Beweglichkeit gegeneinander eingeschränkt sind, also ein- oder zweiparametrige Bewegungsvorgänge beschreiben.

9. *Hüllkurven als Punktbahnen*

Bei einer dreigliedrigen kinematischen Kette, die von drei gegeneinander beweglichen Ebenen $\mathbf{E}, \mathbf{E}', \mathbf{E}''$ gebildet wird, liegen nach Satz 11 die drei augenblicklichen Drehpole P_{01}, P_{02}, P_{12} auf einer geraden Linie, der Polgeraden. Wird nun in der Ebene $\mathbf{E}''$ ein Punkt X'' befestigt, so beschreibt er in den Ebenen $\mathbf{E}$, $\mathbf{E}'$ die Bahnkurven x, x'. Zum betrachteten

Zeitpunkt t sind die Bahntangenten, d. h. die Tangenten an diese beiden Bahnkurven senkrecht zu den Polstrahlen $P_{02}X''$ bzw. $P_{12}X''$. Man erkennt unmittelbar, daß sich diese Bahnkurven x, x' dann und nur dann berühren, wenn obige Polstrahlen zusammenfallen, X'' also auf der Polgeraden liegt. Ist dies für den ganzen Bewegungsablauf der Fall, so berühren sich die Bahnen x, x' zu jedem Zeitpunkt t und bilden somit ein Hüllkurvenpaar des Bewegungsvorgangs $\mathbf{B} = \mathbf{E}/\mathbf{E}'$, den die Ebene $\mathbf{E}$ gegenüber der Ebene $\mathbf{E}'$ beschreibt. Wir haben somit den

Satz 12: *Zwei zusammengehörige Hüllbahnen eines zwangläufigen Bewegungsvorgangs können durch Hinzunahme einer dritten bewegten Ebene auch als Bahnkurven von Punkten dieser Ebene erzeugt werden.*

Im besonderen kann diese dritte Ebene $\mathbf{E}''$ immer so gewählt werden, daß die drei Drehpole P_{01}, P_{02}, P_{12} ständig in den Punkt $P_{12} = P$ zusammenfallen und auf den Polbahnen p, p' von $\mathbf{B} = \mathbf{E}/\mathbf{E}'$ eine in der Ebene $\mathbf{E}''$ feste Kurve p'' gleitungslos abrollt. Die Kurven p, p'' sind dann die Polbahnen des eingliedrigen Bewegungsvorgangs $\mathbf{E}''/\mathbf{E}$, den die Ebene $\mathbf{E}''$ gegenüber $\mathbf{E}$ beschreibt. In gleicher Weise besitzt die Bewegung $\mathbf{E}''/\mathbf{E}'$ die Kurven p', p'' zu Polbahnen. Ein beliebiger Punkt X'' der Ebene $\mathbf{E}''$ beschreibt nun in $\mathbf{E}$ und $\mathbf{E}'$ zwei Bahnkurven x, x', die bei $\mathbf{B} = \mathbf{E}/\mathbf{E}'$ einander einhüllen (Fig. 23).

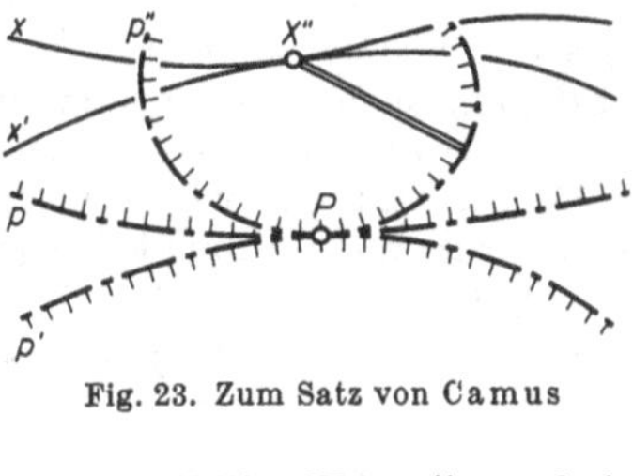

Fig. 23. Zum Satz von Camus

Diese Methode der „*Hilfsrollkurve*" wurde im wesentlichen schon 1733 von Ch. E. L. Camus bei der Konstruktion zusammengehöriger Zahnradflanken benutzt, worauf wir später noch zurückkommen werden.

IV. Krümmungseigenschaften von Punktbahnen

10. Krümmung der Bahnkurven

Wir wollen nun die Krümmungsverhältnisse der Bahnkurven untersuchen, die in der Rastebene **E**' bei einem zwangläufigen Bewegungsvorgang **B** von Punkten der Gangebene **E** beschrieben werden. Der Punkt X^* sei zur Zeit t Krümmungsmittelpunkt (Mittelpunkt des Krümmungskreises) der Bahnkurve x' des in **E** festen Punktes X. Es befinden sich nun die Punkte X, X^* mit dem augenblicklichen Drehpol P auf einer Geraden, der Bahnnormalen des Punktes X. Die Krümmungsmitte einer ebenen Kurve in einem ihrer Punkte liegt nämlich ganz allgemein auf der zugehörigen Kurvennormalen und kann als Grenzlage des Schnittpunktes mit der Normalen in einem benachbarten Punkte aufgefaßt werden.

Die Vektoren $\overrightarrow{PX}$ und $\overrightarrow{PX^*}$ fallen in die gleiche Gerade, wenn sie im System der Rastebene durch komplexe Zahlen

$$(29)\qquad x' - p' = a e^{i\vartheta}, \quad x^{*\prime} - p' = a^* e^{i\vartheta} \quad (a, a^*, \vartheta \text{ reell})$$

dargestellt werden, die sich nur durch einen reellen Faktor unterscheiden. Mit Hilfe der konjugiert komplexen Zahlen

$$(30)\qquad \bar{x}' - \bar{p}' = a e^{-i\vartheta}, \quad \bar{x}^{*\prime} - \bar{p}' = a^* e^{-i\vartheta}$$

können wir dies auch durch

$$(31)\qquad (x' - p')(\bar{x}^{*\prime} - \bar{p}') - (\bar{x}' - \bar{p}')(x^{*\prime} - p') = 0$$

zum Ausdruck bringen. Beim Differenzieren dieser Gleichung nach t berücksichtigen wir, daß die Punkte X, X^* bzw. in den Ebenen **E**, **E**' fest sind. Es reduziert sich also die Ableitung $\dot{x}'$ auf die Führungsgeschwindigkeit $\dot{x}'_f$ des Punktes X. Wegen (9) und (29) gilt

$$(32)\qquad \dot{x}' = \dot{x}'_f = i\dot{\varphi}(x' - p') = i\dot{\varphi} a e^{i\vartheta}, \quad \dot{x}^{*\prime} = 0.$$

Aus (31) folgt

$$(33)\qquad \dot{x}'(\bar{x}^{*\prime} - \bar{p}') - \dot{\bar{x}}'(x^{*\prime} - p') + \dot{p}'(\bar{x}' - \bar{x}^{*\prime}) - \dot{\bar{p}}'(x' - x^{*\prime}) = 0.$$

Nun tragen wir die Werte aus (29), (30) und (32) hierin ein und setzen für die gemeinsame Tangente an die sich im Drehpol P berührenden Polkurven p, p'

$$\dot{\mathfrak{p}}' = \dot{\mathfrak{s}}\, e^{i\sigma}. \tag{34}$$

Hierbei bedeutet die reelle Zahl $\dot{\mathfrak{s}}$ die skalare Polwechselgeschwindigkeit, also $ds = \dot{\mathfrak{s}}\,dt$ das gemeinsame skalare Bogenelement der Polbahnen. Damit geht (33) über in

$$2\,i\,\dot{\varphi}\,\mathfrak{a}\mathfrak{a}^* + \dot{\mathfrak{s}}(\mathfrak{a}^* - \mathfrak{a})(e^{i(\vartheta-\sigma)} - e^{-i(\vartheta-\sigma)}) = 0. \tag{35}$$

Wird schließlich noch der Winkel, den die Polbahntangente mit dem Polstrahl PX einschließt, mit

$$\alpha = \vartheta - \sigma$$

bezeichnet, so ergibt sich die Formel

$$\boxed{\left(\frac{1}{\mathfrak{a}^*} - \frac{1}{\mathfrak{a}}\right) \sin\alpha = \frac{\dot{\varphi}}{\dot{\mathfrak{s}}} = \frac{d\varphi}{ds}}, \tag{36}$$

die auf G. F. L'Hospital (1696) und L. Euler (1765) zurückgeht und von F. Savary (1841) wiedergefunden wurde.

Beachten wir noch, daß hierin der infinitesimale Drehwinkel $d\varphi$ entsprechend dem Rollvorgang der Polbahnen gleich der Differenz von deren Kontingenzwinkeln ist, so gilt ergänzend

$$\boxed{\frac{d\varphi}{ds} = \frac{1}{\mathfrak{r}'} - \frac{1}{\mathfrak{r}}}, \tag{37}$$

wobei also $\mathfrak{r}, \mathfrak{r}'$ die Krümmungshalbmesser der Polbahnen p, p' im Punkt P sind.

Unter dem *Kontingenzwinkel* einer ebenen Kurve in einem ihrer Punkte versteht man den Winkel, den die Kurventangente mit ihrer Nachbarlage einschließt. Das Verhältnis „Kontingenzwinkel: Bogenelement" mißt die Kurvenkrümmung in diesem Punkt, also den reziproken Wert des Krümmungshalbmessers.

Nach Satz 7 wechselt die Winkelgeschwindigkeit und damit auch der infinitesimale Drehwinkel bei der Umkehrung unserer Bewegung **B** das Vorzeichen. Für den inversen Bewegungsvorgang **B'** ergibt sich somit nach (36) die Euler-Savarysche Formel in der gleichen Gestalt

$$\left(\frac{1}{a}-\frac{1}{a^*}\right)\sin\alpha=\frac{1}{r}-\frac{1}{r'}=-\frac{d\varphi}{ds}\,.$$

Daraus folgt der

Satz 13: *Bei einem zwangläufigen Bewegungsvorgang* **B** *der Ebene* **E** *gegen die Ebene* **E'** *beschreibe der in* **E** *feste Punkt X eine Bahnkurve in* **E'** *mit der augenblicklichen Krümmungsmitte X^*. Dann gilt für die Umkehrbewegung* **B'** *von* **E'** *gegen* **E**: *Der Punkt X^* durchläuft, als fester Punkt von* **E'** *aufgefaßt, bei* **B'** *in der Ebene* **E** *eine Bahnkurve, deren Krümmungsmittelpunkt der ursprüngliche Punkt X ist. Dieser wechselseitige Zusammenhang zwischen den Punkten X, X^* wird durch die Formel* (36) *von Euler und Savary gegeben.*

11. Die Punktverwandtschaft $X \longleftrightarrow X^*$.

Jedem Punkt X der Gangebene **E** eines Bewegungsvorgangs **B** wird ein Punkt X^* von **E'** zugeordnet und umgekehrt. Die Bildpunkte sind jeweils Krümmungsmittelpunkte der Bahnkurven, die der ursprüngliche Punkt bei **B** bzw. bei der Umkehrbewegung **B'** beschreibt. Wir wollen nun die komplexen Zahlen berechnen, durch die dieses Punktepaar in einem rechtwinkeligen Achsenkreuz erfaßt wird, dessen Ursprung mit dem Momentanpol P und dessen reelle Achse (ξ_1-Achse) mit der Polbahntangente zusammenfallen (Fig. 24). Gemäß (29), (34) führen wir hierzu

$$(38)\quad \xi=(x'-p')\,e^{-i\sigma}=a\,e^{i\alpha},\quad \xi^*=(x^{*\prime}-p')\,e^{-i\sigma}=a^*\,e^{i\alpha}$$

ein. Setzen wir für den Augenblick

$$\xi^*=\lambda\xi \text{ und damit } a^*=\lambda a,$$

so können wir den reellen Proportionalitätsfaktor λ aus (35) oder

$$2i\,\dot\varphi\,\lambda\xi\bar\xi+\dot s(\lambda-1)(\xi-\bar\xi)=0$$

ermitteln. Damit finden wir

$$\boxed{\xi^* = \frac{\dot{s}(\xi - \bar{\xi})}{\dot{s}(\xi - \bar{\xi}) + 2i\,\dot{\varphi}\,\xi\,\bar{\xi}} \cdot \xi} \tag{39}$$

oder ausführlich in den Koordinaten mit $\xi = \xi_1 + i\xi_2$, $\xi^* = \xi^*_1 + i\xi^*_2$

$$\xi^*_1 = \frac{\xi_1 \xi_2}{\xi_2 + (\xi_1^2 + \xi_2^2)\dfrac{d\varphi}{ds}}, \quad \xi^*_2 = \frac{\xi_2 \xi_2}{\xi_2 + (\xi_1^2 + \xi_2^2)\dfrac{d\varphi}{ds}}. \tag{39*}$$

In gleicher Weise erhalten wir durch Elimination von ξ aus (35) die Umkehrung

$$\boxed{\xi = \frac{\dot{s}(\xi^* - \bar{\xi}^*)}{\dot{s}(\xi^* - \bar{\xi}^*) - 2i\,\dot{\varphi}\,\xi^*\,\bar{\xi}^*} \cdot \xi^*} \tag{40}$$

oder

$$\left.\begin{aligned} \xi_1 &= \frac{\xi^*_1 \xi^*_2}{\xi^*_2 - (\xi^{*2}_1 + \xi^{*2}_2)\dfrac{d\varphi}{ds}}, \\ \xi_2 &= \frac{\xi^*_2 \xi^*_2}{\xi^*_2 - (\xi^{*2}_1 + \xi^{*2}_2)\dfrac{d\varphi}{ds}}. \end{aligned}\right\} \tag{40*}$$

Somit haben wir den

Satz 14: *Die Zuordnung $X \longleftrightarrow X^*$, also die Zuordnung eines Punktes der Gangebene zum Krümmungsmittelpunkt seiner Bahnkurve in der Rastebene bei einem zwangläufigen Bewegungsvorgang oder bei dessen Umkehrung ist eine spezielle bi-rationale quadratische Transformation, eine sogenannte Cremona-Transformation einfachster Art.*

Weiter gilt der

Satz 15: *Durch die Verwandtschaft $X \longleftrightarrow X^*$ wird eine Gerade in einen Kegelschnitt übergeführt, der die beiden Polbahnen p, p' im augenblicklichen Drehpol P berührt.*

Dies erkennt man sofort, wenn man in die Gleichung einer Geraden

$$c_0 + c_1 \xi_1 + c_2 \xi_2 = 0$$

die Formeln (40*) einsetzt. Man kommt so auf die Gleichung

$$c_0 \left\{ \xi^*_2 - (\xi^{*2}_1 + \xi^{*2}_2) \frac{d\varphi}{ds} \right\} + c_1 \xi^*_1 \xi^*_2 + c_2 \xi^{*2}_2 = 0$$

eines Kegelschnittes. Dieser geht tatsächlich durch den Punkt P ($\xi^*_1 = \xi^*_2 = 0$) und hat dort die Gerade $\xi^*_2 = 0$ zur Tangente, wie man etwa durch Bildung der Polarform der Kegelschnittsgleichung ersieht.

Ein solcher Kegelschnitt, dessen Gleichung

$$a_{11} \xi_1^2 + 2 a_{12} \xi_1 \xi_2 + a_{22} \xi_2^2 + 2 a_{02} \xi_2 = 0$$

lautet, geht durch die Zuordnung $X \longleftrightarrow X^*$ wiederum in einen Kegelschnitt der gleichen Art über, zu dem noch die Poltangente als doppelt zählende Gerade hinzukommt (quadratische Verwandtschaft). Dies folgt unmittelbar, wenn man (40*) einsetzt und beachtet, daß man den Faktor ξ^{*2}_2 herausheben kann.

Im besonderen geht ein Kreis, der die Polbahn in P berührt, in einen ebensolchen Kreis und die doppelt zählende Polbahntangente über ($a_{12} = 0$, $a_{11} = a_{22}$).

12. Konstruktive Auswertung der Euler-Savaryschen Formel

Der Zusammenhang zwischen einem Punkt X der Gangebene **E** und dem Krümmungsmittelpunkt X^* seiner Bahnkurve in **E'** war im wesentlichen durch die Formel (36) von Euler und Savary und die Ergänzung (37) gegeben. Wir bringen hierfür nun eine Zeichenvorschrift und beweisen folgende in Fig. 24 durchgeführte

Konstruktion: *Man zeichne den Polstrahl PX und errichte in P darauf die Normale. Diese Gerade werde im Punkte Q von der Verbindungsgeraden MX des Punktes X mit dem Krümmungsmittelpunkt M der Gangpolbahn p zum Punkte P geschnitten. Durch Q und den Krümmungsmittelpunkt M' der Rastpolbahn p' in P legt man eine Gerade, welche den Polstrahl PX im gesuchten Punkt X^* trifft.*

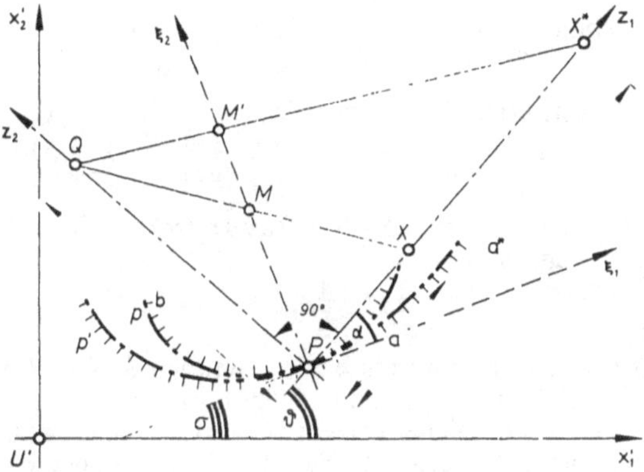

Fig. 24. Konstruktion des Bahnkrümmungsmittelpunktes nach Euler-Savary

Zum Beweis beachten wir erst einmal die Längen folgender Strecken:

$$\overline{PX} = \mathrm{a},\quad \overline{PX^*} = \mathrm{a}^*,\quad \overline{PM} = r,\quad \overline{PM'} = r'.$$

Nun führen wir ein neues Achsenkreuz ein, dessen z_1-Achse in den Polstrahl PX und dessen z_2-Achse in die Senkrechte fallen, die wir im Punkte P auf PX errichtet haben. Auf dieses Achsenkreuz bezogen, haben unsere Punkte folgende Koordinaten:

$X(\mathrm{a}, 0)$, $X^*(\mathrm{a}^*, 0)$, $M(\mathrm{r} \sin\alpha, \mathrm{r}\cos\alpha)$, $M'(\mathrm{r}' \sin\alpha, \mathrm{r}'\cos\alpha)$.

Die Gerade MX besitze die Gleichung

$$\frac{z_1}{a} + \frac{z_2}{b} = 1,$$

während $M'X^*$ durch

$$\frac{z_1}{a^*} + \frac{z_2}{b^*} = 1$$

gegeben sei. Durch diese Gleichungsform (Achsenabschnittsgleichung) wurde bereits zum Ausdruck gebracht, daß diese Geraden durch die Punkte X bzw. X^* gehen. b und b* sind nun so zu wählen, daß auch M bzw. M' auf diesen Geraden liegen:

$$\frac{\sin\alpha}{a} + \frac{\cos\alpha}{b} = \frac{1}{r}, \quad \frac{\sin\alpha}{a^*} + \frac{\cos\alpha}{b^*} = \frac{1}{r'}.$$

Durch Subtraktion finden wir daraus

$$\left(\frac{1}{a^*} - \frac{1}{a}\right)\sin\alpha + \left(\frac{1}{b^*} - \frac{1}{b}\right)\cos\alpha = \frac{1}{r'} - \frac{1}{r}.$$

Der Vergleich mit der Euler-Savaryschen Formel (36) und (37) zeigt nun

$$\frac{1}{b^*} - \frac{1}{b} = 0.$$

Es gilt also $b = b^*$ und die beiden Geraden MX und $M'X^*$ schneiden sich in einem Punkte $Q(0, b)$ auf der z_2-Achse. Damit ist unsere Zeichenvorschrift bewiesen und kann zum Punkt X der entsprechende Punkt X^* konstruiert werden, wenn nur die Krümmungsmittelpunkte M, M' der Polbahnen bekannt sind. Auch umgekehrt kann in genau der gleichen Weise aus X^* der Punkt X gefunden werden.

Diese Konstruktion versagt, wenn der Punkt X auf der Polbahnnormalen liegt. In diesem Fall wenden wir den sogenannten *Projektionssatz* an, um zu einer allgemeinen Konstruktion zu gelangen. Es gilt nämlich der

Satz 16: *Ein zusammengehöriges Punktepaar X, X^* auf der Polbahnnormalen geht durch Normalprojektion auf einen beliebigen Polstrahl wiederum in ein entsprechendes Punktepaar X_0, X^*_0 über.*

Projiziert man nämlich (Fig. 25) das Punktepaar X, X^* unserer Verwandtschaft senkrecht auf einen beliebigen (von der Polbahnnormalen verschiedenen) Polstrahl in die Punkte X_0, X^*_0, so folgt wegen

$$\overline{PX} = a, \ \overline{PX^*} = a^*; \ \overline{PX_0} = a_0, \ \overline{PX^*_0} = a^*_0$$

aus den rechtwinkeligen Dreiecken

$$a_0 = a \sin\alpha, \quad a^*_0 = a^* \sin\alpha.$$

Damit haben wir aber nach (36), (37)

$$\frac{1}{a^*} - \frac{1}{a} = \left(\frac{1}{a^*_0} - \frac{1}{a_0}\right)\sin\alpha = \frac{1}{r'} - \frac{1}{r}.$$

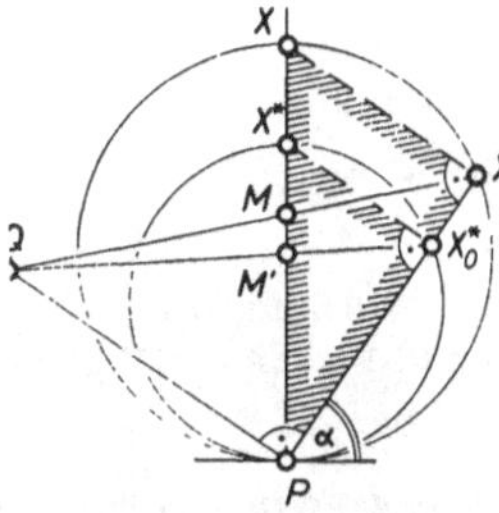

Fig. 25. Projektionssatz

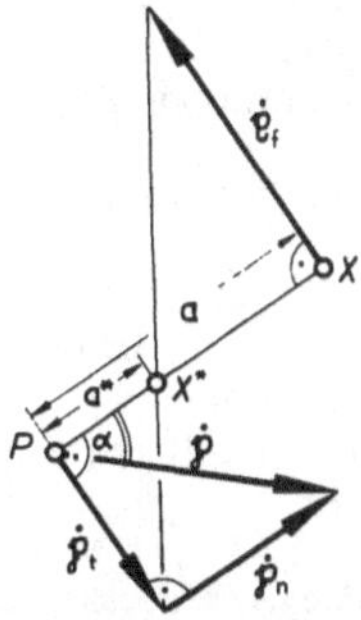

Fig. 26. Konstruktion des Bahnkrümmungsmittelpunktes nach Hartmann

Dies besagt, daß auch X_0, X^*_0 sich entsprechen. Man hat also die

Konstruktion: *Man projiziere den Punkt X der Polbahnnormalen senkrecht auf einen beliebigen Polstrahl in den Punkt X_0, suche nun nach der allgemeinen Zeichenvorschrift den Punkt X^*_0 und projiziere diesen wiederum auf die Polbahnnormale in den Punkt X^* zurück.*

Man folgert nun leicht, daß alle Punkte des Kreises über dem Durchmesser PX ihre Bahnkrümmungsmitten auf dem Kreis über PX^* als Durchmesser besitzen.

Allein auf der Formel (36) basiert eine auch nach W. Hartmann benannte Zeichenvorschrift, für die wir nun nicht mehr die Krümmungsmitten der Polbahnen, sondern lediglich die Vektoren der Polwechselgeschwindigkeit und der Geschwindigkeit des Punktes X benötigen!

Konstruktion: *Um den Krümmungsmittelpunkt X^* der Bahnkurve eines Punktes X zur Zeit t zu finden, bringen wir in X den Geschwindigkeitsvektor $\dot{\mathfrak{x}}_f$ und im Drehpol P den Vektor der Polwechselgeschwindigkeit $\dot{\mathfrak{p}}$ an. Nun zerlegen wir $\dot{\mathfrak{p}} = \dot{\mathfrak{p}}_t + \dot{\mathfrak{p}}_n$ in seine Tangential- und Normalkomponenten (d.h. in Komponenten $\dot{\mathfrak{p}}_t$, $\dot{\mathfrak{p}}_n$ parallel und senkrecht zum Tangentenvektor $\dot{\mathfrak{x}}_f$). Die Verbindungsgerade der Endpunkte von $\dot{\mathfrak{p}}_t$ und $\dot{\mathfrak{x}}_f$ trifft nun den Polstrahl PX im gesuchten Punkt X^* (Fig. 26).*

Mit (34) ergibt sich nämlich für die Tangentialkomponente $\dot{\mathfrak{p}}_t$ die komplexe Zahl

$$\dot{\mathfrak{p}}'_t = \dot{s} \sin \alpha \; e^{i\left(\sigma + \alpha - \frac{\pi}{2}\right)} = -i\dot{s} \sin \alpha \, e^{i\vartheta}.$$

Hiermit und mit (32) stellen wir die Proportion

$$\dot{s} \sin \alpha : \dot{\varphi} \mathfrak{a} = \mathfrak{a}^* : (\mathfrak{a} - \mathfrak{a}^*)$$

auf, die einerseits obiger Konstruktion zugrunde liegt, andererseits mit der Formel (36) von Euler-Savary gleichwertig ist.

13. Synthetische Herleitung der Konstruktion des Krümmungskreises

Wir wollen nun für die im vorhergehenden Kapitel angegebene Konstruktion des Krümmungsmittelpunktes noch einen anderen, synthetischen Beweis bringen, der jegliche Rechnung vermeidet und nur auf der Vervollständigung des Drehpolplanes einer geeigneten kinematischen Kette beruht (Fig. 27).

Der zwangläufige Bewegungsvorgang **B** sei durch das gleitungslose Rollen der Polkurve p der Gangebene **E** auf der Kurve p' der Rastebene **E**' bestimmt. Der in **E** befestigte Punkt X beschreibe hierbei eine Bahnkurve, deren augenblicklichen Krümmungsmittelpunkt X^* wir suchen. Um zu einer kinematischen Kette zu gelangen, bauen wir in diesen Vorgang eingliedrige Bewegungen ein, die wir schon in Kap. 5/C betrachtet und als Evolventenbewegungen bezeichnet hatten. Die Polbahnen p, p' berühren sich im augenblicklichen Drehpol P, die gemeinsame Polbahnnormale sei mit g bezeichnet. Der zum Punkt X gehörige Polstrahl PX werde zur Abkürzung n genannt. Nun zerlegen wir unseren Bewegungsvorgang **B**:

1) In der Ebene **E**' fassen wir die Evolute $m' = (M')$ von p' ins Auge. Auf ihr rolle gleitungslos die Gerade g, mit der wir uns eine Ebene **E**'' starr verbunden denken. Für diese Evolventenbewegung **E**''/**E**' fungiert g als Gangpolbahn und m' als Rastpolbahn. Ihr gemeinsamer Berührungspunkt M' ist Drehpol. Wir bezeichnen ihn in systematischer Weise mit $M' = P_{12}$.

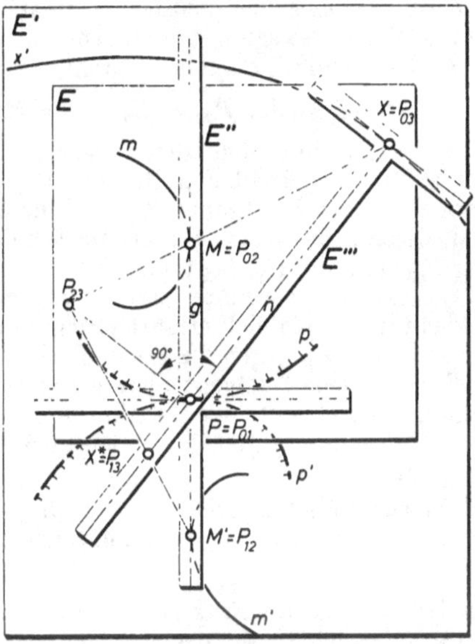

Fig. 27. Drehpolplan zwecks Konstruktion der Bahnkrümmungsmitten

2) In gleicher Weise rolle die Gerade g auch auf der Evolute $m = (M)$ der Kurve p, die die Ebene **E** vertrete. Für diese Evolventenbewegung **E**''/**E** ist wiederum der gemeinsame Berührungspunkt $M = P_{02}$ Drehpol. Vollführt nun **E**'' die so erklärten Bewegungen gegen **E** und **E**', so beschreibt hierbei der Punkt P die Kurven p, p' in den Ebenen **E** bzw. **E**'.

3) Eine weitere Ebene **E**''' sei nun mit der Geraden n starr verbunden. **E**''' werde im Punkt X durch ein Gelenk mit **E** drehbar in Verbindung gebracht und so bewegt, daß n ständig durch den Stützpunkt P als festen Punkt von **E**'' hindurchgehe. Für die Bewegung **E**'''/**E** ist also $X = P_{03}$ Drehpol.

Hierdurch ist nun eine viergliedrige kinematische Kette von einparametrigen Bewegungsvorgängen bestimmt. Von vornherein sind folgende Drehpole bekannt:

$$P_{01} = P,\ P_{02} = M,\ P_{03} = X,\ P_{12} = M'.$$

Wir vervollständigen nun den zugehörigen Drehpolplan: Die Polgerade $P_{02}\,P_{03}$ enthält den Drehpol P_{23} im Schnitt mit der Normalen auf n im Punkte $P_{01} = P$, denn es stützt sich ja n auf diesen in $\mathbf{E}''$ festen Punkt. Im Schnitt der Polgeraden $P_{01}\,P_{03}$ und $P_{12}\,P_{23}$ liegt nun der Pol P_{13}. Dieser Punkt ist schon der gesuchte Krümmungsmittelpunkt $X^* = P_{13}$, denn im Augenblick erfährt ja der Punkt X von $\mathbf{E}'''$ eine Drehung um P_{13} gegen die Ebene $\mathbf{E}'$. Die Bewegung $\mathbf{E}'''/\mathbf{E}'$ ist wiederum eine Evolventenbewegung, bei der n als Gangpolbahn auf der Evolute der Bahnkurve des Punktes X rollt. $P_{13} = X^*$ ist somit tatsächlich der gesuchte Krümmungsmittelpunkt.

Wir sind so zur früheren Zeichenvorschrift gelangt, der die Formel von Euler und Savary zugrunde liegt.

Aufgaben:

1) Wie ändert sich die Konstruktion des Krümmungsmittelpunktes X^* der Bahnkurve eines Punktes X, wenn eine der beiden Polbahnen an der betrachteten Stelle einen *Wendepunkt* besitzt, der zugehörige Krümmungsmittelpunkt also ins Unendliche gerückt ist?

2) Führe die Krümmungskreiskonstruktionen in den Beispielen G und H von Kapitel 5 durch!

14. Wendepunkte, Wendekreis

Es liege ein zwangläufiger Bewegungsvorgang $\mathbf{B} = \mathbf{E}/\mathbf{E}'$ vor. Wir fragen nach jenen Punkten X von $\mathbf{E}$, deren Bahnkurven in $\mathbf{E}'$ zum betrachteten Zeitpunkt t einen *Wendepunkt* besitzen. Für einen Wendepunkt ist der zugehörige Krümmungsmittelpunkt ins Unendliche gerückt. Es müssen also in der Darstellung (39), (39*) der Krümmungsmitte X^* der Bahnkurve von X die Nenner verschwinden, ohne daß gleichzeitig auch die Zähler Null werden. Damit finden wir für die Wendepunkte X ihrer Bahnkurven

$$\dot{s}(\xi - \bar{\xi}) + 2\,i\dot{\varphi}\xi\bar{\xi} = 0 \text{ oder } \xi_2 + (\xi_1^2 + \xi_2^2)\frac{d\varphi}{ds} = 0,$$

wofür wir besser die Form

$$\boxed{2\,\dot{\varphi}\xi\bar{\xi} - i\dot{s}(\xi - \bar{\xi}) = 0} \text{ oder } \boxed{\xi_1^2 + \xi_2^2 + \xi_2\frac{ds}{d\varphi} = 0} \qquad (41)$$

wählen. Dies stellt die Gleichung eines *Kreises* in der Ebene **E** dar. Er heißt der *Wendekreis* zum Zeitpunkt t und wurde 1706 von Ph. de la Hire eingeführt. Wir haben somit den

Satz 17: *An jeder Stelle eines zwangläufigen Bewegungsvorgangs ist der Ort der Wendepunkte in der Gangebene ein Kreis (Wendekreis). Auf ihm liegen also die Punkte der Gangebene, die gerade Wendepunkte ihrer Bahnkurven durchlaufen.*

Aus Gleichung (41) ersieht man: Der Wendekreis berührt die Poltangente $\xi_2 = 0$ im Punkt P (0, 0) und geht durch den *Wendepol* W, dessen Koordinaten

$$\xi_1 = 0, \ \xi_2 = -\frac{ds}{d\varphi}$$

lauten. Da die Bahntangenten stets auf dem zugehörigen Polstrahl senkrecht stehen, gehen sämtliche *Wendetangenten* (Bahntangenten in Wendepunkten) durch den Wendepol W.

Der Wendekreis w kann auch mittels der Krümmungskreiskonstruktion, die der Euler-Savaryschen Formel zugrunde liegt, ermittelt werden (Fig. 28). Man sucht hierzu auf einem Polstrahl n den Wendepunkt $X = W_n$. Der zugehörige Punkt $X^* = W^{*\infty}_n$ muß im Unendlichen liegen. Daher hat man durch den Krümmungsmittelpunkt M' der Rastpolbahn p' die Parallele zu n (als Verbindungsgerade mit dem Fernpunkt $X^* = W^{*\infty}_n$) zu zeichnen. Die Normale auf n im Punkte P schneidet nun diese Gerade im Punkt

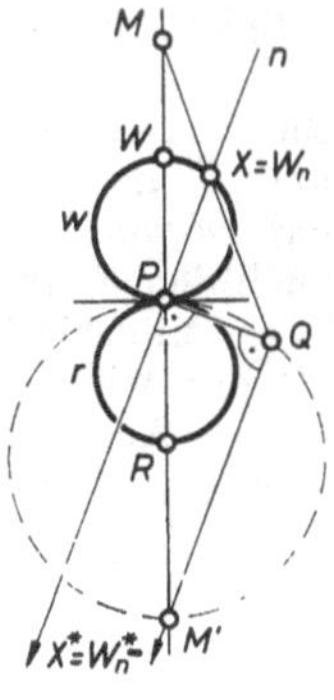

Fig. 28. Wendekreis und Rückkehrkreis

Q, der mit dem Krümmungsmittelpunkt M von p verbunden wird. Hierbei wird auf n der gesuchte Wendepunkt $X = W_n$ ausgeschnitten. Dreht sich nun der Polstrahl n um P, so wandert Q auf einem Kreis über dem Durchmesser PM' (rechter Winkel im Halbkreis). Der Wendekreis liegt nun zu diesem Kreis ähnlich in bezug auf M als Ähnlichkeitszentrum. Auch daraus könnte man schließen, daß der Ort der Wendepunkte in **E** ein Kreis ist.

Bei der *Ellipsenbewegung* (Kap. 5/G) rollt ein Kreis p im Innern eines doppelt so großen Kreises p'. Jeder Punkt von p beschreibt hierbei eine Gerade, die sozusagen aus lauter Wendepunkten besteht. Daher *fällt der Wendekreis ständig mit der Gangpolbahn p zusammen.*

Aufgabe:

Man leite mittels (36) folgende Formel für den Krümmungsradius ϱ der Bahnkurve eines Punktes X von **E** her:

$$\varrho = \frac{a^2}{a - D \sin\alpha} .$$

Hierbei bedeuten $a = \overline{PX}$ die Poldistanz, α den Winkel des Polstrahls PX gegen die Polbahntangente und D den Durchmesser des Wendekreises w.

15. Rückkehrkreis

Schon im vorhergehenden Kapitel und gelegentlich auch früher hatten wir unendlich ferne Punkte in Betracht gezogen. Hierbei müssen wir uns die Euklidischen Ebenen **E** und **E'** im Sinne der projektiven Geometrie durch Hinzunahme von Fernpunkten erweitert denken. Wir können nun auch den Punkt X in einen Fernpunkt der Ebene **E** rücken lassen und hierbei den zugehörigen Krümmungsmittelpunkt X^* der bei $\mathbf{B} = \mathbf{E}/\mathbf{E}'$ beschriebenen Bahnkurve von X verfolgen. Anschaulicher wird dies, wenn wir einfach die Verwandtschaft $X \longleftrightarrow X^*$ im Auge haben und nach den Punkten X^* fragen, die Fernpunkten X^∞ entsprechen. Hierzu muß in den Formeln (40), (40*) der Nenner verschwinden, was zu

$$\dot{s}(\xi^* - \bar{\xi}^*) - 2i\dot{\varphi}\xi^*\bar{\xi}^* = 0 \quad \text{oder} \quad \xi^*_2 - (\xi^{*2}_1 + \xi^{*2}_2)\frac{d\varphi}{ds} = 0$$

führt, wofür wir wieder

$$\boxed{2\dot{\varphi}\xi^*\bar{\xi}^* + i\dot{s}(\xi^* - \bar{\xi}^*) = 0} \quad \text{oder} \quad \boxed{\xi^{*2}_1 + \xi^{*2}_2 - \xi^*_2 \frac{ds}{d\varphi} = 0} \qquad (42)$$

schreiben. Als Ort der Punkte X^* erhalten wir also wiederum einen *Kreis*, der zum früher betrachteten Wendekreis symmetrisch hinsichtlich der Poltangente liegt. Auf der Polbahnnormalen und auf diesem *Rückkehrkreis r* liegt der *Rückkehrpol R* mit den Koordinaten

$$\xi^*_1 = 0, \; \xi^*_2 = \frac{ds}{d\varphi}.$$

Der Rückkehrkreis ist der Wendekreis der Umkehrbewegung **B**′ *von* **B**. Ebenso vertauschen die Punkte W und R ihre Rollen (Fig. 28). Auf eine weitere Eigenschaft des Rückkehrkreises kommen wir bald zu sprechen.

Aufgabe:

Man leite mit Hilfe der Konstruktion von Euler-Savary den Rückkehrkreis her (ähnlich wie in Kap. 14 der Wendekreis auch ermittelt wurde)!

16. *Projektive Eigenschaften der Punktverwandtschaft* $X \longleftrightarrow X^*$

Wir betrachten nun auf einem festen Polstrahl n die Zuordnung der Punkte X, X^*, die durch die Gleichungen (36) und $\alpha =$ konst. bestimmt ist. Auf diesem Polstrahl können dabei die reellen Zahlen a, a* als Koordinaten der Punkte X, X^* angesehen werden. Durch den Ansatz

$$a_0 : a_1 = 1 : a, \quad a^*_0 : a^*_1 = 1 : a^*$$

gehen wir zu homogenen Punktkoordinaten auf n über. Von (36) gelangen wir so zu einer *bilinearen Beziehung* zwischen den homogenen Koordinaten von X und X^*, nämlich

$$(a_0 a^*_1 - a^*_0 a_1)\, \dot{s} \sin\alpha + a_1 a^*_1 \dot{\varphi} = 0. \qquad (43)$$

In der projektiven Geometrie wird nun gezeigt, daß durch eine solche bilineare Gleichung in homogenen Koordinaten eine *Projektivität* (*projektive Zuordnung*) bestimmt ist.

Weiter erkennt man unmittelbar aus der geometrischen Bedeutung von Wendekreis und Rückkehrkreis, daß dem Fernpunkt $R_n^\infty(a_0 = 0, a_1 = 1)$ unseres Polstrahls n sein von P verschiedener Schnittpunkt $R^*_n(a^*_0 = \dot{\varphi}, a^*_1 = \dot{s} \sin\alpha)$ mit dem Rückkehrkreis entspricht. Umgekehrt ist der zweite Schnittpunkt W_n $(a_0 = \dot{\varphi}, a_1 = -\dot{s} \sin\alpha)$ von n mit dem Wendekreis dem Fernpunkt $W^{*\infty}_n = R_n^\infty(a^*_0 = 0, a^*_1 = 1)$ zugeordnet. Daher sind die von P verschiedenen Schnittpunkte mit Wendekreis und Rückkehrkreis die *Fluchtpunkte* (*Gegenpunkte*) unserer projektiven Punktreihen auf dem Polstrahl n. Der Drehpol P ist *doppelt zählender Fixpunkt*, wie aus (43) für $a_0 = \varrho a^*_0$, $a_1 = \varrho a^*_1$ mit $\varrho \neq 0$ sofort folgt; zu P liegen die Fluchtpunkte symmetrisch.

Wir haben damit den

Satz 18: *Auf jeder durch den Drehpol P gehenden Geraden n bilden die Paare entsprechender Punkte X, X* zwei projektive Punktreihen. Ihre Fluchtpunkte sind die von P verschiedenen zweiten Schnittpunkte von n mit dem Wendekreis bzw. mit dem Rückkehrkreis. Die Doppelpunkte (Fixpunkte) liegen im Drehpol P vereinigt. Die Projektivität ist somit parabolisch.*

Aus der projektiven Geometrie ist ferner bekannt, daß projektive Punktreihen durch *Doppelverhältnisgleichheit* gekennzeichnet sind, d.h. daß irgend vier Punkte der einen Reihe und die ihnen entsprechenden Punkte der anderen Reihe gleiches Doppelverhältnis besitzen.

Das Doppelverhältnis $(ABCD)$ von vier Punkten A, B, C, D einer Geraden ist als Quotient der Teilverhältnisse $(ABC):(ABD)$ erklärt. Somit ist

$$(ABCD) = \frac{\overline{AC}}{\overline{BC}} : \frac{\overline{AD}}{\overline{BD}}.$$

Wir wenden dieses Grundgesetz der projektiven Geometrie etwa auf die folgenden Paare entsprechender Punkte an:

$$P \longleftrightarrow P,\ W_n \longleftrightarrow W^{*\infty}_n,\ R_n^\infty \longleftrightarrow R^*_n,\ X \longleftrightarrow X^*.$$

Es gilt also für die daraus gebildeten Doppelverhältnisse

$$(P W_n R_n^\infty X) = (P W^{*\infty}_n R^*_n X^*).$$

Durch Ausrechnung findet man

$$\overline{W_n X} : \overline{PX} = \overline{PR^*_n} : \overline{PX^*}.$$

Wegen $\overline{PR^*_n} = \overline{W_n P}$ können wir dafür auch schreiben

$$\overline{W_n X} : \overline{W_n P} = \overline{PX} : \overline{PX^*}$$

oder

$$\overline{W_n X} : (\overline{PW_n} + \overline{W_n X}) = \overline{PX} : (\overline{X^*P} + \overline{PX}).$$

Somit haben wir die Beziehung

$$\overline{W_n X} : \overline{PX} = \overline{PX} : \overline{X^*X}$$

oder

$$\boxed{\overline{XW_n} \cdot \overline{XX^*} = \overline{PX}^2.} \tag{44}$$

Diese metrische Relation bringt ebenfalls die Verwandtschaft $X \longleftrightarrow X^*$ zum Ausdruck. Man kann daraus eine Konstruktionsvorschrift herleiten, um aus den Punkten P, W_n und X den Punkt X^* graphisch zu ermitteln.

Konstruktion: *Man bringe zwei parallele Gerade durch P und W_n mit einem beliebigen Strahl durch X in den Punkten P_0 und W_0 zum Schnitt. Die Parallele zu PW_0 durch P_0 schneidet dann X^* aus* (Fig. 29).

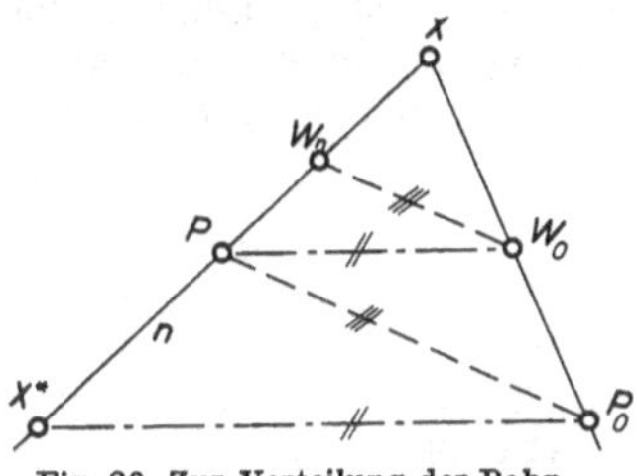

Fig. 29. Zur Verteilung der Bahnkrümmungen auf einem Polstrahl

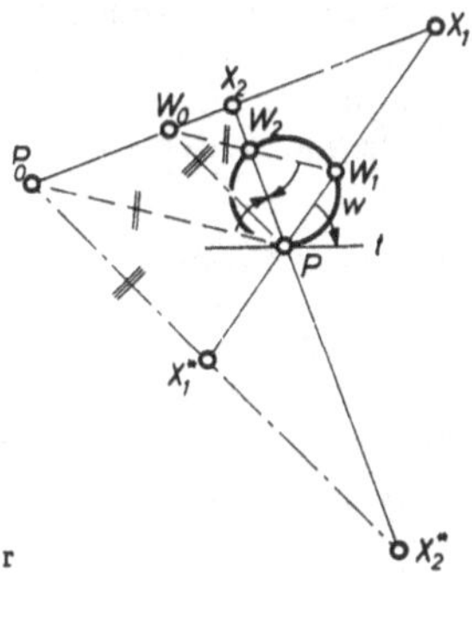

Fig. 30. Zum Satz von Bobillier

Die Richtigkeit erkennt man aus den Paaren von ähnlichen Dreiecken

$$\Delta PXP_0 \sim \Delta W_n X W_0, \quad \Delta X^* X P_0 \sim \Delta PXW_0.$$

Daraus folgen die Proportionen

$$\overline{PX} : \overline{W_n X} = \overline{P_0 X} : \overline{W_0 X} = \overline{X^* X} : \overline{PX}.$$

Umgekehrt kann man diese Konstruktion auch dazu benützen, aus P, X, X^* den Punkt W_n zu finden.

17. Der Satz von Bobillier

Es seien nun zwei Punkte X_1, X_2 der Gangebene **E** samt ihren Bahnkrümmungsmittelpunkten X^*_1, X^*_2 in **E**′ bekannt. Man kann nun mit Hilfe der im vorhergehenden Kapitel bewiesenen Konstruktion in einem Zuge die Wendepunkte W_1 und W_2 auf den Polstrahlen $X_1X^*_1$ und $X_2X^*_2$ ermitteln. Man braucht hierzu nur P_0 im Schnitt der Geraden X_1X_2 und $X^*_1X^*_2$ zu wählen (Fig. 30). Es schneidet nun die Parallele zu $X^*_1X^*_2$ durch P auf X_1X_2 den Punkt W_0 aus. Nun zeichnet man durch W_0 wiederum die Parallele zu PP_0 und findet auf den beiden Polstrahlen die gesuchten Wendepunkte W_1, W_2. Hierbei stellt man die Winkelgleichheit fest:

$$\sphericalangle W_1W_2P = \sphericalangle P_0PX_2.$$

Der Wendekreis ist nun durch die drei Punkte P, W_1, W_2 bestimmt. Seine Tangente im Punkte P ist die gemeinsame Tangente der Polbahnen. Wir bezeichnen sie für den Augenblick mit t. Dann gilt nach dem elementaren Satz vom Sehnen-Tangentenwinkel im Kreis

$$\sphericalangle W_1W_2P = \sphericalangle X_1Pt.$$

Aus den festgestellten Winkelgleichheiten folgt nun, daß zu einem Paar von Polstrahlen PX_1 und PX_2 die „*Achse*" PP_0 fest ist. Wandern also die Punkte X_1 und X_2 auf diesen Polstrahlen, so schneiden sich die Geraden X_1X_2 und $X^*_1X^*_2$ ständig auf dieser Achse. Wir haben somit

Satz 19: *Liegen auf zwei Polstrahlen zwei Paare zusammengehöriger Punkte* X_1, X^*_1 *und* X_2, X^*_2, *dann schneiden sich*

die Geraden X_1X_2 und $X^*_1X^*_2$ immer in Punkten einer festen Achse, die nur von den beiden Polstrahlen abhängt. Dreht sich einer der beiden Polstrahlen um P, so dreht sich die zugehörige Achse durch den gleichen Winkel im gleichen Sinn.

Dieser Satz stammt von E. E. Bobillier (1870) und gestattet mehrere konstruktive Anwendungen. So kann man z. B. zu einem beliebigen Punkt Y den entsprechenden Punkt

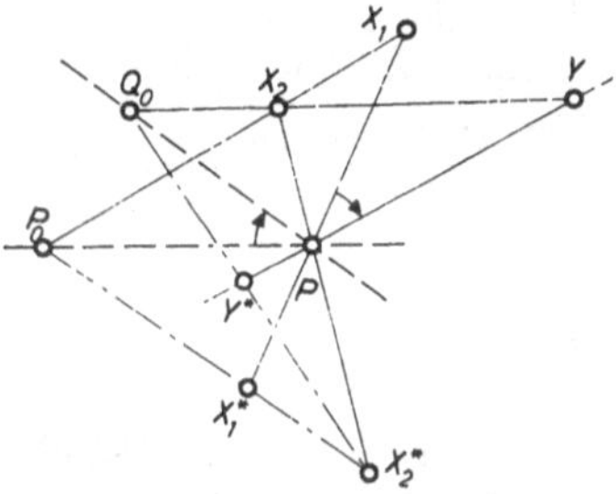

Fig. 31. Konstruktion der Bahnkrümmungsmitte nach Bobillier (gegeben: 2 Punkte X_1, X_2 samt Bahnkrümmungsmitten X_1^*, X_2^*)

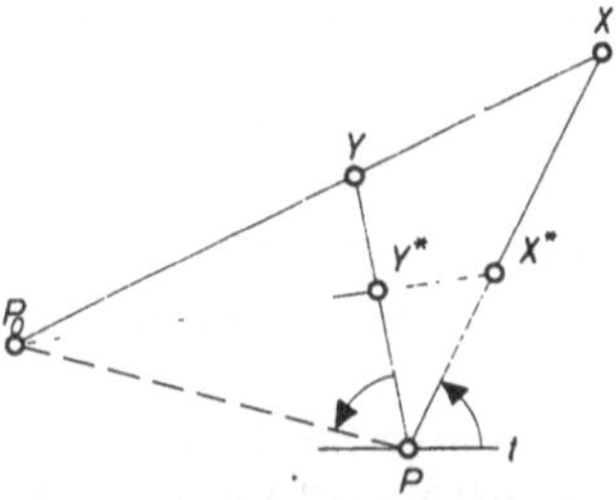

Fig. 32. Konstruktion der Bahnkrümmungsmitte nach Bobillier (gegeben: Drehpol P samt Polbahntangente t, Punkt X mit Bahnkrümmungsmitte X^*)

Y^* finden, wenn zwei zusammengehörige Paare X_1, X^*_1 und X_2, X^*_2 gegeben sind. In Fig. 31 wurde hierzu die Achse PP_0 durch den Winkel $\sphericalangle\, X_1PY$ gedreht, X_2Y mit der gedrehten Achse in Q_0 zum Schnitt gebracht und dieser Punkt Q_0 mit X^*_2 verbunden. Auf PY wird dann der gesuchte Punkt Y^* ausgeschnitten. Man erhält so die Krümmungsmitten von Koppelkurven, wenn $X^*_1X_1X_2X^*_2$ als Gelenkviereck aufgefaßt wird.

Zu weiteren Anwendungen gelangt man, wenn man vom Drehpol P und der Polbahntangente t ausgeht. Fig. 32 zeigt, wie man bei Vorgabe von P und t aus einem bekannten Punktepaar X, X^* ein weiteres Paar Y, Y^* durch Winkelübertragung findet. Statt des Paares entsprechender Punkte X, X^* kann man auch einen Wendepunkt, im besonderen

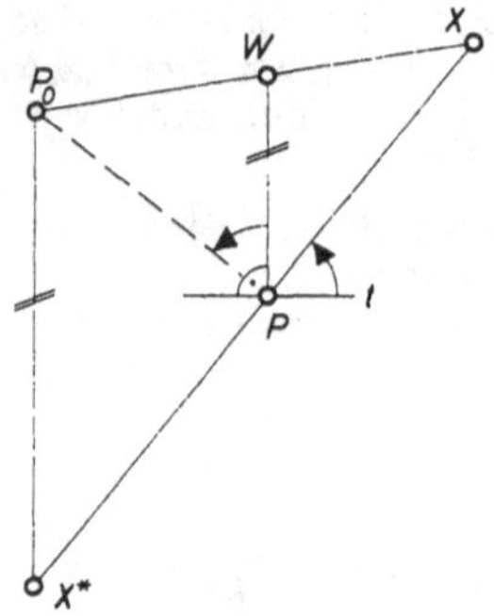

den Wendepol W vorgeben; ihm ist dann jeweils der Fernpunkt des betreffenden Polstrahls zugeordnet. Mit Pol, Polbahntangente und einem Wendepunkt kennt man den Wendekreis. In Fig. 33 wurde aus dem Drehpol P und dem Wendepol W zum Punkt X der Bahnkrümmungsmittelpunkt X^* konstruiert.

Fig. 33. Konstruktion der Bahnkrümmungsmitte nach Bobillier (gegeben: Drehpol P und Wendepol W)

V. Beschleunigungen

18. Beschleunigungen und ihre Zusammensetzung, Beschleunigungspol

Es liege ein Bewegungsvorgang $\mathbf{B} = \mathbf{E}/\mathbf{E}'$ vor. Ein Punkt X, nach dessen Beschleunigungen wir fragen, möge hierbei selbst wiederum eine eigene Bewegung gegenüber $\mathbf{E}$ und damit im allgemeinen auch gegenüber $\mathbf{E}'$ ausführen. Wie sich bei einer solchen Zusammensetzung zweier Bewegungen die Geschwindigkeiten zusammensetzen, lehrt Satz 1. Nun wollen wir die gleiche Untersuchung für die Beschleunigungen vornehmen.

Als *Vektor der Relativbeschleunigung* $\ddot{\mathfrak{x}}_r$ bezeichnen wir die vektorielle Beschleunigung des Punktes X gegenüber der Ebene $\mathbf{E}$. Wir finden sie durch Differenzieren der vektoriellen Geschwindigkeit $\dot{\mathfrak{x}}_r$ des Punktes X gegenüber $\mathbf{E}$ nach der Zeit t. Es ist also wegen (4), (4′) der Vektor $\ddot{\mathfrak{x}}_r$ im System der Gang- bzw. Rastebene dargestellt durch

$$(45) \qquad \ddot{\mathrm{x}}_r = d\dot{\mathrm{x}}_r : dt = \ddot{\mathrm{x}}, \; \ddot{\mathrm{x}}'_r = \ddot{\mathrm{x}}_r e^{i\varphi} = \ddot{\mathrm{x}} e^{i\varphi}.$$

Der *Vektor der Absolutbeschleunigung* $\ddot{\mathfrak{x}}_a$ ist die vektorielle Beschleunigung des Punktes X gegen die Ebene $\mathbf{E}'$. Wir finden sie durch Differenzieren der Absolutgeschwindigkeit $\dot{\mathfrak{x}}_a$ nach t. Für $\ddot{\mathfrak{x}}_a$ erhalten wir so im System der Rastebene nach (5′), (6′)

$$\ddot{x}'_a = d\dot{x}'_a : dt = \ddot{x}'_f + \ddot{x}'_r + \ddot{x}'_c \tag{46}$$

mit

$$\ddot{x}'_f = \ddot{u}' + i\,\ddot{\varphi} x e^{i\varphi} - \dot{\varphi}^2 x e^{i\varphi}, \tag{47}$$

$$\ddot{x}'_c = 2i\,\dot{\varphi}\dot{x} e^{i\varphi}. \tag{48}$$

Hierin entspricht nun $\ddot{x}'_f$ dem *Vektor der Führungsbeschleunigung* $\ddot{\mathfrak{x}}_f$ des Punktes X, also der Beschleunigung des Punktes X gegenüber **E**′, wenn X in **E** befestigt wird. Wir können also wiederum erklären:

Die Führungsbeschleunigung eines Punktes X ist die Beschleunigung dieses Punktes, wenn er als ein Punkt der Gangebene angesehen wird.

Anders als wir es nach dem Gesetz der Zusammensetzung der Geschwindigkeiten (Satz 1) zunächst erwarten würden, setzen sich also die Beschleunigungen zusammen: Zur Führungsbeschleunigung und Relativbeschleunigung kommt noch der Vektor $\ddot{\mathfrak{x}}_c$ hinzu, der im Achsenkreuz der festen Ebene der komplexen Zahl $\ddot{x}'_c$ entspricht und nach dem Franzosen G. G. Coriolis benannt wird. Die Zusammensetzung der Beschleunigungen erfolgt daher nach dem

Satz 20: *Bei der Zusammensetzung zweier Bewegungen ist der Vektor der Absolutbeschleunigung eines Punktes die* (*geometrische*) *Summe aus dem Vektor der Führungsbeschleunigung, dem Vektor der Relativbeschleunigung und dem Vektor der* Coriolis-*Beschleunigung*:

$$\boxed{\ddot{\mathfrak{x}}_a = \ddot{\mathfrak{x}}_f + \ddot{\mathfrak{x}}_r + \ddot{\mathfrak{x}}_c\,.} \tag{49}$$

Aus (4′) und (48) entnehmen wir: *Die* Coriolis-*Beschleunigung* $\ddot{\mathfrak{x}}_c$ *steht auf der Relativgeschwindigkeit* $\dot{\mathfrak{x}}_r$ *senkrecht.*

Ferner folgt aus (48): Die Coriolis-Beschleunigung eines Punktes X, der nicht in **E** fest ist, verschwindet für sämtliche Werte von t dann, und nur dann, wenn $\dot{\varphi} \equiv 0$ ist, der Bewegungsvorgang **B** also in eine *Schiebung* ausartet. Nun gilt

$$\ddot{x}'_a = \ddot{x}'_f + \ddot{x}'_r = \ddot{u}' + \ddot{x} e^{i\varphi}.$$

Nur im Falle eines *Schiebvorganges* setzen sich also die Beschleunigungen wie die Geschwindigkeiten zusammen.

Bei einem allgemeinen Bewegungsvorgang **B** kann man nun nach Punkten fragen, deren Führungsbeschleunigungen zur Zeit t verschwinden. Da mit $\dot{\varphi} \neq 0$ auch

$$i\,\ddot{\varphi} - \dot{\varphi}^2 \neq 0$$

ist, folgt für $\ddot{\mathfrak{x}}_f = 0$, also für $\ddot{x}'_f = 0$ aus (47): Für $\dot{\varphi} \neq 0$ gibt es genau einen Punkt P_2 mit verschwindender Führungsbeschleunigung. Wir nennen P_2 den *Beschleunigungspol* des Bewegungsvorgangs **B** zum Zeitpunkt t. Er wird durch die komplexen Zahlen

$$(50)\qquad \boxed{p_2 = \frac{\ddot{u}'}{\dot{\varphi}^2 - i\,\ddot{\varphi}}\, e^{-i\varphi}}\ ,\qquad \boxed{p'_2 = u' + \frac{\ddot{u}'}{\dot{\varphi}^2 - i\,\ddot{\varphi}}}$$

in **E** bzw. **E**′ erfaßt[1]).

Hiermit ergeben sich in Analogie zu (9) für die Führungsbeschleunigung eines Punktes X die Darstellungen

$$(51)\qquad \boxed{\ddot{x}_f = (i\,\ddot{\varphi} - \dot{\varphi}^2)(x - p_2)}\ ,\qquad \boxed{\ddot{x}'_f = (i\,\ddot{\varphi} - \dot{\varphi}^2)(x' - p'_2).}$$

Hinsichtlich der Beschleunigungen spielt sich unser Bewegungsvorgang **B** also so ab, als wenn die bewegliche Ebene **E** sich im Augenblick um den Beschleunigungspol P_2 drehen würde. Dieser Punkt spielt eine ähnliche Rolle für die Beschleunigungen, wie der Drehpol $P = P_1$ für die Geschwindigkeiten. Aus (51) entnimmt man auch die Verteilung der Beschleunigungsvektoren auf die Punkte X von **E**:

Auf Kreisen um P_2 nimmt die Führungsbeschleunigung den gleichen Betrag an, der dem Abstand $\overline{P_2X}$ proportional ist. In jedem Punkt X bildet der Beschleunigungsvektor mit dem Strahl P_2X den gleichen Winkel.

Daraus kann man auch wieder auf ähnliche Dreiecke schließen, die vom Pol P_2, einzelnen Punkten $X, Y, Z\ldots$

---

[1]) Mit P_1 werden wir später den Geschwindigkeitspol (Drehpol, Momentanpol) P bezeichnen.

und den Endpunkten der in ihnen angehefteten Führungsbeschleunigungen gebildet werden.

Aus (8) finden wir

$$\dot{u}' = -i\,\dot{\varphi}\,(p' - u')$$

und daraus

$$\ddot{u}' = (\dot{\varphi}^2 - i\,\ddot{\varphi})(p' - u') - i\,\dot{\varphi}\,\dot{p}'.$$

Mit (50) folgt nun

$$p'_2 = p' + \frac{i\,\dot{\varphi}\,\dot{p}'}{i\,\ddot{\varphi} - \dot{\varphi}^2}.$$

Im Koordinatensystem der ξ-Achsen, das wir durch (38) eingeführt hatten, wird also wegen (34) der Beschleunigungspol P_2 mittels der komplexen Zahl

$$\eta = \frac{i\,\dot{\varphi}\,\dot{s}}{i\,\ddot{\varphi} - \dot{\varphi}^2} \tag{52}$$

festgelegt. Man überzeugt sich leicht, daß durch η die Gleichung (41) des Wendekreises befriedigt wird. Somit gilt

Satz 21: *Bei einem Bewegungsvorgang* **B** *mit nicht verschwindender Winkelgeschwindigkeit gibt es zu jedem Zeitpunkt einen Punkt mit verschwindender Führungsbeschleunigung. Dieser Beschleunigungspol gehört dem Wendekreis an.*

Für die *Umkehrbewegung* **B**′ von **B** ändert die Winkelgeschwindigkeit $\dot{\varphi}$ nach Satz 7 ihr Vorzeichen. Wegen (52) wird daher der zu **B**′ gehörende Beschleunigungspol Q_2 durch das Konjugium $\bar{\eta}$ erfaßt.

Die Beschleunigungspole eines Bewegungsvorgangs **B** *und seiner Umkehrung* **B**′ *liegen also spiegelbildlich hinsichtlich der gemeinsamen Polbahntangente.*

Q_2 ist ein Punkt des Rückkehrkreises, da dieser ja für **B**′ als Wendekreis fungiert.

Daß der Beschleunigungspol auf dem Wendekreis liegt, kann man sich auch so klar machen: Ein Punkt der Gangebene beschreibt genau dann einen Wendepunkt, wenn im Augenblick die *Normalkomponente* seiner Beschleunigung (d.h. die Komponente seiner Führungsbeschleunigung normal zu seiner Bahntangente) Null ist. Der Punkt erfährt dann keine Richtungsänderung, sondern nur eine Geschwindigkeitsänderung in Richtung der Bahntangente. — Da für den Beschleunigungspol P_2 nun die Beschleunigung überhaupt verschwindet, muß P_2 also auf dem Wendekreis, dem Ort der Wendepunkte liegen.

Aus (52) entnimmt man, daß für $\ddot{\varphi} = 0$ der *Beschleunigungspol P_2 mit dem Wendepol W zusammenfällt.* Dies trifft jedenfalls zu, wenn der *Drehwinkel als Parameter* (Zeit) gewählt wird: $\varphi = t$. Wegen $\dot{\varphi} = 1$ finden nun bedeutsame Vereinfachungen statt, von denen wir immer dann Gebrauch machen können, wenn es sich nur um die geometrischen Verhältnisse handelt und das Zeitgesetz, also die Durchlaufung von **B** in der Zeit keine Rolle spielt. Aus (9) und (51) lesen wir (etwa für die Darstellung im beweglichen Koordinatensystem)

$$\dot{\mathfrak{x}}_f = i(\mathfrak{x} - \mathfrak{p}_1), \quad \ddot{\mathfrak{x}}_f = \mathfrak{p}_2 - \mathfrak{x} \tag{53}$$

ab, wobei wir aus formalen Gründen $\mathfrak{p} = \mathfrak{p}_1$ schreiben wollen' zumal ja eine Verwechslung dieser komplexen Zahlen $\mathfrak{p}_1$, $\mathfrak{p}_2$ mit den früher durch die Indizes 1, 2 unterschiedenen reellen Koordinaten nicht zu befürchten sein wird. Damit ergibt sich nun

$$\mathfrak{x} + i\dot{\mathfrak{x}}_f = \mathfrak{p}_1, \quad \mathfrak{x} + \ddot{\mathfrak{x}}_f = \mathfrak{p}_2 \tag{54}$$

oder in Worten der

Satz 22: *Wird ein Bewegungsvorgang* **B** *auf den Drehwinkel als Parameter bezogen und in einem beliebigen Punkte X sein durch einen rechten Winkel gedrehter Geschwindigkeitsvektor $\dot{\mathfrak{x}}_f$ angeheftet, so fällt dessen Endpunkt dann in den Geschwindigkeitspol $P = P_1$. Wird jedoch der Beschleunigungsvektor $\ddot{\mathfrak{x}}_f$ in X angebracht, so gelangt man in den Beschleunigungspol P_2.*

Auf dieser Feststellung beruht eine einfache Konstruktion der Bahnkrümmungsmitte X^* eines Punktes X von **E**, die von R. Bereis stammt[1]).

[1]) R. Bereis, Aufbau einer Theorie der ebenen Bewegung mit Verwendung komplexer Zahlen. Österr. Ing. Archiv *5* (1951) 246—266.

In der komplexen Zahlenebene sei eine Kurve durch ihre Parameterdarstellung $x = x(t)$ vorgegeben. Die Ableitung $\dot{x} = dx : dt$ bestimmt dann in dem zum Parameterwert t gehörenden Kurvenpunkt X die Richtung der Tangente t, während $i\dot{x}$ die Richtung der Kurvennormale n angibt. Für letztere gewinnen wir also in

$$z = x + i\lambda\dot{x} \tag{a}$$

eine Parameterdarstellung. Eliminiert man nun den reellen Parameter λ aus dieser Beziehung und ihrem Konjugium

$$\bar{z} = \bar{x} - i\lambda\dot{\bar{x}},$$

so gelangt man zur Gleichung der Kurvennormalen n in komplexer Schreibweise

$$(z - x)\dot{\bar{x}} + (\bar{z} - \bar{x})\dot{x} = 0. \tag{b}$$

Wir vermerken, daß einer Geraden eine lineare Gleichung in z und $\bar{z}$ zukommt. Solange wir nur reelle Punkte Z betrachten, sind die Z zugeordneten Werte z, $\bar{z}$ konjugiert komplexe Zahlen. Anders wird es jedoch, wenn wir — was für viele geometrische Fragestellungen zweckmäßig ist — auch imaginäre Punkte Z mit komplexen kartesischen Koordinaten z_1, z_2 heranziehen. Die komplexen Größen

$$z = z_1 + iz_2, \quad \bar{z} = z_1 - iz_2$$

sind dann voneinander unabhängige *Minimalkoordinaten*. (Sie stehen also nicht mehr in der Beziehung, zueinander konjugiert komplex zu sein.) Bei Verwendung von Minimalkoordinaten erkennt man daher auf den ersten Blick, ob man es mit einem reellen oder imaginären Punkt zu tun hat. Der Übergang von kartesischen zu Minimalkoordinaten ist eine lineare imaginäre Koordinatentransformation, die wegen ihrer Koeffizientendeterminante $-2i \neq 0$ stets eindeutig umkehrbar ist.

Wir fassen nun wieder die Gleichung unserer Kurvennormalen n ins Auge, leiten sie nach dem Kurvenparameter t ab und gelangen so zur Gleichung

$$(z - x)\ddot{\bar{x}} + (\bar{z} - \bar{x})\ddot{x} = 2\dot{x}\dot{\bar{x}} \tag{c}$$

einer Geraden n_1, die n im Krümmungsmittelpunkt X^* der Ausgangskurve trifft. (Krümmungsmitte als Schnitt benachbarter Kurvennormalen!) Durch Vergleich mit (a), (b) sieht man, daß n_1 zum zweiten Ableitungsvektor $\ddot{x}$ senkrecht steht. Um den Kurvenpunkt X denken wir uns nun einen Kreis geschlagen, dessen Halbmesser die Länge $|\dot{x}|$ des Vektors $\dot{x}$ besitzt. Die Gleichung dieses Kreises lautet

(d) $$(\mathfrak{z} - \mathfrak{x})(\bar{\mathfrak{z}} - \bar{\mathfrak{x}}) = \dot{\mathfrak{x}}\dot{\bar{\mathfrak{x}}},$$

ihre *Polarform* ist

(e) $$(\mathfrak{z} - \mathfrak{x})(\bar{\mathfrak{z}}^* - \bar{\mathfrak{x}}) + (\mathfrak{z}^* - \mathfrak{x})(\bar{\mathfrak{z}} - \bar{\mathfrak{x}}) = 2\dot{\mathfrak{x}}\dot{\bar{\mathfrak{x}}}.$$

Somit ergibt sich für den Punkt Z^* mit

$$\mathfrak{z}^* = \mathfrak{x} + \ddot{\mathfrak{x}}$$

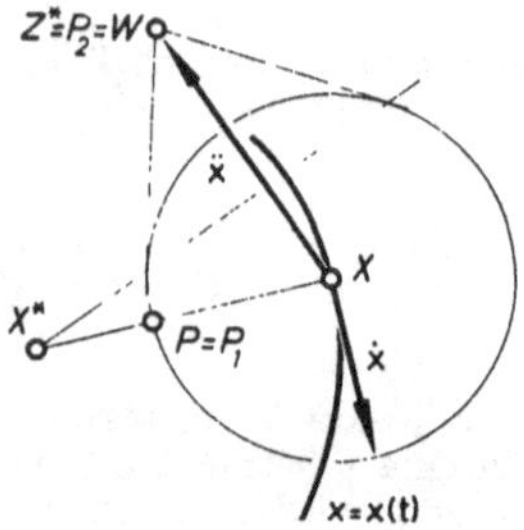

Fig. 34. Konstruktion des Krümmungsmittelpunktes nach Bereis

die Gerade n_1 mit der Gleichng (c) als Polare bezüglich des Kreises (d). (Liegt der Punkt Z^* außerhalb des Kreises, so ist die Polare einfach die Berührungssehne. Für Z^* auf dem Kreis wird die Polare zur Tangente.) Somit gilt der

Satz 23: *Bringen wir in einem Punkt X einer ebenen Kurve* $\mathfrak{x} = \mathfrak{x}(t)$ *den Vektor* $\ddot{\mathfrak{x}}$ *an, so erhalten wir einen Punkt Z^*. Seine Polare bezüglich des Kreises um X mit* $|\dot{\mathfrak{x}}|$ *als Radius schneidet die Kurvennormale im Krümmungsmittelpunkt X^** (Fig. 34).

Durch Auflösen der Gleichungen (b), (c) finden wir für die Krümmungsmitte X^* die komplexe Zahl

(f) $$\mathfrak{x}^* = \mathfrak{x} + 2\dot{\mathfrak{x}}\frac{\dot{\mathfrak{x}}\dot{\bar{\mathfrak{x}}}}{\dot{\mathfrak{x}}\ddot{\bar{\mathfrak{x}}} - \dot{\bar{\mathfrak{x}}}\ddot{\mathfrak{x}}}.$$

Aus den Sätzen 22 und 23 ergibt sich nun die

Konstruktion: *Die Krümmungsmitte X^* der Bahnkurve, die ein Punkt X von* **E** *bei* **B** *in* **E'** *beschreibt, ist der Schnittpunkt des Polstrahls PX mit der Polaren des Wendepols W bezüglich jenes Hilfskreises, der seine Mitte in X hat und durch den Drehpol P geht* (Fig. 34).

VI. Krümmungseigenschaften von Hüllbahnen

19. Krümmung der Hüllbahnen

In der Gangebene **E** sei eine Kurve k befestigt. Bei einem zwangläufigen Bewegungsvorgang **B** besitze sie in der Rastebene **E**′ die Hüllbahn k'. Der augenblickliche Berührungspunkt beider Kurven sei X. Wir fragen nach dem Zusammenhang zwischen zusammengehörigen Krümmungsmittelpunkten Y, Y' der Kurven k, k', die auf dem Polstrahl PX (gemeinsame Berührungsnormale) liegen.

Wir ersetzen nun an der gemeinsamen Berührungsstelle X die Kurve k durch ihren Krümmungskreis c (mit dem Mittelpunkt Y) und denken uns c ebenfalls in **E** befestigt. Bei **B** hüllt nun c in der Ebene **E**′ die Kurve c' ein. Da — wie man näher ausführen kann — die Beziehung zwischen den Ebenen **E**, **E**′, bei der eine Kurve von **E** immer in ihre Hüllbahn in **E**′ übergeht, eine *Berührungstransformation* ist, weisen die beiden Kurven k' und c' im Punkt X gleiche Krümmung auf. Die Hüllbahn eines Kreises ist aber eine Parallelkurve zur Bahn seines Mittelpunktes Y. Nun besitzen parallele Kurven die gleiche Evolute. Daher ist der gemeinsame Krümmungsmittelpunkt Y' von k' und c' einfach der Krümmungsmittelpunkt Y^* der Bahnkurve des Punktes Y, also $Y' = Y^*$.

Es gilt also der wichtige

Satz 24: *Der Krümmungsmittelpunkt Y' der Hüllbahn k' von k ist der Krümmungsmittelpunkt Y^* der Bahnkurve, die der Krümmungsmittelpunkt Y von k bei B durchläuft.*

Zusammengehörige Krümmungsmittelpunkte Y, $Y' = Y^*$ von Hüllbahnen entsprechen sich also in der quadratischen Verwandtschaft von Kapitel 11. Man kann also mit der Zeichenvorschrift von Euler-Savary den Krümmungsmittelpunkt Y^* von k' aus dem Krümmungsmittelpunkt Y von k und den beiden Krümmungsmittelpunkten der Polbahnen konstruieren.

Wir bringen für Satz 24 noch einen zweiten Beweis, der synthetisch verläuft und auf den Franzosen G. Koenigs (1907) zurückgeht.

Ähnlich wie in Kapitel 13 bei der Herleitung der Konstruktion von Euler-Savary ersetzen wir die ursprüngliche Erzeugungsweise der Kurven k und k' durch einen mehrgliedrigen Mechanismus, dessen Drehpolplan wir vervollständigen (Fig. 35).

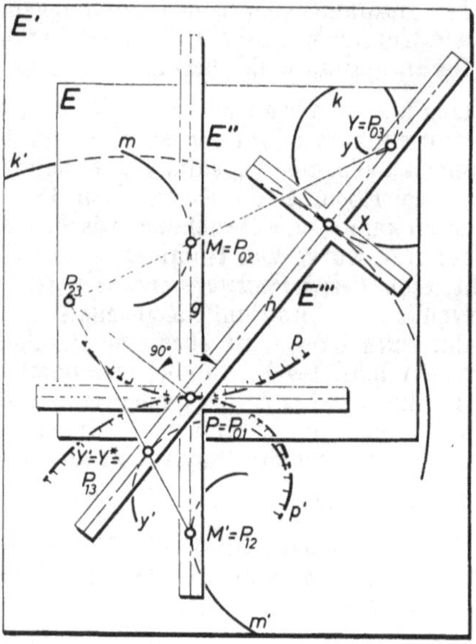

Fig. 35. Drehpolplan zwecks Konstruktion der Hüllbahn-Krümmungsmitten

Wir betrachten hierzu folgende Kurven der Gangebene **E**:

1) die Gangpolbahn p,
2) die Evolute $m = (M)$ der Gangpolbahn p,
3) die Kurve k,
4) die Evolute $y = (Y)$ von k.

Diese Kurven sind also in **E** fest. In gleicher Weise werden folgende Kurven in der Rastebene **E'** befestigt:

1) die Rastpolbahn p',
2) die Evolute $m' = (M')$ der Rastpolbahn p',
3) die Hüllbahn k',
4) die Evolute $y' = (Y')$ von k'.

Mit der Polbahnnormalen g im augenblicklichen Drehpol P sei ferner eine Ebene $\mathbf{E}''$ und schließlich mit der Hüllbahnnormalen n im augenblicklichen Berührungspunkt X von k und k' eine Ebene $\mathbf{E}'''$ starr verbunden. Die vier Glieder der so entstehenden kinematischen Kette vollführen nun folgende Zwanglaufbewegungen gegeneinander:

Bei $\mathbf{E}/\mathbf{E}'$ rollt p auf p',
Drehpol $P_{01} = P = $ Berührungspunkt von p, p'.
Bei $\mathbf{E}/\mathbf{E}''$ rollt g auf m,
Drehpol $P_{02} = M = $ Berührungspunkt von g, m.
Bei $\mathbf{E}/\mathbf{E}'''$ rollt n auf y,
Drehpol $P_{03} = Y = $ Berührungspunkt von n, y.
Bei $\mathbf{E}'/\mathbf{E}''$ rollt g auf m',
Drehpol $P_{12} = M' = $ Berührungspunkt von g, m'.
Bei $\mathbf{E}'/\mathbf{E}'''$ rollt n auf y',
Drehpol $P_{13} = Y' = $ Berührungspunkt von n, y'.
Bei $\mathbf{E}''/\mathbf{E}'''$ geht n durch den Stützpunkt P, der Drehpol P_{23} liegt auf der Normalen zu n im Punkt P.

Kennt man also den Drehpol P des Bewegungsvorgangs $\mathbf{B} = \mathbf{E}/\mathbf{E}'$, die Krümmungsmitten M, M' der Polbahnen p, p', sowie den Krümmungsmittelpunkt Y der bewegten Kurve k, so kann man den zugehörigen Drehpolplan unserer kinematischen Kette vervollständigen. P_{23} liegt außer auf der schon erwähnten Normalen zu n im Punkte P auch noch auf der Polgeraden $MY = P_{02}\,P_{03}$. Der gesuchte Krümmungsmittelpunkt der Hüllbahn k' ist der Punkt $Y' = P_{13}$. Er liegt einerseits auf $n = P_{01}\,P_{03}$, andererseits auf der Polgeraden $M'\,P_{23} = P_{12}\,P_{23}$. Wir sind nun so wiederum zur Konstruktionsvorschrift gelangt, die der Euler-Savaryschen Formel zugrunde liegt und in Kapitel 12 dargelegt wurde. *Die Krümmungsmittelpunkte von Hüllkurvenpaaren entsprechen sich also in der quadratischen Verwandtschaft* $X \longleftrightarrow X^*$. Es ist also $Y' = Y^*$.

20. Geradenhüllbahnen

Wir wenden unsere bisherigen Ergebnisse über Hüllbahnen nun auf den Fall an, daß in der Gangebene $\mathbf{E}$ eine *Gerade* g befestigt ist. Wir fragen nach dem Ort der Krümmungsmittelpunkte der jeweils zugehörigen Hüllbahn g', wenn g in $\mathbf{E}$ alle möglichen Lagen einnimmt. Da sich die Krümmungsmitten von Hüllbahnpaaren nach Satz 24 in der quadratischen Verwandtschaft $X \longleftrightarrow X^*$ entsprechen, müssen wir also zu den Fernpunkten X^∞ von $\mathbf{E}$ die entsprechenden Punkte X^* suchen. (Hierbei gehen wir von der Vorstellung aus, daß eine Gerade den unendlich fernen Punkt ihrer Normalenrichtung zum uneigentlichen Krümmungsmittelpunkt besitzt.) Mit dieser Aufgabe hatten wir uns bereits in Kapitel 15 befaßt und als Ort der Punkte X^* den *Rückkehrkreis* mit der Gleichung (42) gefunden.

Fällen wir also aus dem augenblicklichen Drehpol P auf g das Lot, so ist der Fußpunkt F der augenblickliche Berührungspunkt von g mit der Hüllbahn g'. Der von P verschiedene Schnittpunkt G^* dieses Polstrahls PF mit dem Rückkehrkreis ist der Krümmungsmittelpunkt von g'.

Bei Parallelverschieben von g bleibt G^* fest. Dieser Punkt hängt also nur von der Geradenrichtung ab. Dies stimmt auch mit Satz 10 überein, wonach parallele Gerade von $\mathbf{E}$ parallele Hüllbahnen mit einer gemeinsamen Evolute in $\mathbf{E}'$ besitzen. Wählt man nun insbesondere unter diesen parallelen Geraden jene aus, die durch den gemeinsamen Krümmungsmittelpunkt G^* hindurchgeht, so fällt für sie der Berührungspunkt F mit dem Krümmungsmittelpunkt G^* zusammen. Die Hüllbahn besitzt also dort eine *Spitze* oder, wie man auch dafür sagt, einen *Rückkehrpunkt*. Der Rückkehrkreis ist also auch der Ort der Spitzen von Geradenhüllbahnen. Die zugehörigen Geraden gehen wegen des Satzes vom rechten Winkel im Halbkreis (Satz von Thales) durch den Rückkehrpol R hindurch. Wir finden daher durch Zusammenfassung der Ergebnisse den

Satz 25: *Zu jedem Zeitpunkt t ist der Rückkehrkreis der Ort der Krümmungsmittelpunkte von Geradenhüllbahnen, im besonderen der Ort der Spitzen (Rückkehrpunkte) der Hüllkurven jener Geraden der Gangebene, die durch den Rückkehrpol R hindurchgehen.*

Etwas allgemeiner können wir sagen: Liegt in der Gangebene $\mathbf{E}$ eine Kurve k vor, die sich in der Umgebung des

Lotfußpunktes X (Lot aus P auf k) hinsichtlich der Krümmung wie eine Gerade verhält, d. h. in X einen Wendepunkt besitzt, so ist der Krümmungsmittelpunkt Y^* der Hüllbahn k' von k ein Punkt des Rückkehrkreises. Geht insbesondere die Wendetangente durch den Rückkehrpol R, so besitzt k' sogar eine Spitze.

Umgekehrt finden wir auf dem Wendekreis die Krümmungsmitten jener Kurven k von $\mathbf{E}$, deren Hüllbahnen k' jeweils im augenblicklichen Berührungspunkt X einen Wendepunkt haben.

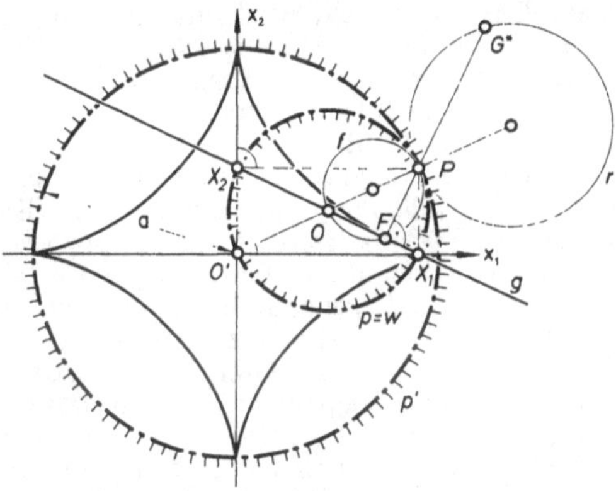

Fig. 36. Geradenhüllbahn bei der Ellipsenbewegung

Wir wollen nun die *Geradenhüllbahnen der Ellipsenbewegung* untersuchen (vgl. Kap. 5/G). Wir bringen in Erinnerung: Bei der Ellipsenbewegung rollt ein Kreis p (als Gangpolbahn) auf einem doppelt so großen Kreis p' (als Rastpolbahn) innen ab. Da die Hüllbahnen von parallelen Geraden der Gangebene selbst wieder Parallelkurven mit gemeinsamer Evolute sind, können wir uns darauf beschränken, die Hüllbahn einer Geraden g zu betrachten, die durch den Mittelpunkt O des Rollkreises p hindurchgeht (Fig. 36). Die Schnittpunkte X_1, X_2 von g mit p beschreiben hierbei nun rechtwinkelige Durchmesser von p'. Wir können daher unsere Aufgabe auch so formulieren: *Wir suchen die Einhüllende g' einer Strecke X_1X_2 fester Länge, deren Endpunkte X_1, X_2 auf zwei rechtwinkeligen Achsen geführt werden.*

Der augenblickliche Drehpol P ist der Berührungspunkt von p und p', er liegt im Schnitt der Bahnnormalen der Punkte X_1, X_2. Fällen wir aus P auf g das Lot, so erhalten wir den Berührungspunkt F von g mit der Hüllbahn g'. Der Punkt F liegt daher auf einem *Kreis* f über dem Durchmesser OP. Lassen wir nun diesen Kreis f auf dem doppelt so großen Kreis p abrollen, so entsteht wiederum eine Ellipsenbewegung, bei der unser Berührungspunkt F auf der Geraden g wandert. Nun ist aber F jeweils Berührungspunkt der Geraden g und ihrer Hüllbahn g'. Somit ist der Kreis f *Hilfsrollkurve* gemäß Satz 12, durch sein Abrollen auf der Rastpolbahn p' des ursprünglichen Bewegungsvorgangs wird vom Punkt F die Hüllbahn g' beschrieben. Diese Kurve ist eine *vier-spitzige Radlinie*, genauer eine *Hypotrochoide mit vier Spitzen*, die wegen ihrer sternförmigen Gestalt auch *Sternkurve* oder *Astroide* genannt wird. Sie wird also von einem Randpunkt eines Kreises beschrieben, der innen auf einem Kreis von vierfachem Radius abrollt. Da für die Ellipsenbewegung die Gangpolbahn p als Wendekreis fungiert, haben wir p nur an der Polbahntangente zu spiegeln, um den Rückkehrkreis r zu finden. Auf ihm und dem Polstrahl PF liegt die augenblickliche Krümmungsmitte G^* der Astroide.

Die Gleichung der Astroide kann leicht gefunden werden: Als Achsen des Koordinatensystems wählen wir die rechtwinkligen Geraden, auf denen die Punkte X_1 bzw. X_2 wandern. Dann besitzen diese Punkte die Koordinaten $X_1(\mathrm{p}_1, 0)$, $X_2(0, \mathrm{p}_2)$ und somit der Drehpol $P(\mathrm{p}_1, \mathrm{p}_2)$. Ist a der Radius von p', so gilt

$$\mathrm{p}_1^2 + \mathrm{p}_2^2 = \mathrm{a}^2.$$

Die Gleichung von g lautet

$$\frac{\mathrm{x}_1}{\mathrm{p}_1} + \frac{\mathrm{x}_2}{\mathrm{p}_2} = 1\,,$$

ihre Richtungskonstante ist $-p_2:p_1$. Daher hat das Lot aus P auf g die Gleichung

$$\frac{x_2 - p_2}{x_1 - p_1} = \frac{p_1}{p_2}.$$

Für den Schnittpunkt F dieser beiden Geraden folgt daraus

$$x_1 = p_1^3 : a^2, \quad x_2 = p_2^3 : a^2$$

und somit schließlich durch Elimination von p_1 und p_2 mittels der Gleichung von p'

$$x_1^{2/3} + x_2^{2/3} = a^{2/3}.$$

VII. Kreisrollungen

21. Radlinien oder Trochoiden

Bereits bei der Ellipsenbewegung traten kreisförmige Polbahnen auf, desgleichen konnte auch im vorhergehenden Kapitel die Hüllbahn einer Geraden als Punktbahn so dargestellt werden, daß sie durch das Abrollen ebenfalls kreisförmiger Polkurven erzeugt wird.

Dies sind Sonderfälle von Bewegungsvorgängen, die entstehen, wenn *zwei Kreise mit beliebigen Radien als Polbahnen* p, p' gewählt werden. Als Grenzfall kann hierbei auch eine der beiden Polkurven in eine *Gerade* ausarten. Die Punktbahnen solcher Rollvorgänge nennt man *Radlinien* oder *Trochoiden*, genauer gesagt heißen diese Kurven *Zykloiden*, wenn die erzeugenden Punkte auf dem rollenden Kreis liegen. Im besonderen hat man *Epitrochoiden*, wenn die Kreise außen aufeinander rollen, und *Hypotrochoiden* bei Rollung des beweglichen Kreises im Innengebiet des festen Kreises[1]). Ist die *Rastpolbahn eine Gerade*, so liegen *gemeine Zykloiden* vor. Umgekehrt führt die Wahl der *Gangpolbahn als gerade Linie* zu *Kreisevolventen*. Je nach der Lage des beschreibenden Punktes spricht man von *gestreckten*, *gespitzten* oder *verschlungenen Trochoiden*.

Diese Bezeichnungen sind nicht völlig einheitlich und eindeutig; sie greifen übereinander, denn z.B. sind Zykloiden gespitzte Trochoiden.

---

[1]) Liegt der feste Kreis im Innern des Rollkreises, so ist die entstehende Peritrochoide nach Satz 26 auch als Epitrochoide anzusprechen.

Soweit es sich nur um die Krümmungsverhältnisse von Bahnkurven und Hüllbahnen handelt, kann jeder beliebige Bewegungsvorgang zu einem bestimmten Zeitpunkt t durch eine Kreisrollung ersetzt werden. Wir entnehmen dies sofort den Formeln (36), (37) von Euler-Savary und der sich anschließenden Konstruktion, bei denen es nur auf die Krümmungshalbmesser r, r' der Polbahnen ankam. *Der Rollvorgang der augenblicklichen Krümmungskreise der Polbahnen bedingt also das gleiche Krümmungsverhalten.*

Allgemeinere „*Ersatzbewegungen*" ergeben sich, wenn die Polbahnen p, p' durch Kurven q, q' ersetzt werden, für deren Krümmungsradien s, s' im betrachteten Zeitpunkt

$$\frac{1}{r'} - \frac{1}{r} = \frac{1}{s'} - \frac{1}{s}$$

gilt.

Wir wollen im folgenden nun einige Eigenschaften dieser Radlinien behandeln.

22. Doppelte Erzeugung der Radlinien

Wir zeigen als erstes, daß jede Radlinie in doppelter Weise durch das Rollen verschiedener Kreise erzeugt werden kann.

Es seien r, r' die Radien der rollenden Kreise p, p'. Hierbei kommen wir überein, die Radien r, r' mit dem gleichen Vorzeichen zu versehen, wenn p und p' auf der gleichen Seite der gemeinsamen Polbahntangente liegen. Andernfalls sollen r, r' von entgegengesetztem Vorzeichen sein.

Ein Punkt X beschreibe die Radlinie, seine Entfernung vom Mittelpunkt O des rollenden Kreises p bezeichnen wir mit h. In der Ausgangslage unseres Rollvorgangs sei $\overrightarrow{OX}$ und $\overrightarrow{OP}$ gleich gerichtet. Zur analytischen Beschreibung befestigen wir am Kreis p' ein rechtwinkliges Achsenkreuz, dessen Ursprung mit dem Mittelpunkt O' von p' zusammenfalle und dessen reelle Achse (x'_1-Achse) in die Anfangslage von X und damit auch von O und P weise (Fig. 37).

Wir stellen uns nun vor, der bewegliche Kreis sei ein Stück auf dem festen Kreis abgerollt. Bezeichnen wir die entsprechenden *Wälzwinkel* (Rollwinkel, Zentriwinkel) der Polkreise mit α, α', so bringen wir die Übereinstimmung der abgerollten Bogenstücke durch

$$\alpha \cdot \mathrm{r} = \alpha' \cdot \mathrm{r}' \tag{55}$$

zum Ausdruck. Den Verbindungsvektor vom Ursprung O' zum Punkt X, der ja bei der Rollung unsere Radlinie beschreibt, zerlegen wir, wie folgt

$$\overrightarrow{O'X} = \overrightarrow{O'O} + \overrightarrow{OX}. \tag{56}$$

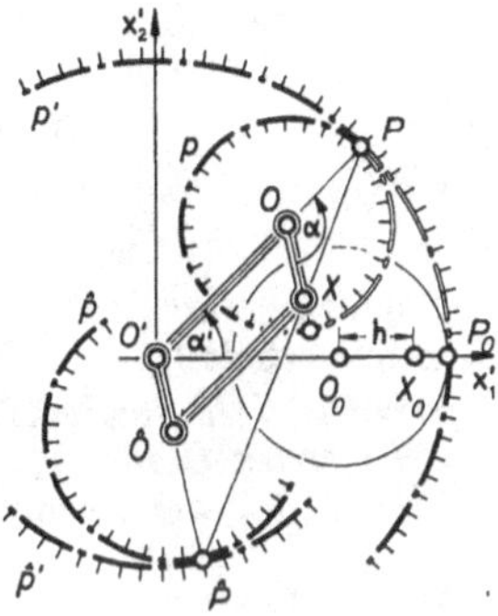

Fig. 37. Doppelte Erzeugung der Radlinien

Hierbei ist der Vektor $\overrightarrow{O'O}$ von der Länge $\mathrm{r}' - \mathrm{r}$ gegenüber der Ausgangslage um den Punkt O' durch den Winkel α' gedreht, während der Vektor $\overrightarrow{OX}$ von der Länge h eine Drehung durch den Winkel $\alpha' - \alpha$ um O erfahren hat.

Lassen wir nun an die Stelle von Vektoren wiederum komplexe Zahlen treten, so ergibt sich statt (56)

$$\mathrm{x}' = (\mathrm{r}' - \mathrm{r})\, e^{i\alpha'} + \mathrm{h}\, e^{i(\alpha' - \alpha)}. \tag{57}$$

Das Verhältnis $\alpha' : (\alpha' - \alpha)$ ist nun zufolge der Beziehung (55) für sämtliche Punkte unserer Radlinie fest:

$$\alpha' : (\alpha' - \alpha) = \mathrm{r} : (\mathrm{r} - \mathrm{r}'). \tag{58}$$

Wir gewinnen somit für unsere Radlinie eine Parameterdarstellung der Form

$$\boxed{\mathrm{x}' = \mathrm{a}\, e^{i\lambda} + \mathrm{b}\, e^{i\mu}} \tag{59}$$

mit reellen Größen a, b, λ, μ und festem Verhältnis $\lambda : \mu$. Hierbei bedeuten

$$\mathrm{a} = \mathrm{r}' - \mathrm{r}, \quad \mathrm{b} = \mathrm{h}, \quad \lambda = \alpha', \quad \mu = \alpha' - \alpha \tag{60}$$

und gilt

$$\boxed{\lambda : \mu = \mathrm{r} : (\mathrm{r} - \mathrm{r}').} \tag{61}$$

Nun vertauschen wir gleichzeitig die Rollen von a und b sowie von λ und μ und setzen hierzu

(62) $$\mathfrak{a} = \hat{\mathfrak{h}}, \quad \mathfrak{b} = \hat{\mathfrak{r}}' - \hat{\mathfrak{r}}, \quad \lambda = \hat{\alpha}' - \hat{\alpha}, \quad \mu = \hat{\alpha}',$$

sowie

(63) $$\mu : \lambda = \hat{\mathfrak{r}} : (\hat{\mathfrak{r}} - \hat{\mathfrak{r}}').$$

Bei dieser Vertauschung bleibt die Darstellung (59) unserer Radlinie erhalten, d. h. sie geht in sich über. Daher gilt der

Satz 26: *Jede Radlinie kann in zweifacher Weise entweder mit den festen Größen* r, r′, h *oder mit* $\hat{\mathfrak{r}}, \hat{\mathfrak{r}}', \hat{\mathfrak{h}}$ *erzeugt werden. Hierbei besteht der Zusammenhang*

(64) $$\hat{\mathfrak{r}} = \mathfrak{h}\frac{\mathfrak{r}' - \mathfrak{r}}{\mathfrak{r}}, \quad \hat{\mathfrak{r}}' = \mathfrak{h}\frac{\mathfrak{r}'}{\mathfrak{r}}, \quad \hat{\mathfrak{h}} = \mathfrak{r}' - \mathfrak{r},$$

und gilt für die Wälzwinkel

(65) $$\hat{\alpha} = -\alpha, \quad \hat{\alpha}' = \alpha' - \alpha.$$

Die Möglichkeit, eine Radlinie auf zweifache Art zu erzeugen, beruht auf der Vertauschbarkeit (Kommutativität) der beiden Summanden in (56) oder auch in (59). Führen wir die Vektoraddition in (56) auf beide Arten aus, so erhalten wir ein *Parallelogramm* $O'OX\hat{O}$. Nun denken wir uns dessen Seiten durch Stäbe oder Stangen realisiert, die an den Ecken gelenkig verbunden sind. Es entsteht so ein *Gelenkparallelogramm*, dessen Ecke O' fest ist (Fig. 37). Aus (58) folgt, daß sich die beiden Arme $O'O$ und $O'\hat{O}$ mit festem Verhältnis ihrer Winkelgeschwindigkeiten um O' drehen. Werden also die beiden Arme unseres Gelenkparallelogramms in dieser Weise angetrieben, dann beschreibt die vierte Ecke X die Radlinie. Somit haben wir den

Satz 27: *Hält man in einem Gelenkparallelogramm ABCD eine Ecke, etwa A fest, und dreht die beiden Arme AB und AD so um A, daß das Verhältnis der Winkelgeschwindigkeiten bei diesen Drehungen fest bleibt, dann beschreibt die vierte Ecke C des Parallelogramms eine Radlinie.*

Nun können wir auch leicht konstruktiv die beiden Kreise $\hat{p}, \hat{p}'$ ermitteln, durch deren Rollung unsere Radlinie ebenfalls erzeugt werden kann. Wir brauchen hierzu nur in Fig. 37

die Gerade PX mit O'Ô im Punkte P̂ zum Schnitt zu bringen. $\hat{P}$ ist dann Drehpol und Berührungspunkt der Polkreise $\hat{p}, \hat{p}'$ mit den Mittelpunkten $\hat{O}$ bzw. O'. Aus den drei ähnlichen Dreiecken $O'P\hat{P}$, OPX und $\hat{O}X\hat{P}$ leitet man nun sofort die Beziehung (64) her und bestätigt damit die obige Vorschrift.

Liegt im besonderen der Punkt X auf dem rollenden Kreis p, dann gilt $\mathfrak{h} = \mathfrak{r}$ und folgt aus (64)

$$\hat{\mathfrak{r}} = \mathfrak{r}' - \mathfrak{r},\ \hat{\mathfrak{r}}' = \mathfrak{r}',\ \hat{\mathfrak{h}} = \mathfrak{r}' - \mathfrak{r} = \hat{\mathfrak{r}}.$$

Eine *gespitzte Radlinie* (*Zykloide*) kann somit durch das Abrollen zweier verschiedener Kreise p, $\hat{p}$ auf einem festen Kreis $p' = \hat{p}'$ erzeugt werden (Fig. 38).

Aufgabe:

Man überlege sich, daß eine *Kreiskonchoide* (Pascal*sche Schnecke*) auch durch äußeres Rollen zweier gleich großen Kreise entstehen kann (vgl. Kap. 5/H).

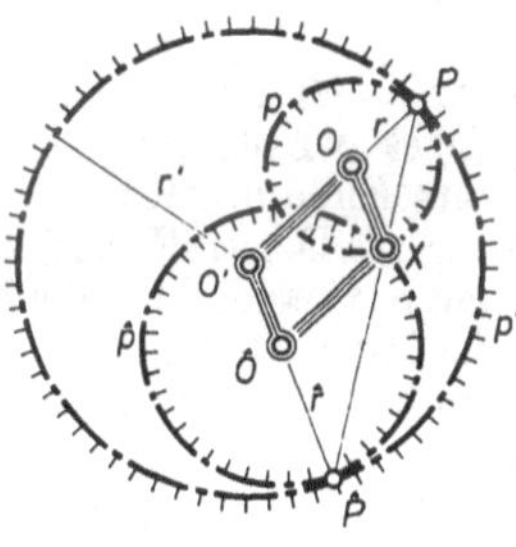

Fig. 38. Doppelte Erzeugung gespitzter Radlinien

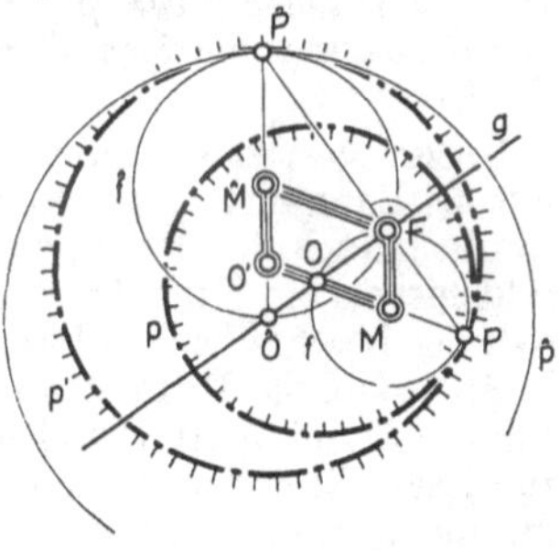

Fig. 39. Geradenhüllbahn bei allgem. Kreisrollung

23. *Geradenhüllbahnen bei allgemeiner Kreisrollung*

Wir können die Schlußweise von Kapitel 20 (Geradenhüllbahnen der Ellipsenbewegung) auch auf den allgemeinen Fall übertragen, bei dem zwei Kreise mit beliebigen Radien als Polbahnen aufeinander abrollen. Wir beschränken uns wiederum auf Gerade g, die so am rollenden Kreis p befestigt sind, daß sie durch dessen Mittelpunkt O gehen (Fig. 39). Der Fußpunkt F des Lotes vom Drehpol P auf die Gerade g ist der Berührungspunkt mit der Hüllbahn g' von g. Dieser Punkt F liegt wiederum auf einem Kreis f über dem Durchmesser OP. Im Verlaufe unseres Bewegungsvorganges wandert F nun einerseits auf diesem Kreis f, andererseits auf einem Durchmesser g von p. Es liegt also wiederum eine Ellipsenbewegung vor, bei der dieser Kreis f auf einem doppelt so großen Kreis p innen abrollt. Nach Satz 12 können zwei zusammengehörige Hüllkurven eines Bewegungsvorgangs **B** durch das Abrollen einer Hilfspolkurve auf den beiden Polkurven von **B** erzeugt werden. Da nun g durch das Abrollen von f auf p entsteht, finden wir g', indem wir f auf p' abrollen lassen. Die Hüllbahn g' ist somit als *gespitzte Radlinie* (*Zykloide*) erkannt.

Satz 28: *Rollt ein Kreis p auf einem Kreis p', so umhüllt jeder Durchmesser von p eine gespitzte Radlinie* (*Zykloide*). *Die Hüllbahnen beliebiger Geraden sind Parallelkurven solcher Zykloiden.*

Unsere gespitzte Radlinie g' kann noch auf eine zweite Art als Bahnkurve eines Rollvorganges von Kreisen erzeugt werden. Nach den Überlegungen vom Ende des Kapitels 22 rollt hierbei ein Kreis $\hat{f}$ gleichfalls auf p'. Dieser Kreis $\hat{f}$ enthält den beschreibenden Punkt F und hat seinen Mittelpunkt in $\hat{M}$, wobei die Mitte O' von p', die Mitte M von f und die Punkte F und $\hat{M}$ ein Parallelogramm bilden. Suchen wir nun zu diesem Kreis $\hat{f}$ einen doppelt so großen Kreis $\hat{p}$ und lassen ihn auf p' rollen, so umhüllt sein Durchmesser g gleichfalls die Zykloide g' (Fig. 39). Damit ist gezeigt, daß auch g' in doppelter Weise als Geradenhüllbahn entstehen kann.

Gehen wir umgekehrt von den beiden rollenden Kreisen p' und f aus, wählen auf letzterem den beschreibenden Punkt F, so kann die erzeugte Zykloide in zweifacher Weise als Geradenhüllbahn aufgefaßt werden. Als Gerade g haben wir hierzu nur die Verbindung von F und O zu nehmen, wobei O der Gegenpunkt von P auf dem Kreis f ist. Zusammenfassend gewinnen wir den

Satz 29: *Jede gespitzte Radlinie (Zykloide) kann in zweifacher Weise als Geradenhüllbahn erzeugt werden. Hierbei ist die einhüllende Gerade Durchmesser jedes der beweglichen Kreise, die auf demselben festen Kreis abrollen.*

Aufgaben:

1) Man suche die Beziehungen, die zwischen den Radien der Kreise p, p' und $\hat{p}$ im allgemeinen Fall,
2) im Fall der Ellipsenbewegung,
3) im Fall der Konchoidenbewegung bestehen.

24. Die Evoluten gespitzter Radlinien

Es liege eine allgemeine Kreisrollung vor, bei der ein Kreis p auf einen Kreis p' gleitungslos rollt. Ein Punkt X von p beschreibt hierbei eine gespitzte Radlinie. Mit der Zeichenvorschrift, die der Euler-Savaryschen Formel gleichwertig ist, suchen wir zur betrachteten Lage des Punktes X den Bahnkrümmungsmittelpunkt X^* (Fig. 40). Hierzu haben wir also einmal den Polstrahl PX zu zeichnen, dann darauf in P die Normale zu errichten und mit der Verbindungsgeraden OX — der rollende Kreis p besitze den Mittelpunkt O — im Punkte Y zum Schnitt zu bringen. Die Gerade $O'Y$, die diesen Punkt Y mit dem Mittelpunkt O' des festen Kreises p' verbindet, schneidet nun auf dem Polstrahl PX den gesuchten Krümmungsmittelpunkt X^* der Bahnkurve aus. Hierbei bemerken wir, daß der Punkt Y ebenfalls auf den Kreis p zu liegen kommt (rechter Winkel bei P). Y ist Gegenpunkt von X und beschreibt bei unserem Bewegungsvorgang ebenfalls eine gespitzte Radlinie y, die mit der Bahnkurve x des Punktes X durch eine Drehung um O' zur

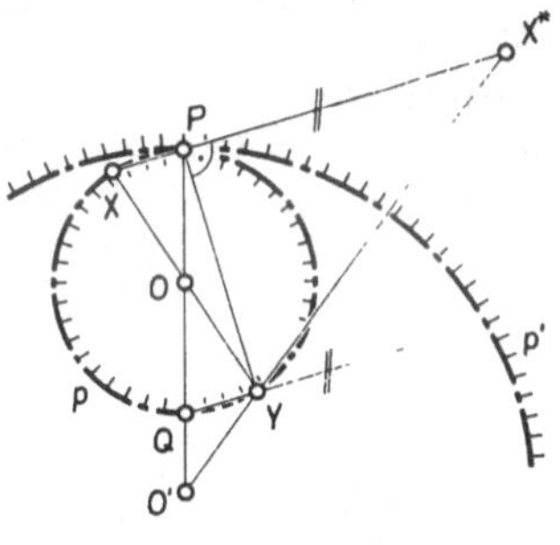

Fig. 40. Bahnkrümmungsmittelpunkt für eine gespitzte Radlinie

Deckung gebracht werden kann. Die Bahntangente des Punktes Y steht auf dem Polstrahl PY senkrecht, ist also zum früheren Polstrahl PX parallel und geht somit durch den Punkt Q, der auf p dem Punkte P gegenüberliegt. Es entstehen nun zwei ähnliche Dreiecke $O'X^*P$ und $O'YQ$, die zu den Proportionen

$$\overline{O'X^*} : \overline{O'Y} = \overline{O'P} : \overline{O'Q} = \mathrm{r}' : (\mathrm{r}' - 2\mathrm{r})$$

führen. Hierbei bedeuten r, r′ wiederum die Radien der Polkreise p, p'. Das Verhältnis $\overline{O'X^*} : \overline{O'Y}$ bleibt somit für den ganzen Bewegungsvorgang fest. Daher ist die Evolute x^* der Radlinie x eine zur Kurve y ähnliche und bezüglich des Punktes O' ähnlich gelegene Kurve. Da aber x und y kongruent sind, ist die Evolute x^* auch eine zu x ähnliche gespitzte Radlinie. Das Ähnlichkeitsverhältnis ist $\mathrm{r}' : (\mathrm{r}' - 2\mathrm{r})$. Im gleichen Verhältnis zu r bzw. r′ stehen auch die Radien $\mathrm{r}^*, \mathrm{r}^{*\prime}$ jener Kreise $p^*, p^{*\prime}$, durch deren Rollung die Evolute x^* erzeugt werden kann. Wir finden daher

Satz 30: *Die Evolute einer gespitzten Radlinie (Zykloide) ist eine ähnliche Kurve, also wiederum eine gespitzte Radlinie. Entsteht die ursprüngliche Kurve durch das Rollen von Kreisen mit den Radien r, r′ und kann die Evolute auch durch eine Kreisrollung mit den Radien r*, r*′ erzeugt werden, so gilt:*

$$\mathrm{r}^* = \frac{\mathrm{r\,r}'}{\mathrm{r}' - 2\mathrm{r}}, \quad \mathrm{r}^{*\prime} = \frac{\mathrm{r}'^2}{\mathrm{r}' - 2\mathrm{r}}. \tag{66}$$

Durch den Grenzübergang $\mathrm{r}' \to \infty$ gelangen wir zu den *gemeinen Zykloiden*: Rollt nämlich ein Kreis p vom Radius r auf einer Geraden p' — die Gerade ist hier als Grenzfall eines Kreises anzusehen —, so beschreibt jeder seiner Punkte eine *gespitzte gemeine Zykloide.* Bei diesem Grenzübergang erhalten wir aus (66): $\mathrm{r}^* \to \mathrm{r}$, $\mathrm{r}^{*\prime} \to \infty$. Somit gilt der

Satz 31: *Die Evolute einer gespitzten, gemeinen Zykloide ist eine kongruente Kurve.*

Aufgabe:

Man gebe für Satz 31 einen direkten Beweis, der keinen Grenzübergang benützt.

25. Bogenlänge einer Radlinie

Wir hatten in Formel (57) die Darstellung einer allgemeinen Radlinie gefunden, wobei die veränderlichen Winkel α, α' durch die Bedingung (55) miteinander verknüpft sind. Fassen wir etwa α als Parameter auf, so erhalten wir aus (57)

$$x' = (r' - r)\, e^{i \frac{\alpha r}{r'}} + h\, e^{i\alpha \frac{r - r'}{r'}}. \qquad (67)$$

Daraus ergibt sich durch Ableitung nach dem Parameter

$$\frac{dx'}{d\alpha} = \dot{x}' = i\, \frac{r' - r}{r'} \left\{ r\, e^{i \frac{\alpha r}{r'}} - h\, e^{i\alpha \frac{r - r'}{r'}} \right\}.$$

Das Quadrat des Bogenelementes ds einer ebenen Kurve kann nun in der Form

$$ds^2 = dx_1^2 + dx_2^2 = (dx_1 + i\, dx_2)(dx_1 - i\, dx_2) = dx \cdot d\bar{x}$$

geschrieben werden, wobei durch Überstreichen wiederum die Bildung des Konjugiums angedeutet wurde.

Um die Bogenlänge s unserer Radlinie zu berechnen, haben wir also das Integral

$$\begin{aligned} s &= \pm \int_0^\alpha \sqrt{\dot{x}' \cdot \dot{\bar{x}}'}\; d\alpha \\ &= \pm \left| \frac{r' - r}{r'} \right| \int_0^\alpha \sqrt{r^2 + h^2 - 2rh \cos\alpha}\; d\alpha \end{aligned} \qquad (68)$$

zu bilden. Darin wurde die Messung der Bogenlänge beim Winkel $\alpha = 0$ begonnen und die Formel

$$e^{i\alpha} + e^{-i\alpha} = 2 \cos\alpha$$

benützt. Mit einem beliebigen Wert von h werden wir in (68) auf ein *elliptisches Integral* geführt, das nicht elementar auswertbar ist.

Für $h = r$ jedoch, also für eine *gespitzte Radlinie* (*Zykloide*) haben wir

$$s = \pm \left| \frac{r}{r'}(r' - r) \right| \sqrt{2} \int_0^{\alpha} \sqrt{1 - \cos\alpha}\, d\alpha$$

$$= \pm \left| \frac{4r}{r'}(r' - r) \right| \left(1 - \cos\frac{\alpha}{2}\right).$$

Die Bogenlängen gespitzter Radlinien (Zykloiden) sind elementar berechenbar.

26. Algebraische Radlinien

Stehen die Radien r, r' der Polkreise p, p' unseres Rollvorgangs in *rationalem Verhältnis*, so kehrt das bewegte System nach endlich vielen Umläufen von p wiederum in seine Anfangslage zurück. Es liegt somit ein *geschlossener Bewegungsvorgang* vor, dessen Bahnkurven *geschlossene, algebraische Radlinien* sind. Wir wollen von diesen Kurven, die also einer algebraischen Gleichung genügen, zeigen, daß sie immer eine *rationale Parameterdarstellung* gestatten. Wir setzen hierzu

$$r : r' = \varrho_1 : (\varrho_1 - \varrho_2)$$

mit teilerfremden, ganzen Zahlen ϱ_1, $(\varrho_1 - \varrho_2)$ und führen die Größe

$$v = e^{i\frac{\alpha}{\varrho_1 - \varrho_2}}$$

als algebraischen Parameter ein. Mit den Abkürzungen $r' - r = h_1$, $h = h_2$ besitzt unsere Radlinie (67) nun die *rationale Parameterdarstellung*

$$x' = h_1 v^{\varrho_1} + h_2 v^{\varrho_2}. \tag{69}$$

Hierbei sind ϱ_1, ϱ_2 ganzzahlig und teilerfremd: $(\varrho_1, \varrho_2) = 1$.

Die *Ordnung* einer algebraischen Kurve ist die feste Anzahl ihrer Schnittpunkte mit einer beliebigen Geraden. Die Zählung hat dabei im Sinne der Algebra zu erfolgen, d. h. es kommt nicht darauf an, ob diese Schnittpunkte reell oder komplex sind. Einfache Berührung der Geraden sowie das Hindurchgehen durch einen Doppelpunkt wird doppelt gezählt usf.

Ohne auf den Beweis hier näher einzugehen[1]), gilt für die *Ordnung n einer algebraischen Radlinie* der Darstellung (69)

$$n = 2 \max (|\varrho_1|, |\varrho_2|). \tag{70}$$

Die *Klasse* m einer algebraischen Kurve ist die feste Anzahl ihrer Tangenten durch einen beliebigen Punkt der Ebene. Auch hier erfolgt eine algebraische Zählung. Für unsere Radlinie gilt, sofern nur $\varrho_1 + \varrho_2 \neq 0$ ist,

$$m = 2 \max (|\varrho_1|, |\varrho_2|, |\varrho_1 - \varrho_2|). \tag{71}$$

Diese Zahl *vermindert* sich jedoch bei einer *gespitzten Radlinie* um $|\varrho_1 - \varrho_2|$. Dies erscheint dadurch verständlich, daß durch jede Spitze eine Tangente hindurchgeht, die nicht zu zählen ist. Jeder der $|\varrho_1 - \varrho_2|$ Spitzen entspricht also eine Verminderung der Klassenzahl um 1.

Beispiele solcher algebraischen Radlinien haben wir schon mehrfach betrachtet:

1) *Ellipsenbewegung*: Dieser Bewegungsvorgang entsteht durch das Abrollen eines Kreises im Innern eines doppelt so großen Kreises. Es gilt also $r' = 2r$ und daher $\varrho_1 + \varrho_2 = 0$, $|\varrho_1| = |\varrho_2| = 1$. Formel (70) führt auf die Ordnung $n = 2$. Da es sich hier um den früher auszuschließenden Fall $\varrho_1 + \varrho_2 = 0$ handelt, darf (71) nicht angewandt werden. Für nicht ausgeartete Ellipsen ist die Klasse $m = 2$.

2) *Konchoidenbewegung*: Es handelt sich hier um die Umkehrung der Ellipsenbewegung. Daher gilt: $r = 2r'$, $\varrho_1 = 2$, $\varrho_2 = 1$. Unsere Formeln liefern: Ordnung $n = 4$, Klasse $m = 4$.[2])

3) *Astroide*: Bei Betrachtung der Geradenhüllbahnen der Ellipsenbewegung gelangten wir in Kap. 20 zu einer vierspitzigen Radlinie (Sternkurve oder Astroide). Sie wird von einem Randpunkt eines Kreises beschrieben, der innen auf einem viermal so großen Kreis abrollt. Wir haben also $r' = 4r$, $3\varrho_1 + \varrho_2 = 0$, $|\varrho_1| = 1$, $|\varrho_2| = 3$, $|\varrho_1 - \varrho_2| = 4\,|\varrho_1| = 4$. Daher finden wir die Ordnung $n = 6$. Da wir jedoch vier Spitzen haben, vermindert sich die aus (71) gefundene Zahl 8 um 4. Die Klasse unserer Kurve ist somit $m = 4$.

[1]) Vgl. Literaturverzeichnis [2].
[2]) $m = 3$ für gespitzte Konchoiden

27. Höhere Radlinien

Wir betrachten jetzt kurz eine Verallgemeinerung der Radlinien und gehen dazu von der in Satz 27 beschriebenen Erzeugungsweise einer gewöhnlichen Radlinie aus. Wir können sie auch so formulieren: Ein aus zwei starren Gliedern gebildeter Streckenzug ABC möge in der Ebene so seine Gestalt verändern, daß die Arme AB und BC sich um die Punkte A bzw. B mit Winkelgeschwindigkeiten drehen, die in festem Verhältnis zueinander stehen. Der Endpunkt C beschreibt dann eine Radlinie.

Zwecks Verallgemeinerung wählen wir nun einen aus k-Gliedern bestehenden Streckenzug $O_0O_1O_2 \ldots O_k$, befestigen den Anfangspunkt O_0 im Ursprung O' eines rechtwinkeligen Achsenkreuzes der festen Ebene und lassen die einzelnen Glieder O_jO_{j+1} sich um O_j mit Winkelgeschwindigkeiten drehen, die im Verhältnis der festen Zahlen $\omega_1 : \omega_2 : \cdots : \omega_k$ stehen. Der Endpunkt $O_k = X$ dieses so bewegten Polygonzugs beschreibt dann eine *Radlinie k-ter Stufe*[1]).

Entsprechen in der Ausgangsstellung den einzelnen Gliedern die *komplexen* Zahlen $\mathfrak{h}_j$, so wird die Ausgangslage des Endpunktes X von

$$\mathfrak{x}' = \sum_{j=1}^{k} \mathfrak{h}_j$$

erfaßt und besitzt die von X beschriebene höhere Radlinie die Parameterdarstellung

$$\mathfrak{x}' = \sum_{j=1}^{k} \mathfrak{h}_j e^{i\omega_j \varphi} \tag{72}$$

mit einem von der Zeit t abhängigen reellen Parameter $\varphi = \varphi(t)$. Der Anfangslage entspricht $\varphi(t_0) = 0$.

Zahlreiche Aussagen über die gewöhnlichen oder „niederen“ Radlinien lassen sich auch auf diese höheren Radlinien ausdehnen oder sinngemäß verallgemeinern. Denken wir uns mit dem letzten Glied unseres k-gliedrigen Polygon-

[1]) Vgl. W. Wunderlich, Höhere Radlinien, Österr. Ing. Arch. *1* (1947) 277—296. Höhere Radlinien als Näherungskurven Österr. Ing. Arch. *4* (1950) 3—11.

zuges eine Ebene starr verbunden und zur Erfassung deren Punkte im letzten Summenglied die Größe $h_k = x$ veränderlich, so wird durch (72) ein zwangläufiger Bewegungsvorgang beschrieben, dessen Polkurven wiederum Radlinien (der Stufe $k - 1$) sind. Wir finden nämlich die Gangpolbahn, indem wir die Ableitung von (72) Null setzen und nach x auflösen. Die Rastpolbahn wird dann durch Eintragen der so gefundenen Darstellung in (72) gewonnen. — Der Umordnung der Summe in (72) entspricht eine Umstellung der Glieder des erzeugenden Polygonzuges und somit die Möglichkeit, unsere Radlinie auf $k!$ verschiedene Arten zu erzeugen.

Die Bewegung des letzten Gliedes unseres Gelenkpolygons gegenüber der festen Ebene wird als *Planetenbewegung k-ter Stufe* bezeichnet (in Verallgemeinerung des Falles $k = 2$, der beim sogenannten *Planetengetriebe* auftritt). Höhere Radlinien benützten auch die alten griechischen Astronomen zur Beschreibung der Planetenbahnen. Bei diesen *Epizykeln* rollen Kreise p_j mit festen Winkelgeschwindigkeiten aufeinander, und zwar p_2 auf p_1, p_3 auf p_2 usf. schließlich auf p_{k-1} der Kreis p_k, mit dem der „Planet", also die Gangebene, fest verbunden ist.

Sind im besonderen in (72) sämtliche ω_j *ganze Zahlen*, so erhalten wir *geschlossene, rational-algebraische Radlinien höherer Stufe*. Diese Kurven treten bei folgendem Problem auf: In der Ebene sei eine geschlossene Kurve k vorgegeben, die von einem Punkt X mit einem vorgeschriebenen Zeitgesetz durchlaufen werde. Für die Kurve k und ihre zeitliche Durchlaufung wird eine Radlinie als *Näherungskurve* gesucht, die als beste Näherung im Gaußschen Sinne anzusehen ist.

k besitze die komplexe Parameterdarstellung $z = z(t)$ für $0 \leqq t \leqq T$ mit der Periode (Umlaufzeit) T. Unter gewissen einschränkenden Bedingungen gestattet nun diese Funktion die Entwicklung in eine Fourier-Reihe

$$z = \sum_{\nu = -\infty}^{+\infty} a_\nu e^{i\nu\varphi}$$

mit

$$\varphi = \frac{2\pi}{T} t \text{ und } a_\nu = \frac{1}{T} \int_0^T z(t) e^{-i\nu\varphi} dt$$

$$= \frac{1}{2\pi} \int_0^{2\pi} z\left(\frac{T}{2\pi}\varphi\right) e^{-i\nu\varphi} d\varphi .$$

Jeder endliche Abschnitt dieser Reihe ist nun die Parameterdarstellung einer solchen höheren algebraischen Radlinie. Diese wird im allgemeinen um so besser die Kurve k und ihre zeitliche Durchlaufung approximieren, je mehr Glieder der unendlichen Reihe herangezogen werden.

Auf Grund dieser Tatsache erscheint die Lehre von den Epizykeln des Ptolemaios von Alexandria in anderem Licht, worauf 1843 A. F. Möbius hingewiesen hatte und solcher Art eine Ehrenrettung nicht dieses Weltsystems, wohl aber der zugrunde liegenden Methoden zur Berechnung der Planetenbahnen vornahm.

VIII. Kurvengetriebe und Verzahnungen

28. Kurvengetriebe und Zahnräder

Kurvengetriebe und *Zahnräder* dienen dazu, schwingende oder umlaufende Bewegungen eines Körpers um eine Achse (Welle) auf ebensolche Bewegungen eines zweiten Körpers zu übertragen. In beiden Körpern werden hierbei gewisse Flächen als *Flanken* ausgebildet, durch deren ständige Berührung die Bewegungsübertragung erfolgt. Im praktisch wichtigsten Fall *paralleler Drehachsen* sind mit den bewegten Körpern meist zylindrisch geformte Scheiben (mit Erzeugenden parallel zu den Drehachsen) starr verbunden. Da es nur auf den Normalschnitt dieser zylindrischen Flanken ankommt, haben wir es nur mit dem ebenen Berührungsproblem von Hüllkurvenpaaren (Kap. 6, 7) zu tun. Zusammengehörige ebene Flankenprofile erscheinen also bei *Kurvengetrieben* und *Stirnrädern* in Richtung der Drehachsen verschoben. Erfolgt jedoch (zwecks Übertragung größerer Kräfte) eine Verschraubung des Profils längs der

Drehachsen, so erhält man Schraubflächen als *Schrägzahnflanken.*

Wir haben also in einer festen Ebene **E** zwei Punkte P_{01}, P_{02}, um die sich die beiden Kurvenscheiben oder Zahnräder und die mit ihnen starr verbundenen Ebenen **E**′, **E**″ drehen. Nach Satz 11 liegt der relative Drehpol P_{12} der Bewegung dieser Ebenen **E**′, **E**″ gegeneinander auf der Polgeraden $P_{01}P_{02}$. Passende Profilkurven sind ein zusammengehöriges Paar von Hüllkurven k_1, k_2, die in den Ebenen **E**′ bzw. **E**″ befestigt sind. Die Berührung erfolgt im jeweiligen *Eingriffspunkt* Y; der Ort der Punkte Y in der festen Ebene **E** heißt *Eingriffslinie.* Nach Satz 9 berühren sich in Y die beiden Profilkurven derart, daß die gemeinsame Kurvennormale durch den Drehpol P_{12} geht.

Bei Kurvengetrieben vollführt meist das Antriebsglied eine umlaufende Bewegung, die in eine schwingende Bewegung des Abtriebsgliedes übersetzt wird. Vielfach, wie z.B. bei Ventilsteuerungen, wird die Antriebsdrehung in eine Schubbewegung umgewandelt. Für solche *Kurvenschubgetriebe* hat man sich den betreffenden Pol dann als Fernpunkt vorzustellen. Statt von Kurvengetrieben spricht man auch von *Wälzhebelgetrieben,* wobei man die *echten* Wälzhebelgetriebe, bei denen die Polkurven als Profile gleitungslos aufeinander abrollen, von den *unechten* Wälzhebelgetrieben oder *Gleithebelgetrieben* unterscheidet. Bei letzteren fungieren Hüllkurven zu einer Rollgleitzahl $\lambda \neq 1$ als Profile.

Für die meisten Verzahnungen (Zahnräder) wird noch ein *festes Übersetzungsverhältnis,* d.h. ein festes Verhältnis der Winkelgeschwindigkeiten $\omega_{01} : \omega_{02}$ gefordert. Es erfolgt dann eine gleichförmige Übertragung der Drehungen zwischen parallelen Wellen. Nach Satz 11 gilt für die Lage der drei Drehpole P_{01}, P_{02}, P_{12} auf der Polgeraden

$$\overline{P_{01}P_{12}} : \overline{P_{02}P_{12}} = \omega_{02} : \omega_{01}. \tag{73}$$

Da P_{01} und P_{02} in **E** fest sind, folgt für konstantes Übersetzungsverhältnis, daß auch der Punkt P_{12} in **E** seine Lage nicht ändert, also von P_{01} und P_{02} ständig gleich weit entfernt ist. Die Polbahnen p_1, p_2 der Bewegung von **E**′ und

E'' gegeneinander sind also durch P_{12} hindurchgehende *Kreise* mit den Mittelpunkten P_{01}, P_{02}. Ihre Radien bezeichnen wir mit $\mathfrak{r}_1$ bzw. $\mathfrak{r}_2$. Diese Kreise heißen *Teilkreise* oder *Wälzkreise* der Verzahnung. Wir haben somit den

Satz 32: *Bei der gegenseitigen Bewegung zweier Stirnräder mit festem Übersetzungsverhältnis rollen zwei Kreise (Teilkreise, Wälzkreise) als Polbahnen des Bewegungsvorgangs gleitungslos aufeinander.*

Bildet man die Teilkreise als Ränder unserer Räder aus, so erhält man *Reibräder*, die sich naturgemäß nicht zur Übertragung größerer Kräfte eignen. Um das Gleiten und damit die Abnutzung der Profile möglichst gering zu halten, verwendet man auch sonst in der Regel nur solche Hüllkurvenpaare, die in naher Umgebung der Teilkreise verbleiben. Für volle Umdrehungen der Räder läßt man die Randkurven in gleichen Abständen sich wiederholen, was zur Bildung der einzelnen Zähne unserer Zahnräder führt. Hierzu müssen natürlich die Teilkreisradien $\mathfrak{r}_1$, $\mathfrak{r}_2$ in ganzzahligem Verhältnis stehen. Für das Zusammenspiel zweier Zahnräder sind noch folgende Einzelheiten zu beachten:

a) Die *Teilung* des einen Rades muß mit der Teilung des anderen Rades übereinstimmen. Hierbei versteht man unter Teilung eines Zahnrades die Länge jenes Bogenstückes des Teilkreises, das auf einen Zahn und eine Lücke entfällt. Besitzen die Räder $\mathfrak{n}_1$ bzw. $\mathfrak{n}_2$ Zähne, so gilt für die Teilung

$$\frac{2\,\mathfrak{r}_1\pi}{\mathfrak{n}_1} = \frac{2\,\mathfrak{r}_2\pi}{\mathfrak{n}_2}.$$

Durch Vergleich mit (73) ergibt sich somit

$$\mathfrak{r}_1 : \mathfrak{r}_2 = \mathfrak{n}_1 : \mathfrak{n}_2 = \omega_{02} : \omega_{01}.$$

b) Die einzelnen Zähne eines Rades werden nach außen durch den *Kopfkreis* und nach innen durch den *Fußkreis* begrenzt. Weiter ist bei der Konstruktion eines Zahnrades auch noch auf die *Zahnunterschneidung* zu achten, die durch die Bahnkurven der äußersten (am Kopfkreis liegenden) Profilpunkte des anderen Rades bedingt ist.

c) Die Zahnräder müssen ferner stets im Eingriff stehen, dürfen aber nicht eng aneinander passen. Es muß vielmehr das *Kopfspiel* (Abstand des Kopfkreises vom Fußkreis des anderen Rades) und das *Flankenspiel* beachtet werden. Letzteres ist die Differenz zwischen der Breite einer Zahnlücke und eines Zahnes, gemessen auf dem Teilkreis. Technische Gesichtspunkte sind für die Wahl dieser Größen maßgebend, ebenso wie für den *Überdeckungsgrad*, der dafür sorgt, daß ein neues Flankenpaar zum Eingriff kommt, noch bevor das alte sich aus der Berührung löst.

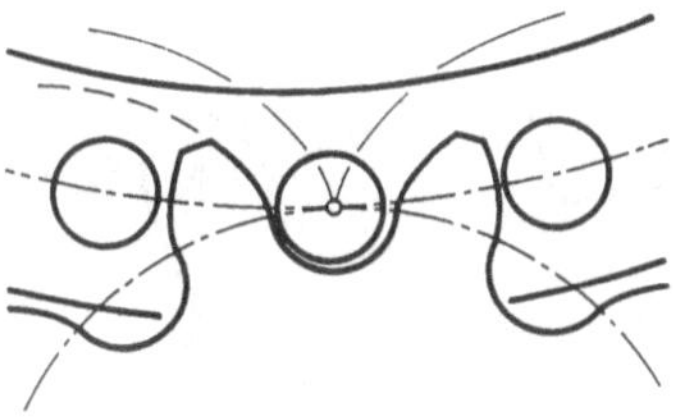

Fig. 41. Triebstockverzahnung

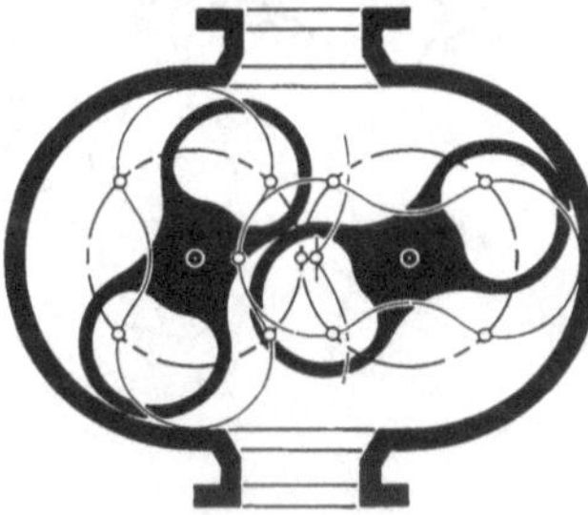

Fig. 42. Rootsches Gebläse

Wir haben schon mehrfach darauf hingewiesen, daß zusammengehörige Zahnradprofile Paare entsprechender Hüllkurven bilden. Wir können daher mit den Verfahren der Kapitel 6, 7 und 9 passende Randkurvenpaare ermitteln. So kann man z.B. zu einem beliebig vorgegebenen Profil des einen Rades das entsprechende Profil des anderen Rades punktweise konstruieren. Hierzu werden etwa bei der *Triebstockverzahnung* (Fig. 41) oder auch beim Root*schen Ventilator* (Fig. 42) im einen Rad Kreise oder Kreisbogenstücke als Profilkurven gewählt, deren Hüllbahnen die zugehörigen Flankenteile des anderen Rades bilden.

Bevor wir auf die Berechnung von Kurvengetrieben und Zahnrädern eingehen, wollen wir noch zwei wichtige Verzahnungen behandeln:

1) Bei der *Zykloidenverzahnung* wird jedes der beiden Zahnprofile aus zwei gespitzten Radlinien zusammengesetzt, und zwar aus einer Epizykloide und einer Hypozykloide, die sich in ihren gemeinsamen Spitzen berühren und ineinander übergehen (Fig. 43). Man kann solche Zahnräder in der Weise konstruieren, daß man zwei Kreise p, q, die sich außen im

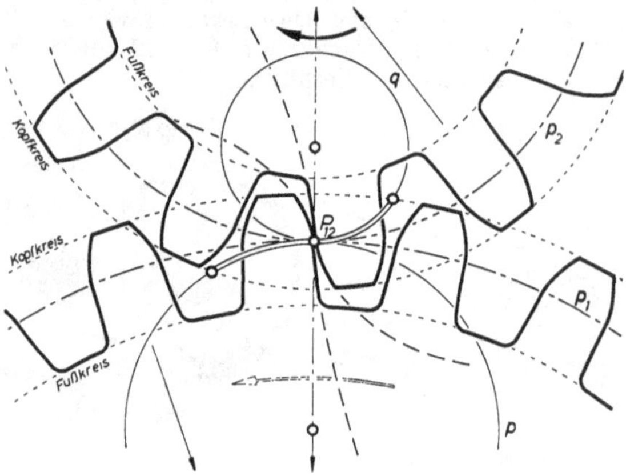

Fig. 43. Zykloidenverzahnung

Pol P_{12} berühren, als Hilfsrollkurven auf den beiden Teilkreisen p_1, p_2 abrollen läßt. P_{12} als Punkt jedes dieser Hilfskreise erzeugt hierbei einmal eine Epizykloide, einmal eine Hypozykloide, von denen man je ein Stück zur Bildung zusammenspielender Profile unserer Zahnräder benützt. Die Krümmungsunstetigkeit in den Spitzen wirkt sich ungünstig hinsichtlich der Materialabnützung aus. Auf eine weitere Eigenschaft dieser Zykloidenverzahnung, die auf de la Hire 1694 zurückgeht, kommen wir noch zu sprechen.

2) *Evolventenverzahnung*: Diese bereits von L. Euler 1765 betrachtete Verzahnung ist dadurch bemerkenswert, daß man in der festen Ebene **E** die *Eingriffslinie* y als *Gerade*

durch den festen Pol P_{12} vorschreibt (Fig. 44). In den Punkten Y dieser Geraden berühren sich also die beiden Randkurven der Zahnräder und besitzen in der Geraden y selbst ihre gemeinsame Hüllbahnnormale. In den Ebenen $\mathbf{E}', \mathbf{E}''$ der Zahnprofile umhüllt nun y je einen Kreis. Diese *Grund-*

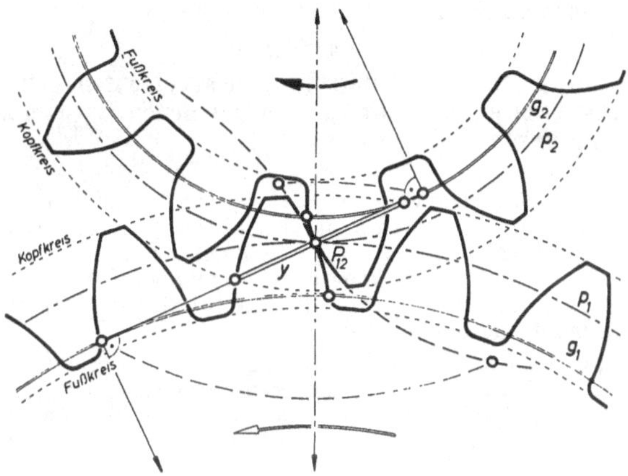

Fig. 44. Evolventenverzahnung

kreise g_1, g_2 haben P_{01} bzw. P_{02} zu Mittelpunkten und besitzen die Radien ϱ_1, ϱ_2. Da y gemeinsame Tangente dieser Kreise ist, gilt

$$\mathfrak{r}_1 : \mathfrak{r}_2 = \varrho_1 : \varrho_2,$$

wobei wie früher $\mathfrak{r}_1, \mathfrak{r}_2$ die Halbmesser der Teilkreise p_1, p_2 bedeuten. Nun fungiert y ständig als Hüllbahnnormale und berührt g_1 und g_2. Daher durchsetzen zusammengehörige Profilkurven die Tangentenschar dieser Grundkreise g_1, g_2 senkrecht; sie sind also *gespitzte Kreisevolventen* von g_1 bzw. g_2.

Diese Evolventenverzahnung spielt in den Anwendungen die größte Rolle. So konstruierte Räder besitzen den für die Praxis wichtigen Vorteil, bei *Änderung des Achsenabstandes*

$\overline{P_{01} P_{02}}$ (innerhalb gewisser Grenzen, die durch die Abmessungen der Profile bestimmt sind) *immer noch genau zu arbeiten, also richtig zusammenzuspielen.* Es entstehen hierbei nämlich neue Teilkreise p'_1, p'_2 mit Radien $\mathfrak{r}'_1, \mathfrak{r}'_2$, für die

$$\mathfrak{r}'_1 : \mathfrak{r}'_2 = \mathfrak{r}_1 : \mathfrak{r}_2$$

gilt. Somit ist auch

$$\mathfrak{r}'_1 : \mathfrak{r}'_2 = \varrho_1 : \varrho_2$$

und das Paar von gespitzten Kreisevolventen mit den Grundkreisen g_1, g_2 bleibt auch in der neuen Lage in ständiger Berührung.

Aufgaben:

1) Man konstruiere eine Verzahnung, bei der ein Rad in eine *Zahnstange* ausartet. (Man kann sich hierzu vorstellen, $\mathfrak{r}_1$ bleibt endlich, während $\mathfrak{r}_2 \to \infty$.) Das Profil der Zahnstange sei vorgegeben und bestehe aus kongruenten Trapezen. Man suche das Profil des Rades und beachte, daß hierbei Kreisevolventen (als Geradenhüllbahnen) entstehen.

2) Man konstruiere eine Verzahnung, bei der an beiden Rädern geradlinige Flankenstücke in der Weise auftreten, daß zwischen Fuß- und Teilkreis jeweils der betreffende Teilkreisradius als Profil gewählt wird. Welche Kurven erhält man als ergänzende Profilstücke?

29. Berechnung der Profile von Kurvengetrieben und Verzahnungen

Wir hatten in Kapitel 7 für einen allgemeinen Bewegungsvorgang **B** zusammengehörige Hüllkurvenpaare berechnet, wobei es für die Gewinnung einer expliziten Darstellung zweckmäßig erschien, von der *Rollgleitzahl* $\lambda = \lambda(\mathfrak{t})$ als Funktion der Zeit $\mathfrak{t}$ auszugehen.

Bei einem *allgemeinen Kurvengetriebe* haben wir **B** nun dahin zu spezialisieren, daß die beiden Ebenen **E**, **E'** der beweglichen Kurvenscheiben bloß Drehungen vollführen[1]. Die Drehachsen denken wir uns etwa durch die Nullpunkte U, U' unserer Koordinatensysteme gelegt. Dann gilt für ihren Abstand $\overline{UU'} = |\mathfrak{u}| = |\mathfrak{u}'| =$ konst., so daß wir also wegen (7)

[1]) Wir wählen hier die Bezeichnung von Kap. 7.

$$u = -u_0 e^{i\psi}, \quad u' = u_0 e^{i\psi'} \tag{74}$$

mit

$$\psi' - \psi = \varphi, \quad u_0 = \text{konst., reell} \tag{75}$$

setzen können. Nun führen wir für den auf *UU'* liegenden Drehpol *P*

$$p = r e^{i\psi}, \quad p' = r' e^{i\psi'} \quad (r, r' \text{ reell}) \tag{76}$$

ein und gewinnen mit (74), (75) aus (1) oder

$$p' = u' + p e^{i\varphi}$$

die Beziehung

$$r' - r = u_0 = \text{konst.} \tag{77}$$

Zusammengehörige Profile von Kurvenscheiben sind wegen (16), (18) nun durch

$$\left.\begin{aligned} x &= -i e^{i\Phi} \int L r e^{i(\psi - \Phi)} \, d\varphi + A_0 e^{i\Phi}, \\ x' &= -i e^{i\Phi'} \int L' r' e^{i(\psi' - \Phi')} \, d\varphi + A_0 e^{i\Phi'} \end{aligned}\right\} \tag{78}$$

mit

$$\psi - \Phi = \psi' - \Phi'$$

gegeben.

Vergleichen wir noch (76) mit der Darstellung (24) des Drehpols *P*, so ergibt sich

$$r = -u_0 \frac{d\psi'}{d\varphi}, \quad r' = -u_0 \frac{d\psi}{d\varphi}. \tag{79}$$

Damit gelangen wir zu

$$\left.\begin{aligned} x &= i u_0 e^{i\Phi} \int L e^{i(\psi' - \Phi')} \, d\psi' + A_0 e^{i\Phi}, \\ x' &= i u_0 e^{i\Phi'} \int L' e^{i(\psi - \Phi)} \, d\psi + A_0 e^{i\Phi'}. \end{aligned}\right\} \tag{80}$$

Für *Zahnräder* (*zylindrische Stirnräder*) mit festem Übersetzungsverhältnis sind nach Satz 32 in (78) für r und r' *feste Werte* (Teilkreisradien) einzutragen. ψ und ψ' sind dann entsprechende Rollwinkel, die der Rollbedingung

$$\mathrm{r}\,\psi = \mathrm{r}'\,\psi'$$

genügen[1]).

Nun fragen wir im besonderen nach Zahnradprofilen k, k', für die ein Rollen und Gleiten der Flanken mit *fester Rollgleitzahl* λ stattfindet. L und L′ sind dann auch konstant und wir können in (78) die Integration vollständig vornehmen. Wir wählen hierzu einen der beiden Rollwinkel, etwa ψ als Parameter und setzen

$$\varphi = \omega\,\psi,$$

womit sich für die Winkelgeschwindigkeit

$$\frac{d\varphi}{d\psi} = \omega = \frac{\mathrm{r}}{\mathrm{r}'} - 1 = \text{konst.}$$

ergibt. Wegen (19) ist nun

$$\int e^{i(\varphi - L\varphi)}\,d\,\varphi = \omega \cdot \int e^{i(1 - L\omega)\psi}\,d\,\psi = \frac{i\,\omega}{L\,\omega - 1}\,e^{i(1 - L\omega)\psi}.$$

Damit folgt aus (78)

$$\boxed{\mathrm{x} = \frac{L\,\mathrm{r}\,\omega}{L\,\omega - 1}\,e^{i\psi} + a\,e^{i(L\omega\psi + \alpha)}\,,}$$

$$\boxed{\mathrm{x}' = \frac{L'\,\mathrm{r}'\,\omega}{L\,\omega - 1}\,e^{i(\omega + 1)\psi} + a\,e^{i(L'\omega\psi + \alpha)}\,.}$$

Hierbei wurde für die komplexe Integrationskonstante noch

$$A_0 = a\,e^{i\alpha}$$

gesetzt.

Durch Wahl von $\alpha = 0$ vereinfachen wir lediglich die Ausgangslage und erkennen durch Vergleich mit (57), daß unsere Kurven k, k' *Radlinien* sind. Sie entstehen durch Abrollen eines Kreises p'' vom Radius r″ auf den beiden Teilkreisen p, p'. Um r″ zu ermitteln, haben wir gemäß (58) nur zu setzen

[1]) Im allgemeineren Fall der Kurvengetriebe würde das Rollen der Polbahnen sich durch $dp' = e^{i\varphi}\,dp$ oder $r\,d\psi = r'\,d\psi'$ ausdrücken.

$$r - r'' = \frac{L r \omega}{L \omega - 1}, \quad r' - r'' = \frac{L' r' \omega}{L \omega - 1}.$$

Daraus folgt übereinstimmend

$$r'' = \frac{r}{1 - L\omega} = \frac{1 + \omega}{1 - L\omega} r' = \frac{r r'(1 - \lambda)}{r' - \lambda r}.$$

Die Kurven k, k' werden hierbei von einem Punkt X beschrieben, der mit dem Hilfskreis p'' starr verbunden ist und von dessen Mittelpunkt O'' die Entfernung a besitzt. Der Kreis p'' dient somit als Hilfsrollkurve zur Erzeugung einer Zykloidenverzahnung nach dem Satz von Camus (Satz 12). Wird der Radius r'' dieses Hilfskreises vorgegeben, so ist die Rollgleitzahl bei bekannten Teilkreisradien durch

$$\lambda = \frac{r'(r - r'')}{r(r' - r'')}$$

bestimmt. Somit gilt der

Satz 33: *Sollen die Flanken zylindrischer Zahnräder mit fester Rollgleitzahl λ aufeinander rollen und gleiten, so müssen sie als Radlinien (Trochoiden) ausgebildet werden.*

Setzt man, wie dies in der Praxis bei der Zykloidenverzahnung geschieht, die Zahnradprofile jeweils aus einem Stück einer Epizykloide und einem Stück einer Hypozykloide zusammen, die an ihren gemeinsamen Spitzen berührend ineinander übergehen, so entspricht dies einem sprunghaften Wechsel der Rollgleitzahl an der Übergangsstelle. Diese Unstetigkeit der sonst festen Rollgleitzahl in Verbindung mit dem an dieser Stelle verschwindenden Krümmungshalbmesser der Profilkurven führt zu erhöhter Materialabnutzung der Zahnräder bei der Zykloidenverzahnung.

30. Geometrische Kennzeichnung der Rollgleitzahl

Wir lösen die Formeln (14) und (17) nach p bzw. p' auf und finden

$$p = x + \frac{i\dot{x}}{L\dot{\varphi}} = x + i\dot{x}\,\frac{1 - \lambda}{\lambda\dot{\varphi}},$$

$$p' = x' + \frac{i\dot{x}'}{L'\dot{\varphi}} = x' + i\dot{x}'\,\frac{1 - \lambda}{\dot{\varphi}}.$$

Es lassen sich also die beiden Polbahnen p, p' eines allgemeinen Bewegungsvorgangs aus zwei Hüllkurven k, k', die mit der Rollgleitzahl λ aufeinander rollen und gleiten, herleiten. Wir wollen hierin die Winkelgeschwindigkeit $\dot{\varphi}$ noch anders ausdrücken.

Die beiden Kurven k, k' mögen auf ihre Bogenlängen s bzw. s' bezogen werden und im gemeinsamen Berührungspunkt X eine Tangente besitzen, die mit den reellen Achsen der beiden Koordinatensysteme bzw. die Winkel χ und χ' einschließt. Da aber die beiden Bezugsysteme um den Winkel φ gegeneinander verdreht sind, gilt

$$\chi' = \chi + \varphi .$$

Durch Differentieren nach der Zeit t finden wir daraus

$$\frac{d\,\chi'}{ds'} \cdot \frac{ds'}{dt} = \frac{d\,\chi}{ds} \cdot \frac{ds}{dt} + \frac{d\,\varphi}{dt} .$$

Hierin kann d χ als Kontingenzwinkel von k, ebenso dχ' als Kontingenzwinkel von k' aufgefaßt werden. (Kontingenzwinkel = Winkel infinitesimal-benachbarter Kurventangenten.) Somit sind

$$\frac{d\,\chi}{ds} = \varkappa = \frac{1}{\varrho} \quad , \quad \frac{d\,\chi'}{ds'} = \varkappa' = \frac{1}{\varrho'}$$

die Krümmungen der Kurven k, k' im gemeinsamen Berührungspunkt X.

Berücksichtigen wir noch die aus dem Vorgang des Rollgleitens folgende Beziehung

$$\dot{s} = \frac{ds}{dt} = \lambda \cdot \frac{ds'}{dt} = \lambda \cdot \dot{s}' ,$$

so erhalten wir

$$\dot{\varphi} = \frac{d\,\varphi}{dt} = \frac{ds'}{dt} (\varkappa' - \lambda\,\varkappa) = \dot{s}' (\varkappa' - \lambda\,\varkappa) .$$

Wir setzen dies nun in die Darstellung der Polbahnen ein und finden schließlich wegen

$$\dot{x} = \frac{dx}{ds} \cdot \dot{s}\,, \quad \dot{x}' = \frac{dx'}{ds'} \cdot \dot{s}'$$

die beiden Formeln

$$\begin{aligned} p &= x + i \frac{1-\lambda}{\varkappa' - \varkappa\lambda} \cdot \frac{dx}{ds}\,, \\ p' &= x' + i \frac{1-\lambda}{\varkappa' - \varkappa\lambda} \cdot \frac{dx'}{ds'}\,. \end{aligned} \tag{81}$$

Daraus folgt

Satz 34: *Ein ebener zwangläufiger Bewegungsvorgang ist durch Vorgabe eines Hüllkurvenpaares k, k' und des Geschwindigkeitsverhältnisses (Rollgleitzahl)* $\lambda = \lambda(t)$ *bestimmt, mit dem der gemeinsame Berührungspunkt X der Kurven k, k' eben diese Kurven durchläuft. Die Polbahnen des Bewegungsvorgangs werden aus den Darstellungen von k, k' unter Verwendung der Krümmungen* $\varkappa$, $\varkappa'$ *dieser Kurven mittels* (81) *gefunden.*

Wegen

$$\left|\frac{dx}{ds}\right| = \left|\frac{dx'}{ds'}\right| = 1$$

(Ableitung nach der Bogenlänge führt zum Tangenteneinheitsvektor!) ergibt sich aus (81) für die Poldistanz ξ des Punktes X der Ausdruck

$$\xi = \overline{PX} = \frac{1-\lambda}{\varkappa' - \varkappa\lambda} = \frac{\varrho\varrho'(1-\lambda)}{\varrho - \lambda\varrho'}\,.$$

Durch Auflösen nach λ finden wir daraus

$$\lambda = \frac{\xi - \varrho'}{\xi - \varrho} : \frac{\varrho'}{\varrho}\,.$$

Dies kann nun als *Doppelverhältnis* von vier Punkten gedeutet werden, wenn wir folgende Abstände beachten (Fig. 45)

$$\xi - \varrho' = \overline{PY'}\,,\ \xi - \varrho = \overline{PY}\,,$$
$$\varrho' = \overline{XY'}\,,\ \varrho = \overline{XY}\,.$$

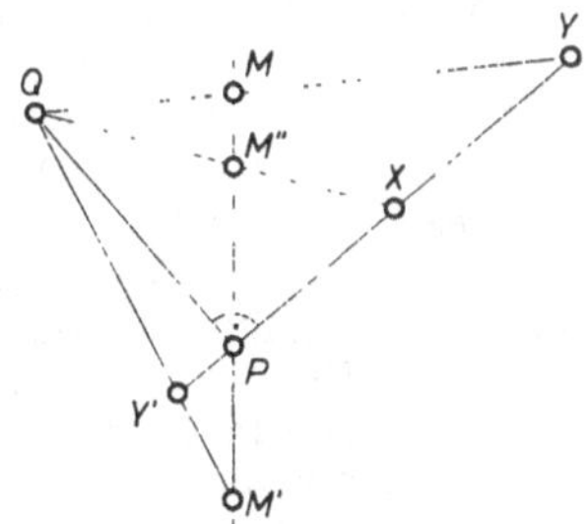

Fig. 45. Zur geometrischen Deutung der Rollgleitzahl

Es ist also

$$\lambda = \frac{\overline{PY'}}{\overline{PY}} : \frac{\overline{XY'}}{\overline{XY}} = (P X Y' Y).$$

Satz 35: *Die Rollgleitzahl λ kann als Doppelverhältnis der folgenden vier Punkte gedeutet werden: Drehpol P, Berührungspunkt X der Hüllkurven k, k', Krümmungsmittelpunkt Y' von k' und Krümmungsmittelpunkt Y von k im gemeinsamen Berührungspunkt X.*

Die Punkte Y, Y' entsprechen sich nach Satz 24 in der quadratischen Verwandtschaft von Kapitel 11. Sind noch die Krümmungsmitten M, M' der Polbahnen p, p' zum betrachteten Zeitpunkt t bekannt, so kann man die Konstruktion von Euler-Savary anwenden. Es schneiden sich hierbei die Verbindungslinien MY der Punkte M und Y sowie $M'Y'$ in einem Punkt Q, der auf der Normalen zum Polstrahl PX im Punkte P liegt.

Nun projiziert man noch (Fig. 45) den Punkt X aus Q in den Punkt M'' der Polbahnnormalen. Dann gilt, weil sich bei zentraler Projektion das Doppelverhältnis von vier Punkten nicht ändert,

$$\lambda = (P M'' M' M). \tag{82}$$

Daraus sieht man, daß der Punkt M'' *fest* ist, also nur von λ abhängt.

Nun können wir in unsere Fig. 45 noch in zweifacher Weise die Zeichenvorschrift der Regel von Euler-Savary hineinlegen:

1) MY und $M''X$ schneiden sich im Punkt Q der Normalen auf den Polstrahl PY. Da aber Y der Krümmungsmittelpunkt der Kurve k im Punkte X ist, folgt daraus, daß M'' Krümmungsmitte einer Polkurve p'' ist, die durch Rollung auf p ebenfalls die Kurve k erzeugt.

2) Ebenso schneiden sich $M'Y'$ und $M''X$ in Q. Daher ist M'' Krümmungsmittelpunkt von p'' und entsteht die Kurve

k' auch durch Rollen von p'' auf p'. Durch Vergleich mit Kapitel 9 ergibt sich somit der

Satz 36: *Der Punkt M'', für den das Doppelverhältnis* (82) *gilt, ist Krümmungsmittelpunkt jener Hilfspolkurve p'', durch deren Rollen auf den Polbahnen p, p' unseres Bewegungsvorgangs das Hüllkurvenpaar k, k' auch als Punktbahnen erzeugt werden kann.*

Mittels des Punktes M'' gewinnen wir auch einen *Überblick über die Lage der Krümmungsmitten zusammengehöriger Kurven k, k'*, die mit der gleichen Rollgleitzahl λ einander einhüllen: Werden die Krümmungsmitten Y, Y' eines Kurvenpaares k, k' gesucht, die sich im betrachteten Augenblick in einem willkürlich gewählten Punkt X berühren, so findet man im Schnitt von $M''X$ und der Polstrahlnormalen (normal zu PX in P) den Punkt Q. Durch Projektion von M und M' aus ihm ergeben sich unmittelbar auf dem Polstrahl PX die Krümmungsmittelpunkte Y, Y' von k, k'. Dies läßt sich auch zur konstruktiven Ermittlung von k und k' verwenden, wenn man die Polbahnen des Bewegungsvorganges gezeichnet vorliegen hat.

Aufgaben:

1) Wenn der Berührungspunkt X von k, k' auf der Polbahnnormalen liegt, versagt obige Konstruktion. Unter Verwendung des Projektionssatzes (Satz 16) konstruiere man zum Punkt X die Punkte Y, Y', wenn P, M, M' und λ, d. h. M'' bekannt sind.

2) Wir denken uns den Berührungspunkt X von k und k' in der Ebene **E** befestigt und bezeichnen den Krümmungsmittelpunkt seiner Bahnkurve beim Bewegungsvorgang **E**/**E**$'$ mit X'. Unter Verwendung der Euler-Savaryschen Formel beweise man den Zusammenhang folgender Doppelverhältnisse mit der Rollgleitzahl:

$$(PXX'Y) = \frac{\lambda}{1-\lambda} = \mathrm{L}, \quad (PXX'Y') = \frac{1}{1-\lambda} = \mathrm{L}'.$$

IX. Globale Eigenschaften und ihre Anwendungen

31. *Bewegungsvorgänge im Großen*

Bei unseren allgemeinen Überlegungen über zwangläufige Bewegungsvorgänge, also etwa bei der Untersuchung von Eigenschaften der Bahnkurven und Hüllbahnen hatten wir bisher nie den Bewegungsvorgang in seinem Gesamtverlauf, sondern immer nur einen Ausschnitt, ein kleines Stück, genauer die infinitesimale Umgebung einer herausgegriffenen Stelle ins Auge gefaßt. Die in den letzten Kapiteln behandelten Beispiele von Kreisrollungen (Trochoidenbewegungen) gestatten es aber, auch Bewegungsvorgänge in ihrer Gesamterstreckung, also *im Großen* zu überblicken. Auf einige solche bemerkenswerte Eigenschaften, die in letzter Zeit auch praktische Bedeutung erlangt haben, wollen wir nun kurz eingehen.

I) *Mehrfach beschriebene Bahnkurven*: Ein Bewegungsvorgang $\mathbf{B} = \mathbf{E}/\mathbf{E}'$ werde durch (1), also durch

$$x' = u'(t) + x e^{i\varphi(t)}$$

erklärt. Hierbei wollen wir voraussetzen: **B** sei so beschaffen und in den Ebenen **E**, **E'** seien die Achsenkreuze so wählbar, daß

a) die Funktion $u' = u'(t)$ *periodisch* mit der *Periode* T ist, $T > 0$ also die kleinste Zahl ist, für welche

$$u'(t + T) = u'(t)$$

gilt, und außerdem

b) der Drehwinkel φ *linear* von der Zeit t abhängt:

$$\varphi(t) = c_0 t + c_1 \quad (c_0, c_1 = \text{konst.})$$

Vermehrt man nun den Parameter t um T, so erhält man

$$x' = u'(t) + x_1 e^{i\varphi(t)} \text{ mit } x_1 = x e^{ic_0 T}.$$

Fügen wir allgemeiner zu t ein ganzzahliges Vielfaches von T, also kT hinzu, so ergibt sich (für k = ganze Zahl)

$$x' = u'(t) + x_k e^{i\varphi(t)} \text{ mit } x_k = x e^{ic_0 kT}.$$

Falls nun $c_0 T$ kein ganzzahliges Vielfaches von 2π ist, unser Bewegungsvorgang **B** selbst also nicht schon die Periode T besitzt, wird die Bahnkurve des Punktes X auch von weiteren Punkten der Gangebene **E** durchlaufen. Diese Punkte $X_1, X_2 \ldots X_k, \ldots$ gehen aus X durch Drehung um den Ursprung U mit ganzzahligen Vielfachen von $c_0 T$ als Drehwinkel hervor. Die Ecken $X = X_0, X_1, \ldots X_k, \ldots$ bilden also einen regelmäßigen Polygonzug.

Ist im besonderen c_0 ein *rationalzahliges Vielfaches* von $\frac{2\pi}{T}$, so fallen von einer gewissen Zahl $k = n \geqq 2$ an diese Eckpunkte mit schon betrachteten Punkten zusammen $(X_j = X_{j+n})$. Es gibt also in diesem Fall zu jedem Punkt X nur noch *endlich viele Punkte der Gangebene, die sich bei* **B** *auf der gleichen Bahnkurve bewegen. Jede Bahnkurve wird also mehrfach (endlich vielfach) beschrieben.* Der Bewegungsvorgang **B** ist nun periodisch mit der Periode $T' = nT$.

Für c_0 gleich einem *irrationalen Vielfachen von* $\frac{2\pi}{T}$ gelangen wir so zu *abzählbar unendlich vielen Punkten*, die in **E** einen unendlichen, sich nicht schließenden regelmäßigen Polygonzug bilden und bei **B** auf der *gleichen Bahnkurve* wandern.

Man kann diesen Sachverhalt auch so ausdrücken: *Der Bewegungsvorgang* **B** = **E**/**E**' *wird auch dadurch erzeugt, daß die Eckpunkte eines regelmäßigen Vielecks (regelmäßigen unendlichen Polygonzugs) von* **E** *auf der gleichen Kurve von* **E**' *geführt werden. Bei der Umkehrbewegung* **B**' *von* **B** *gleitet diese Kurve durch endlich viele (abzählbar unendlich viele) Stützpunkte hindurch.*

Die *Trochoidenbewegungen* liefern anschauliche Beispiele, für die wir nur

$$u' = u'(t) = (r' - r)e^{it}, \quad T = 2\pi$$

zu wählen haben. Nach (59), (60) rollt hierbei ein Kreis p vom Radius $r =$ konst. auf einem Kreis p' vom Radius $r' = (1 - c_0)r =$ konst. Die Fig. 46, 47 zeigen Epitrochoiden mit $c_0 = \frac{1}{3}$ bzw. $\frac{1}{4}$. Sie entstehen also durch Rollung von Kreisen mit dem Halbmesserverhältnis $r' : r = 2:3$ bzw. $3:4$. Im ersten Fall (zweibogige Epitrochoide) ist ein gleichseitiges Dreieck, im Fall der dreibogigen Epitrochoide ein Quadrat derart mit dem rollenden Kreis p starr verbunden, daß sämtliche Eckpunkte jeweils auf der betreffenden Radlinie laufen.

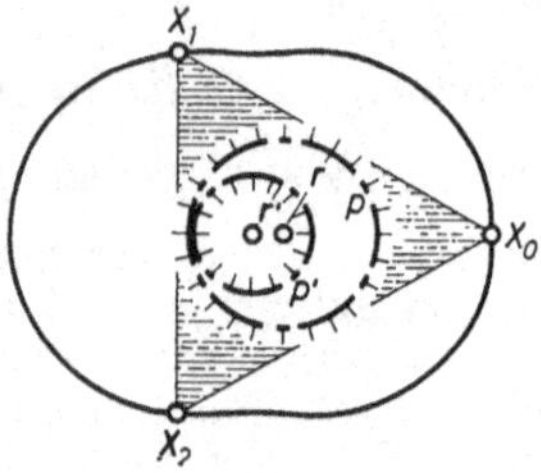

Fig. 46. Von drei Punkten beschriebene zweibogige Epitrochoide

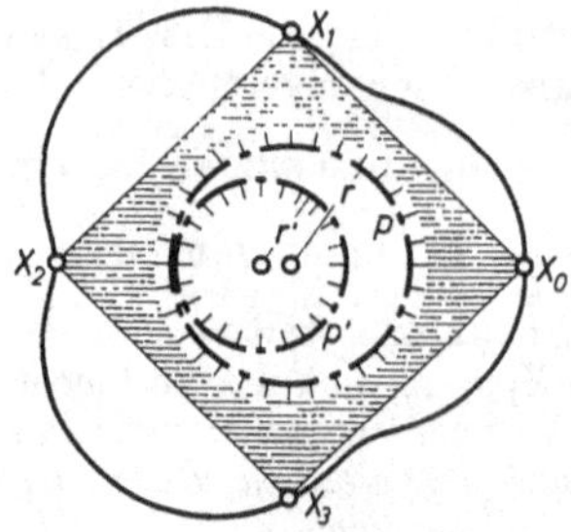

Fig. 47. Von vier Punkten beschriebene dreibogige Epitrochoide

II) *Vorgabe der Rastpolbahn und einer Bahnkurve*: Wir ziehen Formeln der ersten Kapitel heran und werfen die Frage auf, wie weit ein Bewegungsvorgang **B** bestimmt ist, wenn in der Rastebene **E**′ die Rastpolkurve p' und die Bahnkurve x′ eines Punktes X von **E** vorgegeben wird.

Sind zusammengehörige Punkte von p' und x' *bereits durch gleiche Parameterwerte* t *aufeinander bezogen*, d. h. liegen die Parameterdarstellungen

$$\mathrm{p}' = \mathrm{p}'(\mathrm{t}), \ \mathrm{x}' = \mathrm{x}'(\mathrm{t})$$

vor, so liefert (9) die Winkelgeschwindigkeit

$$\dot{\varphi} = \frac{\mathrm{i}\dot{\mathrm{x}}'}{\mathrm{p}' - \mathrm{x}'}, \tag{83}$$

woraus sich für den Drehwinkel ergibt

$$\varphi = \mathrm{i} \int \frac{\dot{\mathrm{x}}' \, \mathrm{dt}}{\mathrm{p}' - \mathrm{x}'}. \tag{84}$$

Beachten wir die Darstellung des Vektors $\overrightarrow{XP}$ in beiden Koordinatensystemen, bilden wir also

$$\mathrm{p}' - \mathrm{x}' = (\mathrm{p} - \mathrm{x})\, e^{\mathrm{i}\varphi},$$

so finden wir für die Gangpolbahn p die Darstellung

$$\mathrm{p} = \mathrm{x} + (\mathrm{p}' - \mathrm{x}')\, e^{-\mathrm{i}\varphi}.$$

Die Festlegung des Achsenkreuzes in der Gangebene **E** erfolgt durch freie Wahl von $x =$ konst. und der Integrationskonstanten in (84). Mit (1) ist ferner

$$u' = x' - x e^{i\varphi}$$

und somit *unser Bewegungsvorgang* **B** *durch Vorgabe der Rastpolkurve p' und einer Bahnkurve x' im wesentlichen eindeutig bestimmt.*

Die schon erwähnte Zuordnung der Punkte von p' und x' durch gleiche Parameterwerte t ist hierbei nach Voraussetzung gemäß Satz 3 und 4 so erfolgt, daß die Bahnnormale durch den augenblicklichen Drehpol geht, d.h. obiger Ausdruck (83) für $\dot{\varphi}$ reell ausfällt. Dies ist gleichbedeutend damit, daß $\dot{\varphi}$ zu sich selbst konjugiert ist oder

$$\boxed{\dot{x}'(\bar{p}' - \bar{x}') + \dot{\bar{x}}'(p' - x') = 0} \tag{85}$$

gilt.

Nun seien die Kurven p' und x' ganz *beliebig* in **E**′ vorgegeben. Wir erfassen sie durch Darstellungen

$$p' = p'(s), \quad x' = x'(t),$$

in denen s und t als Parameter fungieren, zusammengehörige Punkte i. a. jedoch nicht mehr durch gleiche Parameterwerte $s = t$ gekennzeichnet sind. Solche Punkte und damit die zugehörigen Werte von s und t sind vielmehr durch die Gleichung (85) miteinander verbunden, in die wir zu diesem Zweck die Parameterdarstellungen von p' und x' einzusetzen haben. Hierbei kann es sehr gut möglich sein, daß die so erhaltene Beziehung zwischen s und t *reduzibel* ist, wir also zu *mehreren* (endlich oder unendlich vielen) *verschiedenen Faktoren* gelangen, die wir einzeln Null setzen können:

$$F_1(s, t) = 0, \quad F_2(s, t) = 0, \ldots .$$

Es gibt dann i. a. auch *verschiedene Gangpolbahnen* und damit *Bewegungsvorgänge*, für welche die vorgegebene Kurve p' tatsächlich die Rastpolbahn und die Kurve x' Bahnkurve ist.

Dies leuchtet auch geometrisch unmittelbar ein: Die Rastpolbahn p' wird jeweils von der Kurvennormalen (Polstrahl) von x' in mehreren Punkten geschnitten, die einzeln als Drehpole dienen und jeweils zu einem Bewegungsvorgang Anlaß geben.

Die doppelte Erzeugbarkeit der *gespitzten Radlinien* (Zykloiden) ist hierfür ein einfaches Beispiel (vgl. Kap. 22 und Fig. 38). Wir gehen vom Kreis

$$p' = r' e^{is}$$

als Rastpolbahn und der Radlinie

$$x' = (r' - r) e^{it} + r e^{ict}$$

mit

$$1 : c = r : (r - r')$$

als Bahnkurve aus. Wie man sich leicht überzeugt, nimmt (85) die Gestalt

$$(e^{is} - e^{it})(e^{is} - e^{ict}) = 0$$

an. Im ersten Fall, in dem wir $s = t$ setzen können, ergibt sich $\dot{\varphi}(t) = c$ und bei geeigneter Wahl des Gangkreuzes in **E**

$$\varphi = ct, \quad x = r, \quad p = r e^{i(1-c)t}.$$

Im zweiten Fall führen wir $s = ct$ ein. Damit erhalten wir $\dot{\varphi}(t) = 1$ und nach geeigneter Verfügung über die freien Konstanten

$$\varphi = t, \quad x = r' - r, \quad p = (r' - r)\, e^{i(c-1)t}.$$

Die beiden möglichen Gangpolbahnen sind also in Übereinstimmung mit Kap. 22 Kreise vom Halbmesser r bzw. $r' - r$, die auf der vorgegebenen Rastpolbahn (Kreis vom Radius r') rollen und die vorgegebene Radlinie als Bahnkurve erzeugen.

III) Mehrere Hüllbahnkomponenten: In der Gangebene **E** sei eine Kurve k befestigt; sie werde mit Hilfe eines reellen Parameters s durch $x = x(s)$ beschrieben. Wir betrachten nun die *Gesamthüllkurve* k' bei einem zwangläufigen Bewegungsvorgang **B**. In einem Punkt X stehen nach Satz 9 die Kurven k, k' in Berührung, wenn die in X gemeinsame Kurvennormale durch den augenblicklichen Drehpol P von **B** geht. Zum Zeitpunkt t kann es nun auf k einen oder auch mehrere solche Punkte X geben, die durch P ihre Kurvennormalen als Polstrahlen senden und zu einer *gleichzeitigen mehrfachen Berührung von k und k'* oder auch zu einer *Aufspaltung von k' in einzelne Zweige* Anlaß geben. Bei konstruktivem Vorgehen haben wir also jeweils aus P an die Evolute von k die möglichen Tangenten zu legen, um auf k diese Berührungspunkte mit k' zu finden. Ähnlich wie bei Herleitung von (85) gelangen wir im Koordinatensystem der Gangebene zur Bedingung

$$\boxed{\dot{x}(\bar{p} - \bar{x}) + \dot{\bar{x}}(p - x) = 0} \tag{86}$$

als Ausdruck dafür, daß $i\dot{x}$ (Kurvennormale) und $p - x$ (Polstrahl) gleich gerichtet sind. Hierbei ist für x obige Darstellung $x = x(s)$ der Kurve k einzuführen, während $p = p(t)$ sich für unseren Bewegungsvorgang **B** etwa nach (8) oder (24) berechnen läßt. Damit ist wiederum eine Bindung zwischen zusammengehörigen Parameterwerten s, t gegeben, die in einzelne Faktoren $F_j(s, t)$ zerfallen kann. Durch deren Nullsetzen können wir auf unabhängige Hüllbahnkomponenten geführt werden, die in ihrer Gesamtheit die Hüllbahn k' von k ausmachen. Für diese einzelnen Zweige von k' erhalten wir in

$$x' = u'(t) + x(s)\, e^{i\varphi(t)} \quad \text{mit} \quad F_j(s, t) = 0$$

eine Parameterdarstellung.

Eingedenk des Prinzips von Camus können wir mit der in II) angedeuteten Methode zur Kurve k und der Gangpolbahn p in **E** eine bzw. mehrere Hilfspolbahnen p''_j ermitteln, durch deren Rollen auf p die Ausgangskurve k als Punktbahn erzeugt wird. Hierbei tritt (86) an die Stelle von (85). In **E'** führen dann die Rollvorgänge dieser Kurven p''_j auf p' zu den einzelnen Zweigen von k'.

Ein interessantes und keineswegs triviales Beispiel, das bereits die mit diesen Fragen vielfach verbundenen Schwierigkeiten aufzeigt, geht auf M. Fréchet zurück. Er entdeckte 1902, daß sich eine *Ellipse in einer dreispitzigen Hypozykloide* (Steiner*sche Zy-*

kloide) bei dreipunktiger Berührung stetig umwenden läßt (Fig. 48). In der Gangebene E liege eine Ellipse k vor, die selbst durch das Rollen eines Kreises p'' vom Radius $r'' = a$ auf einem Kreis p mit dem Radius $r = 2a$ erzeugt werden kann:

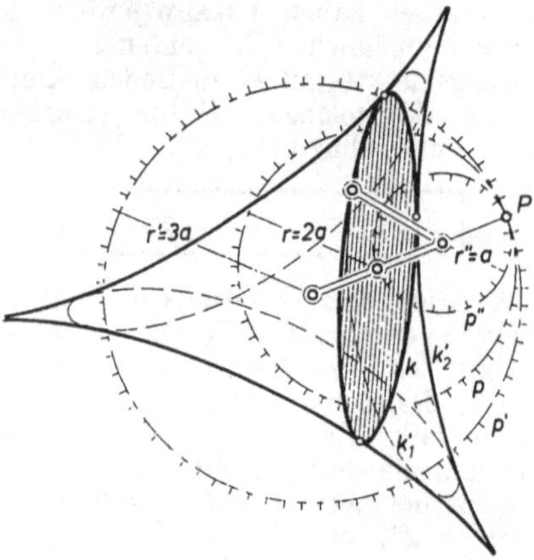

Fig. 48. In einer Steinerschen Zykloide umwendbare Ellipse

$$x = a e^{is} + b e^{-is}.$$

Diese Ellipse k werde nun einer Trochoidenbewegung unterworfen, bei der p auf einem Kreis p' vom Halbmesser $r' = 3a$ rollt:

$$x' = a e^{2it} + x e^{-it}.$$

Es ist also in unserer früheren Bezeichnungsweise

$$\varphi(t) = -t, \quad u'(t) = a e^{2it}, \quad u(t) = -a e^{3it}.$$

Damit finden wir für p aus (8) die Darstellung

$$p = 2a e^{3it}.$$

Die Bedingung (86) kann in die Form

$$(e^{is} - e^{3it})\,[a e^{is}(e^{is} + e^{3it}) - b\,(1 + e^{3i(s+t)})] = 0$$

gebracht werden.

Der erste Faktor führt mit $s = 3t$ auf die Hüllbahnkomponente k'_1 mit

$$x' = 2ae^{2it} + be^{-4it},$$

die nach Camus durch Rollung von p'' auf p' entsteht und eine verschlungene Trochoide in Fig. 48 darstellt.

Durch das Verschwinden des zweiten Faktors (eckige Klammer) wird die restliche Hüllkurve k'_2 unserer bewegten Ellipse gekennzeichnet. Durch Auflösen nach e^{it} gelangt man leicht zu einer (nicht rationalen) Parameterdarstellung von k'_2 mit s als Parameter, die etwa zu einer punktweisen Berechnung oder dgl. dienen kann, jedoch den Nachteil hat, nichts über die Natur der Kurve auszusagen. Mit W. Wunderlich, der das Ergebnis von Fréchet verallgemeinerte und aus Radlinien gebildete Gleitkurvenpaare untersuchte, kann man den Nachweis, daß k'_2 eine dreispitzige Zykloide ist, so führen, daß man die Evolute von k'_2 als Zykloide nachweist, in deren Evolventenschar es eine einzige Zykloide gibt, die sich mit k'_2 deckt[1]).

IV) Einhüllende einer Punktbahn in der Gangebene: Ein zwangläufiger Bewegungsvorgang **B** werde wiederum durch (1) erfaßt. Ein Punkt X der Gangebene **E** beschreibt dann in der Rastebene **E**′ eine Bahnkurve x'. Bei der Umkehrbewegung **B**′, also für einen auf **E** befindlichen Beobachter geht nun diese Kurve x' ständig durch den *Stützpunkt* X hindurch (Kap. 4). Betrachten wir den Bewegungsvorgang im Großen, so stellen wir in vielen Fällen fest, daß diese Kurve *außerdem noch in* **E** *eine Einhüllende* besitzt, die aus einem oder mehreren Zweigen besteht und der nun unser Interesse gilt.

In **E**′ wird die Bahn von X durch

$$x' = x'(s) = u'(s) + xe^{i\varphi(s)} \qquad (x = \text{konst.}),$$

die zugehörige Bahntangente nach (9) durch

$$\dot{x}'(s) = \frac{dx'}{ds} = i\,\dot{\varphi}(s)\,[x'(s) - p'(s)]$$

beschrieben.

---

[1]) W. Wunderlich, Über Gleitkurvenpaare aus Radlinien, Math. Nachr. *20* (1959) 373—380.

Diese in **E**′ liegende Kurve wird nun bei **B**′ mitgenommen, ihre *Gesamthüllkurve* in **E** kann, wie in (III) ausgeführt, ermittelt werden. Wir müssen hierzu nur die Vertauschung von Rast- und Gangebene, also von gestrichenen und ungestrichenen Größen beachten. An die Stelle von (86) tritt dann formal die frühere Beziehung (85), in die wir nur für $\dot{x}'$ die Größe $\dot{x}'(s)$ einzusetzen haben. Wir gelangen so zur Berührungsbedingung

$$[x'(s) - p'(s)][\bar{x}'(s) - \bar{p}'(t)] - [\bar{x}'(s) - \bar{p}'(s)][x'(s) - p'(t)] = 0,$$

in die noch obiger Ausdruck für $x'(s)$ einzutragen ist. Durch diese Bedingung, die sich in verschiedener Gestalt, wie etwa

$$(87) \quad [x - p(s)][\bar{p}'(s) - \bar{p}'(t)]e^{i\varphi(s)} - [\bar{x} - \bar{p}(s)][p'(s) - p'(t)]e^{-i\varphi(s)} = 0$$

schreiben läßt, können nun im Einzelfalle zusammengehörige Werte von s und t in mehrfacher Weise gekoppelt sein. Jeder Faktor $F_j(s, t)$ entspricht dann einer *Teilhüllkurve*, die wegen (10) durch

$$X = u(t) + x'(s) \cdot e^{-i\varphi(t)}$$

oder

$$X = [u'(s) - u'(t) + xe^{i\varphi(s)}]e^{-i\varphi(t)}$$

mit

$$F_j(s, t) = 0$$

erfaßt werden kann. Im besonderen werden wir für $s = t$ auf den Stützpunkt X geführt.

Als Beispiel wollen wir wieder die *Trochoidenbewegungen* heranziehen. Mit

$$u'(t) = (r' - r)e^{it}, \quad \varphi(t) = ct, \quad r' = r(1 - c)$$

finden wir

$$p(t) = re^{i(1-c)t}, \quad p'(t) = r' e^{it}.$$

Aus (87) ergibt sich nach wenigen Umformungen

$$(e^{is} - e^{it})\,[xe^{ics} - re^{is} + (\bar{x}e^{i(1-c)s} - r)\,e^{it}] = 0.$$

Für die derart miteinander verknüpften Werte von s und t hat die Hüllkurve selbst die Darstellung

$$X = (r' - r)(e^{is} - e^{it})e^{-ict} + xe^{ic(s-t)}.$$

Das Verschwinden des ersten Faktors in obiger Bedingung gibt zu

$$s = t + 2k\pi \ (k = \text{ganz})$$

Anlaß und führt auf die schon unter (I) betrachteten *Stützpunkte* $X = X_0, X_1, \ldots X_k \ldots$.

Zum zweiten Klammerfaktor gehört die *eigentliche Hüllkurve* von x', die im besonderen für Werte s mit

$$r - x e^{i(c-1)s} = \bar{x} e^{i(1-c)s} - r$$

doppelt durch die Stützpunkte X_j *hindurchgeht.* Näheres über die Natur dieser Hüllkurven dürfte nicht bekannt sein, obwohl sie technische Bedeutung erlangt haben und mit den Methoden von Kap. 6 leicht zu konstruieren sind[1]). Dies kann gleich in Verbindung mit der punktweisen Konstruktion der Trochoide geschehen (Fig. 49). Die Gangebene **E** werde in ihrer Ausgangslage $\mathbf{E}_0$ ge-

Fig. 49. Konstruktion der Trochoidenhüllbahn

wählt, zu diesem Zeitpunkt ist P_0 Drehpol. Der Punkt X_0 beschreibe die Radlinie. Durch Übertragung der Poldistanz $\overline{PX} = \overline{P'X'}$ und des Winkels $\sphericalangle\, OPX_0 = \sphericalangle\, O'P'X'$ zwischen Polstrahl und Berührungsradius in entsprechenden Punkten P, P' der Polkreise (Übereinstimmung der Bogenlängen $\widehat{P_0P} = \widehat{P_0P'}$) finden wir in $\mathbf{E}'$ den Trochoidenpunkt X'. Seine Bahnnormale trifft p' noch im Punkt $\overline{P}'$, dem in $\mathbf{E}_0$ auf p_0 der Punkt $\overline{P}$ entspricht ($\widehat{P_0\overline{P}} = \widehat{P_0\overline{P}'}$). Führen wir nun die Übertragung in um-

[1]) Vgl. hierzu auch J. Hoschek, Über Gleitkurven von Radlinien zweiter Stufe, Math. Nachr. Jahrg. 1963 (im Erscheinen).

gekehrter Richtung durch, machen wir also $\overline{\overline{P'}X'} = \overline{\bar{P}X}$, $\sphericalangle\, O'\overline{P'}X' = \sphericalangle\, O\bar{P}X$, so gelangen wir zum Punkt X der Hüllkurve. — Tritt im besonderen der Fall ein, daß die Pole P' und $\overline{P'}$ in einen Punkt $P^{*\prime}$ der Trochoidennormalen zusammenrücken, so fällt X gerade in den Stützpunkt X_0. Der zugehörige Punkt P^*

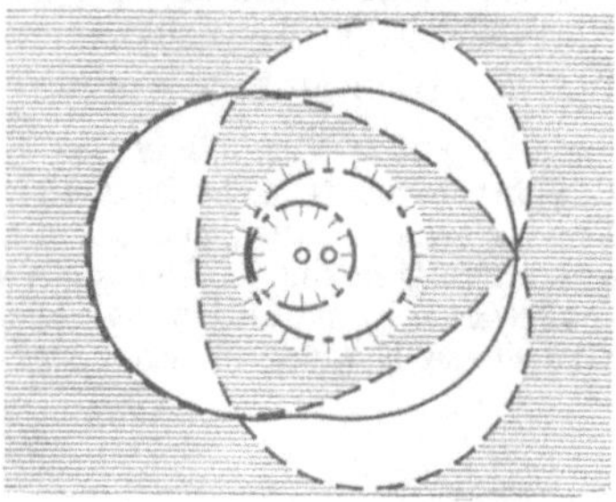

Fig. 50. Hüllbahn der zweibogigen Epitrochoide

auf p_0 wird hierfür als Berührungspunkt einer Tangente aus X_0 an p_0 gefunden. — Auf diese Weise wurde in den Fig. 50, 51 die Hüllbahn der zweibogigen bzw. dreibogigen Epitrochoide von Fig. 46, 47 ermittelt. Auch auf allgemeine Bewegungsvorgänge, über deren Polkurven man graphisch verfügen kann, ist dieses konstruktive Verfahren anwendbar.

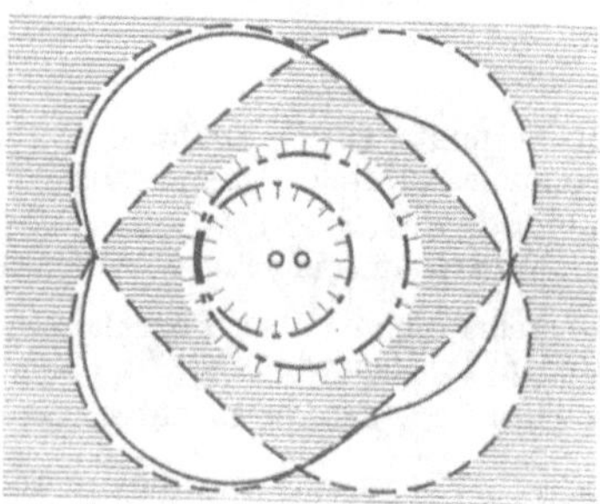

Fig. 51. Hüllbahn der dreibogigen Epitrochoide

Geometrische Betrachtungen im Großen bedingen naturgemäß größere Schwierigkeiten als Untersuchungen im Kleinen. Bei der Faktorzerlegung und Auflösung komplizierter Gleichungen treten vorwiegend algebraische Probleme auf. Die numerisch nutzbaren Parameterdarstellungen geben noch keinen Aufschluß über den geometrischen Charakter der untersuchten Kurven. Allgemeine Aussagen erscheinen kaum möglich. Man muß vielmehr trachten, in gesonderter Behandlung jedes einzelnen Beispiels aller Schwierigkeiten Herr zu werden.

Aufgabe:

Man konstruiere in Erzänzung von Fig. 49 in entsprechenden Punkten X', X die Krümmungskreise der Radlinie bzw. ihrer Hüllbahn. Man zeige im besonderen, daß zu X^* und X_0 die Punkte $P^{*\prime}$ bzw. P^* als Krümmungsmitten gehören!

32. *Rotationskolbenmaschinen*

Die vorangehenden Untersuchungen zur Kinematik im Großen erlangten in jüngster Zeit Bedeutung bei der Entwicklung der *Rotationskolben-* oder *Trochoidenmaschinen*, auf deren geometrische Aspekte wir kurz eingehen wollen[1]).

Bei dem von F. Wankel in Zusammenarbeit mit den NSU-Werken entwickelten *Kreiskolbenmotor* befindet sich im Innern eines wasser- oder luftgekühlten *Gehäuses* ein zylinderförmiger Hohlraum, der durch ebene Stirnwände beiderseits abgeschlossen ist (Fig. 52). Der Querschnitt dieses Zylinders ist eine überschneidungsfreie zweibogige Epitrochoide wie in Fig. 46. In diesem Hohlraum bewegt sich ein ebenfalls zylindrisch geformter *Läufer*, dessen Querschnitt von drei Kurvenbögen gebildet wird. Die drei Anliegepunkte X_0, X_1, X_2 bilden hierbei ein gleichseitiges Dreieck und bewegen sich auf der Trochoide; an den entsprechenden Stellen des Läufers sind Dichtleisten angebracht, die die einzelnen sichelförmigen Arbeitsräume des Motors gegeneinander abgrenzen. Das größt-mögliche Profil des Läufers wird vom

[1]) Vgl. hierzu O. Baier, Die Kinematik der Drehkolben- und Kreiskolbenmaschinen und ihre Fertigungsmöglichkeiten. VDI-Berichte *45* (1960) 31—37.

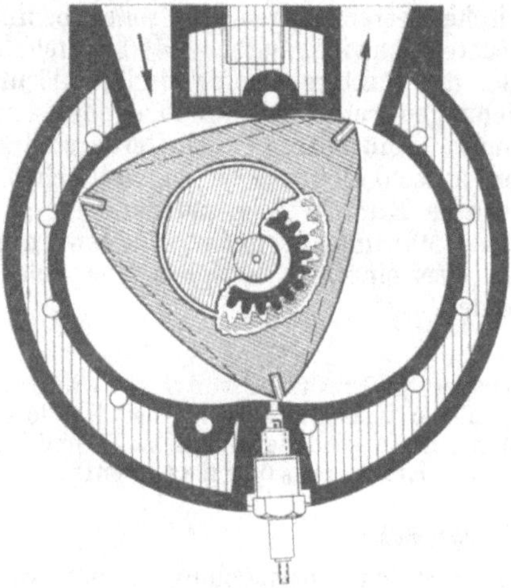

Fig. 52. NSU — Wankel-Motor

inneren Teilstück der in Fig. 50 betrachteten Trochoidenhülle gebildet. Man nimmt nur eine geringfügige Abweichung von dieser inneren Hüllkurve vor, läßt jedoch in die zylindrischen Wandungen des Läufers muldenförmige Vertiefungen ein, um im Brennraum ein günstiges Verdichtungsverhältnis zu erzielen. Die am Gehäuse angebrachten Einlaß- und Auslaßkanäle werden von den Läuferkanten gesteuert und bewirken im Verein mit der gegenüberliegend eingefügten Zündkerze, daß in den drei Kammern zwischen Läufer und Gehäuse, die periodischen Volumsänderungen unterworfen werden, Viertaktprozesse sich abspielen, ähnlich wie in einem Dreizylinder-Viertakt-Otto-Motor mit Hubkolben.

Geometrisch ist die Trochoidenbewegung des Läufers gegenüber dem Gehäuse bereits durch die gleitende Führung der Dichtleisten längs der inneren Gehäusewand, aber auch durch das Rollgleiten der beiden Hüllflächen (bei Verwendung der inneren Trochoidenhüllkurve als Läuferprofil) bestimmt. Um einerseits eine rasche Abnutzung der gleitenden Teile zu vermeiden und andererseits den Expansionsvorgang im Verbrennungsraum unmittelbar in eine rotierende Bewegung umzuwandeln, ist noch folgender Mechanismus eingefügt: Für die Bewegung des Läufers gegenüber dem Gehäuse fungieren zwei Kreise (Teilkreise), deren Radien sich wie 2:3 verhalten, als Polkurven. An ihre Stelle werden zwei Zahnräder gesetzt (Verhältnis der Zahnzahlen ebenfalls 2:3). Das größere Zahnrad wird als Innenverzahnung am Läufer um dessen Mitte ausgebildet. Das kleinere Zahnrad (Ritzel) wird konzentrisch mit der Gehäuseachse an einer Stirnwand fest angebracht. Als dritter beweglicher Bestandteil des NSU-Wankel-Motors wird die Gehäuseachse nun als *Welle* ausgebildet und in den Stirnwänden des Gehäuses gelagert. Mit der Motorwelle ist eine *Exzenterscheibe* starr verbunden. Ihre Lauffläche im Dreieckläufer ist in Fig. 52 durch zwei eng beieinander liegende konzentrische Kreise angedeutet. Exzenterachse und Läuferachse decken sich.

Man spricht von einem *Drehkolbenmotor*, wenn Außen- und Innenkörper, also Gehäuse und Dreieckläufer sich bewegen, und zwar reine Drehungen um ihre parallelen Achsen ausführen, die ortsfest gelagert sind. Auch *Kompressoren* wurden mit Erfolg nach diesem Prinzip von den NSU-Werken gebaut. Bei einem Kreiskolbenkompressor von Borsig wurde als Läuferprofil unsere zweibogige Epitrochoide gewählt, während der Gehäusewandung die Gestalt des äußeren Teiles der Trochoidenhülle von Fig. 50 gegeben wurde.

Aus der Vielfalt der Möglichkeiten, Radlinien und ihre Hüllkurven zur Gestaltung von Gehäuse- und Läuferprofilen heranzuziehen, scheint sich das Übersetzungsverhältnis 2:3 als am zweckmäßigsten erwiesen zu haben; die Hauptschwierigkeit bei der Erlangung eines betriebsreifen Rotationskolbenmotors lag wohl in der Aufgabe, einwandfreie Abdichtungen der Arbeitsräume zu erzielen.

X. Gelenkwerke

33. Kinematische Ketten und Gelenkwerke

Bei einer *n-gliedrigen ebenen kinematischen Kette* sind n Ebenen, die als *Glieder* der Kette bezeichnet und durch ebene Figuren (Strecken, Polygone usf.) dargestellt werden, beweglich so miteinander verbunden, daß ihre freie Beweglichkeit gegeneinander eingeschränkt wird. Man spricht von einer *Zwanglaufkette*, wenn je zwei Glieder der Kette einparametrige Bewegungsvorgänge gegeneinander vollführen. Eine Kette heißt *geschlossen*, wenn jedes Glied mit wenigstens zwei anderen Gliedern verbunden ist; andernfalls nennt man die Kette *offen*. Bei einer *einfachen* Kette steht jedes Glied mit höchstens zwei anderen in Verbindung, für eine *zusammengesetzte* Kette trifft dies nicht zu.

Wird ein Glied, das *Grundglied* oder *Gestell* einer mehrgliedrigen Zwanglaufkette festgehalten, so entsteht ein *Mechanismus* (im engeren Sinn). Er wird zum *Getriebe*, wenn die Bewegung eines Gliedes (des *Antriebsgliedes*), die Bewegung der übrigen Glieder hervorruft.

Eine *ebene Gelenkkette* oder auch ein *ebenes Gelenkwerk* liegt vor, wenn miteinander verbundene Ebenenpaare ausnahmslos nur um je einen Punkt drehbar sind, was durch Gelenke oder Scharniere (mit Achsen senkrecht zur gemeinsamen Ebene) verwirklicht werden kann. Das einfachste Beispiel einer geschlossenen, ebenen Gelenkkette ist das *ebene Gelenkviereck* (vgl. Kap. 5/E).

In einem *n-gliedrigen Gelenkwerk* sei die Verbindung der einzelnen Glieder durch *g einfache Gelenke* hergestellt, in denen also jeweils nur zwei Ebenen drehbar miteinander verbunden sind. Da die Bewegung einer Ebene gegen eine andere, also die Bewegung einer starren ebenen Figur in ihrer Ebene von drei *Freiheitsgraden* (Parametern) abhängt, würden bei völlig freier Beweglichkeit der einzelnen Glieder dem n-gliedrigen Gelenkwerk 3n Freiheitsgrade zukommen. Jedes Gelenk bewirkt aber das dauernde Zusammenfallen eines gewissen Punktes des einen Gliedes mit einem bestimmten Punkt des anderen. Somit stimmen also die diesen Punkt festlegenden (zwei reellen) Koordinaten ständig überein und wird die gegenseitige freie Beweglichkeit eines Gliederpaares mit drei Freiheitsgraden auf die Drehung um einen Punkt mit nur einem Freiheitsgrad herabgesetzt. Ein gewöhnliches Gelenk vermindert somit die Zahl der Freiheitsgrade um 2. Da g Gelenke auftreten, ist

$$\boxed{x = 3n - 2g} \tag{88}$$

die *Zahl der Freiheitsgrade* unseres *Gelenkwerkes* für dessen *Beweglichkeit als Ganzes.* Durch Festhalten eines Gliedes wird dessen freie Beweglichkeit beseitigt und x noch um 3 vermindert. Der entstehende *Mechanismus* hat somit

$$\boxed{x_r = 3(n-1) - 2g} \tag{89}$$

Freiheitsgrade (Zahl der Freiheitsgrade der Relativbewegung der Glieder des Gelenkwerkes).

Ein *mehrfaches Gelenk,* in dem p Glieder einer Kette miteinander verbunden sind, kann in $(p-1)$ übereinanderliegende einfache Gelenke zerlegt werden. Die Formeln (88) und (89) sind somit dahin abzuändern, daß wir den Ausdruck 2g durch

$$\Sigma\, 2(p_j - 1)\, g_j = \Sigma\, q_j g_j$$

ersetzen und die Summe über alle Gelenke erstrecken. Hierbei mögen g_j Verbindungen der Vielfachheit $q_j = 2(p_j - 1)$ des Zwanges auftreten.

Im allgemeinen gelten diese Formeln auch, wenn statt einzelner Gelenke *gekrümmte oder gerade Schieber* in einer Kette vorkommen. Solche Verbindungen zweier Kettenglieder entstehen durch Gleiten eines Kreisbogens oder einer Geraden in einer gleichgeformten Hülse und können als Gelenke mit einem im Endlichen bzw. im Unendlichen gelegenen Drehpunkt aufgefaßt werden.

Für $x = 3$, $x_r = 0$ ist unsere Kette *starr.* Zwanglauf tritt für $x = 4$, $x_r = 1$ ein. M. Grübler gab 1883 dieser *Zwanglaufbedingung* die Form

$$2g - 3n + 4 = 0.$$

Fig. 53 zeigt den Mechanismus von O. Mohr mit kreuzenden Stäben. Es ist $n = 10$, $g_1 = 9$, $g_2 = 2$, $q_1 = 2$, $q_2 = 4$ und somit $x = 4$, $x_r = 1$.

Bei Anwendung der Formeln (88), (89) ist ihre beschränkte Gültigkeit zu beachten. Sie wurden durch Abzählen der Parameter und der zwischen ihnen bestehenden Bedingungen gefunden, gelten also nur bei deren Unabhängigkeit. Sie versagen jedoch bei Gelenkwerken mit besonderen Abmessungen oder Verbindungen der Kettenglieder, falls dadurch gewisse Abhängigkeiten zwischen den Bedingungsgleichungen der Parameter zum Ausdruck kommen. Ein einfaches Beispiel für einen solchen *übergeschlossenen* Mechanismus erhalten wir durch Einfügen eines parallelen Zwischengliedes *EF* in ein Gelenkparallelogramm *ABCD*, dessen Beweglichkeit mit einem Freiheitsgrad dadurch nicht gestört wird (Fig. 54).

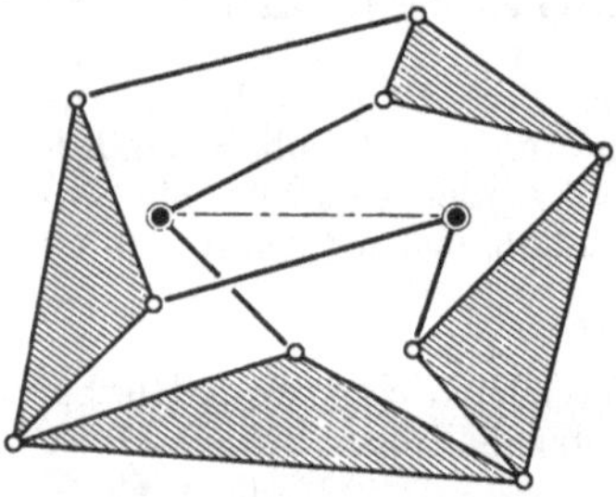

Fig. 53. Mechanismus von O. Mohr

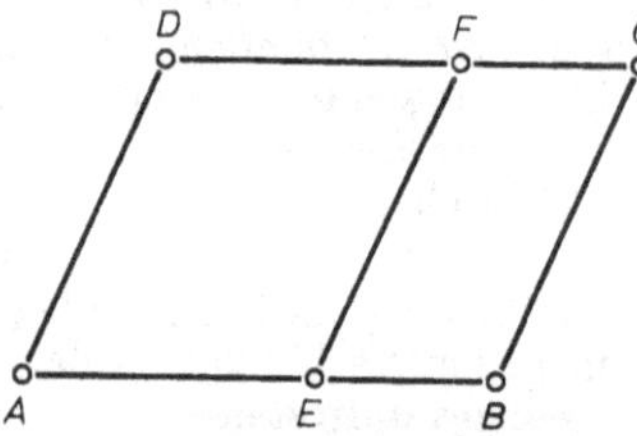

Fig. 54. Übergeschlossenes Gelenkparallelogramm

Nicht anwendbar sind unsere Formeln auch auf eine *Schiebkette* (*Schubkette*), bei der alle Glieder durch *gerade Schieber* miteinander verbunden sind und daher nur Schiebvorgänge als Bewegungen auftreten können. Da eine Schiebung in einer Ebene nur von zwei Parametern, nämlich den zwei Koordinaten des Schiebungsvektors abhängt, würden wir bei freier Beweglichkeit einer n-gliedrigen Schiebkette 2n Freiheitsgrade erhalten. Ein gerader Schieber bedingt nun als Verbindung zweier Kettenglieder das Zusammenfallen zweier paralleler Geraden und bewirkt eine Verminderung der Zahl der Freiheitsgrade um 1. Somit ist

$x = 2n - s$,	$x_r = 2(n - 1) - s$,

falls unsere Kette s einfache Schieber aufweist. Diese Formeln liefern die Zahl der Freiheitsgrade unserer Kette hinsichtlich Schiebungen (und nicht, wie früher, hinsichtlich Bewegungen)! Für $x = 2$ kann die Kette also nur starr verschoben werden, für $x = 3$ liegt außerdem noch eine einparametrige Schiebmöglichkeit der Kette in sich vor, usf. In Fig. 55 ist eine Schiebkette von diesem Typus gezeigt: $n = 4$, $s = 5$, $x = 3$.

Aufgabe:

Wie sind die Formeln für Schiebketten abzuändern, wenn parallele Schieber vorliegen, die den mehrfachen Gelenken von früher entsprechen?

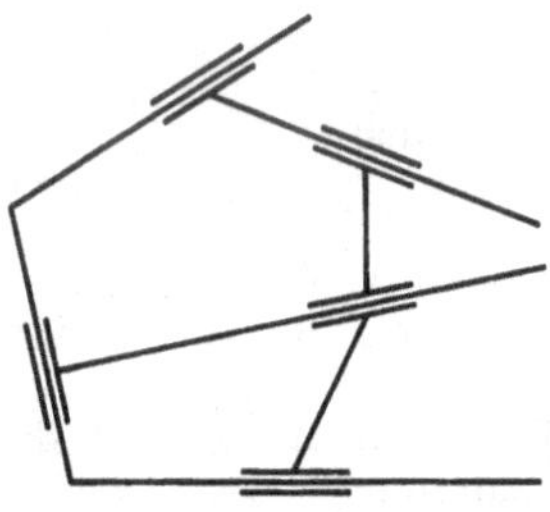

Fig. 55. Schiebkette

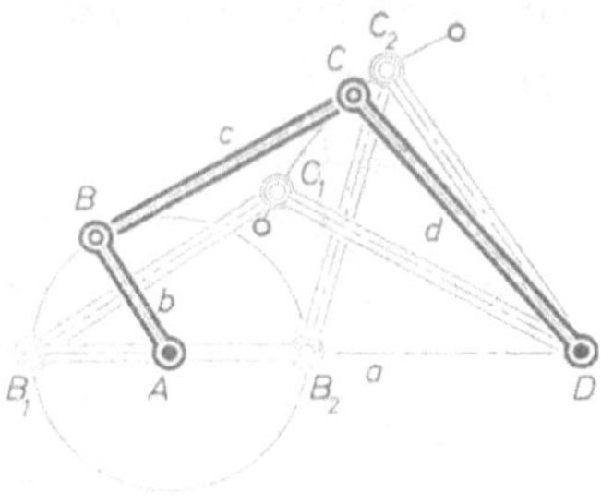

Fig. 56. Gelenkviereck

34. Gelenkvierecke

Wir wollen nun die Untersuchungen von Kap. 5 vertiefen und betrachten hierzu ein Gelenkviereck *ABCD*, das in der Ebene aus vier Stangen der Länge a, b, c, d gebildet wird (Fig. 56). Durch Festhalten einer Seite entsteht der Mechanismus eines *Dreistabgetriebes*. Die am (festgehaltenen) Steg drehbar angebrachten Arme werden als *Kurbel* oder *Schwinge* bezeichnet, je nachdem ob sie vollständige Umdrehungen ausführen oder nur hin- und herschwingen können. Die Grenzlagen einer Schwinge gehören zu den *Totlagen* des Getriebes. Man unterscheidet drei Fälle von Dreistabgetrieben: 1) Bei einem *Doppelkurbelgetriebe* (*Doppelkurbel*) sind beide Arme Kurbeln. 2) Man spricht von einem *Schwingkurbelgetriebe* (*Schwingkurbel*), wenn ein Arm eine Kurbel, der andere eine Schwinge ist. 3) Bei einem *Doppelschwinggetriebe* (*Doppelschwinge*) vollführen beide Arme Schwingbewegungen um ihre Drehpunkte.

Es hängt von den Seitenlängen a, b, c, d ab, ob in einem Gelenkviereck ein Arm als Kurbel oder Schwinge fungiert. In Fig. 56 liege mit $a > b$ in A ein Gelenk mit vollständiger Umdrehung vor. Die ausgezeichneten Stellungen, bei denen AB und AD in eine gerade Linie fallen, sind eingezeichnet, wobei die Lagen des Punktes B auf dem als fest angenommenen Glied AD mit B_1 und B_2 bezeichnet wurden. Die Diagonale BD erreicht nun ihren größten bzw. kleinsten Wert und unser Viereck artet jeweils in ein Dreieck aus. Somit gilt

$$(90) \qquad a + b \leqq c + d, \quad a - b \geqq |c - d|.$$

Da wir statt der zweiten Ungleichung auch

$$(91) \qquad b + c \leqq a + d, \quad b + d \leqq a + c$$

schreiben können, folgt, daß b die kleinste der vier Zahlen a, b, c, d, somit also AB die kürzeste Seite des Gelenkviereckes sein muß[1]).

Damit kann die von F. Grashof 1883 angegebene Bedingung für eine vollständige Umdrehung (Umlaufbedingung) ausgesprochen werden durch den

Satz 37: *Für eine vollständige Umdrehung darf in einem Gelenkviereck die Summe der kleinsten und größten Gliedlängen die Summe der beiden anderen Gliedlängen nicht über-*

[1]) Jede der übrigen Seitenlängen zu b hinzugefügt ist nicht größer als die Summe der restlichen beiden Seitenlängen. b ist daher die kleinste der vier Zahlen a, b, c, d. Auch wenn die größte Seitenlänge zu b hinzugefügt wird, bleibt die Summe noch kleiner als die Summe der übrigen (mittleren) Gliedlängen.

treffen. Gelenke mit voller Umdrehung treten dann paarweise an den Enden des kürzesten Gliedes auf.

Wird dieses kürzeste Glied (in Fig. 56 die Seite AB) festgestellt, so liegt Fall 1) einer Doppelkurbel vor. Wird hingegen ein Nachbarglied des kürzesten Gliedes (also etwa AD) als fest angenommen, so wird das kürzeste Glied zur Kurbel, das Getriebe also zur Schwingkurbel (Fall 2). Wird die der kürzesten Seite gegenüberliegende Seite (CD in Fig. 56) festgehalten, so bekommen wir eine Doppelschwinge (Fall 3). Ein solches Getriebe liegt aber auch dann vor, wenn die Grashof-Bedingung nicht erfüllt ist.

35. Besondere Gelenkvierecke

Wir gelangen zu bemerkenswerten Gelenkvierecken, wenn wir den Gliedlängen besondere Bedingungen auferlegen.

1) *Durchschlagende Gelenkvierecke*: *Falls die Summe zweier Seitenlängen gleich der Summe der restlichen beiden Seitenlängen ist*, kann das Gelenkviereck in solche Lage gebracht werden, daß die vier Eckpunkte in einer Geraden liegen. Aus dieser Lage heraus kann es sich entweder rückläufig be-

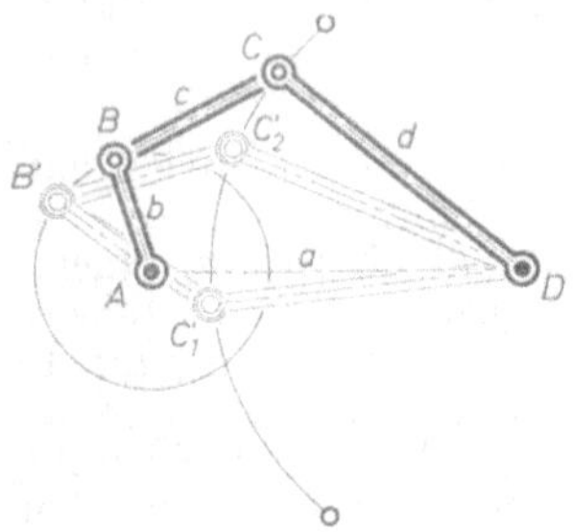

Fig. 57. Durchschlagendes Gelenkviereck (a + b = c + d)

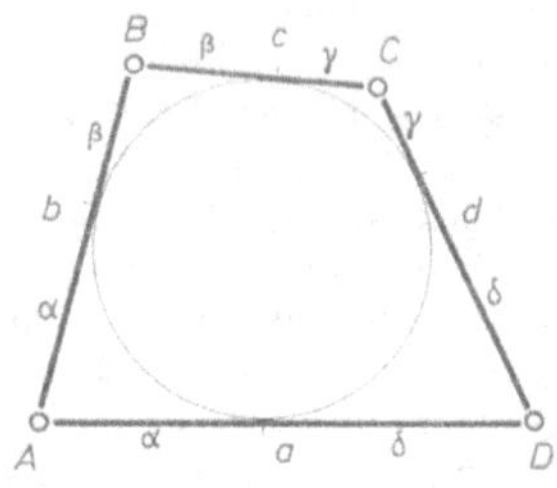

Fig. 58. Durchschlagendes Gelenkviereck (a + c = b + d)

wegen oder aber durchschlagen. Dies hängt davon ab, in welcher Weise dort eine Stützung angebracht wird. In Fig. 57 sind für

$$a + b = c + d$$

diese beiden Möglichkeiten $AB'C'_1D$ und $AB'C'_2D$ angedeutet. Fig. 58 zeigt ein Gelenkviereck mit

$$a + c = b + d.$$

Durchschlagende Gelenkvierecke haben die Eigenschaft, daß es in jeder ihrer Lagen einen *Kreis* gibt, den *sämtliche Seiten berühren.* Im Fall, daß gegenüberliegende Seiten gleiche Summe haben (wie in Fig. 58) ist dieser Kreis eingeschrieben. Wir bezeichnen die gleichen Tangentenlängen aus den Eckpunkten A, B, C, D mit α, β, γ, δ und berücksichtigen die unmittelbar einleuchtenden Beziehungen

$$a = \delta + \alpha, \quad b = \alpha + \beta, \quad c = \beta + \gamma, \quad d = \gamma + \delta.$$

Daraus folgt sofort die zweite der obigen Bedingungen.

In gleicher Weise geht man vor, wenn der Kreis dem Viereck angeschrieben ist und benachbarte Seitenlänge gleiche Summe bilden.

2) Zu besonderen Gelenkvierecken gelangen wir durch die Forderung, daß *mehr als zwei Gelenke volle Umdrehungen gestatten sollen.* Es muß dann zwei kürzeste Glieder (natürlich gleicher Länge) geben, die a) benachbart sind oder b) einander gegenüberliegen.

a) Im ersten Fall sei etwa $a = b$. Aus (91) folgt nun $c \leqq d$, $d \leqq c$, was nur für $c = d$ möglich ist. Das Gelenkviereck ist also *gleichschenkelig* und stellt ein Deltoid (Rhomboid) dar. Je nach der augenblicklichen Stellung der Glieder hat es die Form eines Drachens oder einer Lanzenspitze. In den Gelenken A, B, D erfolgen nun volle Umdrehungen der Glieder; das Viereck ist in zweifacher Weise durchschlagend. Es findet beim Galloway-Getriebe Anwendung und hat die Eigenschaft, daß die Polbahnen gegenüberliegender Seitenpaare Pascalsche Kurven sind.

b) Liegen die beiden kürzesten Glieder im Gelenkviereck einander gegenüber, gilt also etwa $b = d$, so folgt aus den Ungleichungen (90), (91) die weitere Bedingung $a = c$. Wir erhalten also *gewöhnliche* oder *verschränkte Parallelogramme*, deren sämtliche Gelenke volle Umdrehungen zulassen. Diese

Gelenkvierecke sind ebenfalls in doppelter Weise durchschlagend.

Ein *Parallelkurbelgetriebe* entsteht, wenn in einem gewöhnlichen Gelenkparallelogramm ein Seite, etwa AD in Fig. 59 festgehalten wird. Die Koppelebene erfährt als Ganzes eine Kreisschiebung, bei der jeder Punkt X einen Kreis vom Radius b beschreibt.

Der Fall des *verschränkten Parallelogramms* (*Antiparallelogramm*) führt zum *gleichläufigen* oder *gegenläufigen Zwillingsgetriebe*, je nachdem ob einer der kürzeren oder längeren Schenkel festgehalten wird (vgl. Kap. 5/F).

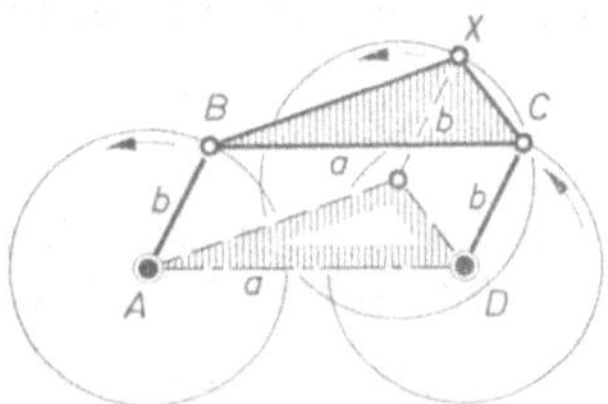

Fig. 59. Parallelkurbelgetriebe

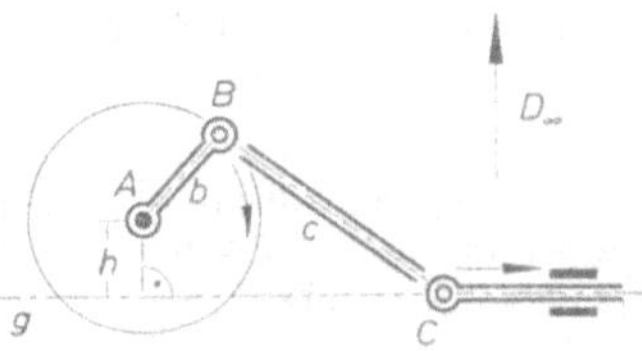

Fig. 60. Exzentrisches Schubkurbelgetriebe

3) Bei den Mechanismen der *Schubkurbelkette* vollführt ein Glied eine geradlinige Bewegung (gerader Schieber). Wird in Fig. 60 das Glied AB oder das Glied BC festgehalten, so ergeben sich *Schleifkurbelgetriebe* (*Kurbelschleifen*). Die eigentlichen *Schubkurbelgetriebe* entstehen, wenn eines der beiden am Schieber beteiligten Glieder fest ist. Das Getriebe heißt *exzentrisch*, wenn die Bahngerade g des Punktes C vom Gelenk A einen Abstand $\mathrm{h} \neq 0$ besitzt. Betrachtet man die Lagen des Punktes B, in denen er von g am weitesten entfernt ist, so erkennt man:

Für $\mathrm{b} + \mathrm{h} < \mathrm{c}$ führt der Arm AB volle Drehungen um A aus.

Für $\mathrm{b} + \mathrm{h} > \mathrm{c}$ erfolgt nur ein Hin- und Herschwingen um den Punkt A.

Im Grenzfall $\mathrm{b} + \mathrm{h} = \mathrm{c}$ wird das Getriebe durchschlagend.

Von besonderer Wichtigkeit für die Anwendungen ist der Fall h = 0 (vgl. Kap. 5/E und Fig. 10).

Aufgaben:

1) Ein aus zwei Gegenseiten und den beiden Diagonalen eines Quadrates gebildetes Gelenkviereck ergibt bei Feststellung einer Diagonale ein gegenläufiges Zwillingsgetriebe mit gleichseitigen Hyperbeln als Polkurven. Man zeige, daß die Mitte der Koppelstange eine Bernoullische Lemniskate beschreibt.

2) Jede Koppelkurve eines Zwillingsgetriebes geht aus der Fußpunktkurve der Rastpolbahn (Ellipse bzw. Hyperbel) bezüglich eines festen Punktes Y durch eine Streckung im Verhältnis 1:2 hervor. Y liegt hierbei stets spiegelbildlich bezüglich der jeweiligen Polbahntangente zu jenem Punkt X der Koppelebene, dessen Bahnkurve man betrachtet.

36. Koppelkurven

Punkte, die mit der Koppel eines Dreistabgetriebes starr verbunden sind, beschreiben bei dessen Bewegung die sogenannten Koppelkurven.

Im Gelenkviereck $ABCD$ werde AD als Steg festgehalten. Wir stellen uns vor, die übrigen Schenkel seien durch geeignete *Drehstreckungen* aus AD hervorgegangen. Entspricht dem Vektor $\overrightarrow{AD}$ die komplexe Zahl u, so werden die Vektoren $\overrightarrow{AB}, \overrightarrow{BC}, \overrightarrow{CD}$ dann durch λu, μu, νu mit komplexen Faktoren λ, μ, ν dargestellt. Wegen

$$\overrightarrow{AB} + \overrightarrow{BC} + \overrightarrow{CD} = \overrightarrow{AD} \text{ oder } \lambda\mathrm{u} + \mu\mathrm{u} + \nu\mathrm{u} = \mathrm{u}$$

gilt also

$$\boxed{\lambda + \mu + \nu = 1.} \tag{92}$$

Diese Beziehung ist für jede Stellung des Gelenkviereckes erfüllt, wobei wegen der festen Längen der einzelnen Glieder die Beträge $|\lambda|, |\mu|, |\nu|$ konstant sind.

Ein Punkt X der Koppelebene **E** bildet mit den beiden Drehpunkten B und C ein starres Dreieck, dessen Seitenvektoren $\overrightarrow{BC}, \overrightarrow{CX}, \overrightarrow{XB}$ wir die komplexen Zahlen μu, μv,

μw zuordnen können (vgl. Fig. 61). Die Geschlossenheit des Linienzuges $BCXB$ findet in

$$\overrightarrow{BC} + \overrightarrow{CX} + \overrightarrow{XB} = 0 \text{ oder } \mu \mathrm{u} + \mu \mathrm{v} + \mu \mathrm{w} = 0$$

ihren Ausdruck. Für die festen Werte u, v, w gilt hiermit

$$\boxed{\mathrm{u} + \mathrm{v} + \mathrm{w} = 0.} \tag{93}$$

Lassen wir etwa A mit dem Ursprung U' der Rastebene $\mathbf{E}'$ zusammenfallen, so wird die von X beschriebene Koppelkurve unter Beachtung von (92) durch

$$\boxed{\mathrm{x}' = \lambda \mathrm{u} - \mu \mathrm{w}} \tag{94}$$

erfaßt[1]).

Diese für die Getriebelehre so wichtigen Kurven weisen viele bemerkenswerte Eigenschaften auf. Von S. Roberts (1875) stammt der

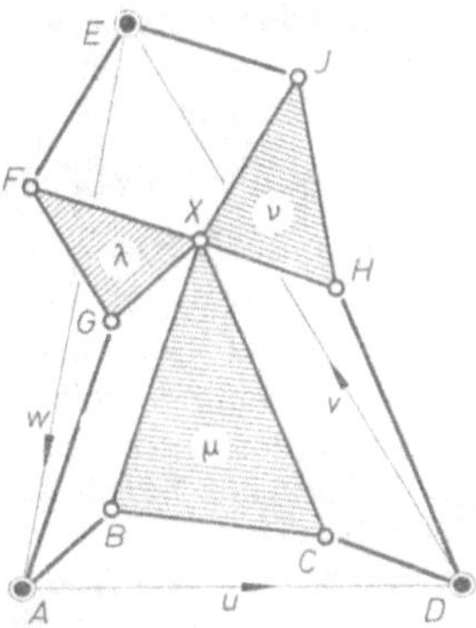

Fig. 61. Dreifache Erzeugung der Koppelkurve

Satz 38: *Jede Koppelkurve ist im allgemeinen auf drei verschiedene Arten, d.h. durch drei verschiedene Gelenkvierecke (Dreistabgetriebe) erzeugbar.*

Zum Beweis haben wir nur die Gleichung (93), ihr Produkt mit λ und ihr Produkt mit ν geometrisch zu deuten. Wir nehmen hierzu in $\mathbf{E}'$ zu A und D einen Punkt E so an, daß der geschlossene Linienzug $ADEA$ der Formel (93) entspricht, also von D der Vektor v bzw. von A der Vektor — w angetragen wird[2]). In gleicher Weise führen wir be-

[1]) Dies stellt wirklich eine einparametrige Punktmannigfaltigkeit, also eine Kurve dar, da ja die drei reellen veränderlichen Größen arg $\lambda = \sphericalangle \overrightarrow{AD}, \overrightarrow{AB}$; arg $\mu = \sphericalangle \overrightarrow{AD}, \overrightarrow{BC}$; arg $\nu = \sphericalangle \overrightarrow{AD}, \overrightarrow{CD}$ durch zwei in (92) zusammengefaßte reelle Bedingungen verknüpft sind.

[2]) Unter Vektor v ist natürlich der durch die komplexe Zahl v erfaßte Vektor zu verstehen!

wegliche Punkte F, G, H und I ein, die mit X zwei Dreiecke bilden, deren Geschlossenheit sich in der mit λ bzw. ν multiplizierten Gleichung (93) äußert. Um F zu erhalten, ist also in X der Vektor $\lambda \mathrm{v}$ anzutragen usf. Da die Seitenvektoren dieser drei im Punkte X zusammenhängenden Dreiecke (in Fig. 61 schraffiert) sich von den Vektoren des Grunddreiecks ADE nur durch die komplexen Faktoren λ, μ, ν unterscheiden, sind diese vier Dreiecke *ähnlich*. Aus (92) folgt nun bei geeigneter Anordnung

$$\lambda \mathrm{v} + \mu \mathrm{v} + \nu \mathrm{v} = \mathrm{v} \text{ oder } \overrightarrow{DH} + \overrightarrow{HI} + \overrightarrow{IE} = \overrightarrow{DE},$$

$$\lambda \mathrm{w} + \mu \mathrm{w} + \nu \mathrm{w} = \mathrm{w} \text{ oder } \overrightarrow{EF} + \overrightarrow{FG} + \overrightarrow{GA} = \overrightarrow{EA}.$$

Damit ist die dreifache Erzeugung der Koppelkurven nachgewiesen. Die Bahnkurve des Punktes X wird bei Bewegung der drei Gelenkvierecke $ABCD$, $DHIE$, $EFGA$ beschrieben; hierbei bildet die Beweisfigur einen übergeschlossenen Mechanismus mit den festen Punkten A, D, E. Auf Grund der Ähnlichkeit zum Koppeldreieck BCX kann man ausgehend vom Dreistabgetriebe $ABCD$ die übrigen beiden konstruieren.

Die Darstellung (94) der Koppelkurve kann mit (92), (93) in mehrfacher Weise umgeformt und geometrisch interpretiert werden.

Eliminiert man aus (92) und (94) unter Bildung der Konjugien und Einführung der Beträge $|\lambda|$, $|\mu|$, $|\nu|$ die veränderlichen Argumente von λ, μ, ν, so erhält man die *Gleichung der Koppelkurve* in Minimalkoordinaten x', $\bar{\mathrm{x}}'$. Als Glied höchster Ordnung ergibt sich hierbei $\mathrm{x}'^3\bar{\mathrm{x}}'^3$ mit im allgemeinen nicht verschwindendem Koeffizienten. In reellen rechtwinkeligen Koordinaten x'_1, x'_2 entspricht dem der Ausdruck $(\mathrm{x}'^2_1 + \mathrm{x}'^2_2)^3$, somit hat die Koppelkurve die *Ordnung* 6. Daraus erkennt man auch, daß unsere Kurve *dreimal durch die absoluten Punkte* der Ebene hindurchgeht[1]). Wir

[1]) Wir erweitern die Euklidische Ebene durch Hinzunahme einer Ferngeraden zur *projektiven Ebene* und führen *homogene Koordinaten* $(\mathrm{x}_0:\mathrm{x}_1:\mathrm{x}_2)$ ein. Die Gleichung eines Kreises lautet:

$$\mathrm{x}^2_1 + \mathrm{x}^2_2 + 2\mathrm{a}\mathrm{x}_0\mathrm{x}_1 + 2\mathrm{b}\mathrm{x}_0\mathrm{x}_2 + \mathrm{c}\mathrm{x}^2_0 = 0.$$

Die Ferngerade mit der Gleichung $\mathrm{x}_0 = 0$ schneidet den Kreis in den Punkten $(0:1:\mathrm{i})$ und $(0:1:-\mathrm{i})$. Diese *absoluten Punkte* spielen bei der projektiven Begründung der Euklidischen Maßbestimmung in der Ebene eine wichtige Rolle.

haben also den

Satz 39: *Ein Punkt, der mit der Koppel eines Dreistabgetriebes starr verbunden ist, beschreibt bei dessen Bewegung im allgemeinen eine Kurve sechster Ordnung, die dreimal durch die absoluten Punkte der Ebene hindurchgeht.*

Ohne Beweis erwähnen wir noch folgende Eigenschaften:

1) *Brennpunkte der Koppelkurve:*

Unter einem Brennpunkt einer algebraischen Kurve versteht man einen im Endlichen gelegenen *Schnittpunkt zweier isotroper Kurventangenten*, also den gemeinsamen Punkt zweier Kurventangenten, die durch je einen der absoluten Punkte hindurchgehen. Nun geht unsere Koppelkurve durch jeden der beiden absoluten Punkte dreimal hindurch, ihre Tangenten in diesen Punkten schneiden sich somit zu Paaren in *außerordentlichen oder singulären Brennpunkten.* Da aber für eine reelle Kurve diese isotropen Tangenten paarweise konjugiert sind, fallen von ihren 9 Schnittpunkten nur 3 Punkte reell aus. Für diese reellen Brennpunkte kann man nun zeigen: *Sie decken sich mit jenen drei Punkten* (A, D, E in Fig. 61), *die bei der dreifachen Erzeugung der Koppellinie zu Paaren als feste Drehpunkte fungieren.*

2) *Doppelpunkte der Koppelkurve:*

Nach Sätzen der algebraischen Geometrie schwankt die Zahl der Doppelpunkte[1]) einer Kurve 6-ter Ordnung mit zwei dreifachen Punkten zwischen 0 und 4, falls die Kurve selbst nicht in Kurven niedrigerer Ordnung zerfällt. Wird die Höchstzahl 4 tatsächlich erreicht, so handelt es sich um eine *rationale* (*unikursale*) *Kurve 6-ter Ordnung*; ihr Geschlecht ist $p = 0$. Fehlt jedoch auf diese Höchstzahl ein Doppelpunkt, haben wir also nur 3 im Endlichen liegende einfache Doppelpunkte, so besitzt die Koppelkurve das Geschlecht $p = 1$. Die Koordinaten ihrer Punkte lassen sich dann nur mit Hilfe *elliptischer Funktionen* eines Parameters darstellen. Dieser Fall liegt im allgemeinen vor, und zwar *befinden sich dann die 3 eigentlichen Doppelpunkte auf einem Kreis durch die 3 Brennpunkte.*

Die Koppellinien weisen einen großen Formenreichtum auf. Sie bestehen aus einem einzigen oder aus zwei getrennten

[1]) In einem Doppelpunkt schneidet sich eine Kurve selbst in einfacher Weise.

Zweigen. Letztere werden von spiegelbildlichen (symmetrisch zum festgehaltenen Glied des Gelenkvierecks) Lagen des Getriebes erzeugt. Ob ihrer großen Bedeutung für die technischen Anwendungen waren die Koppelkurven Gegenstand zahlreicher Untersuchungen.

Die auf (92), (94) fußende Behandlung der Koppelkurven gestattet auch, eine von R. Kreutzinger und W. Wunderlich herrührende Aussage über die Natur der *Schwerpunktsbahn* eines Dreistabgetriebes herzuleiten[1]). Die durch AB, BC und CD vertretenen Glieder des Gelenkviereckes $ABCD$ mögen die Relativmassen m, n, p mit der Summe $m + n + p = 1$ und die Einzelschwerpunkte R, S, T besitzen. Mit im allgemeinen komplexen Konstanten ϱ, σ, τ entsprechen dann den Vektoren $\overrightarrow{AR}$, $\overrightarrow{BS}$, $\overrightarrow{CT}$ bzw. die komplexen Zahlen $\lambda\varrho u$, $\mu\sigma u$, $\nu\tau u$. Für den Gesamtschwerpunkt Z der drei beweglichen Glieder ergibt sich

$$\begin{aligned}\overrightarrow{AZ} &= m \cdot \overrightarrow{AR} + n \cdot \overrightarrow{AS} + p \cdot \overrightarrow{AT} \\ &= m \cdot \overrightarrow{AR} + n(\overrightarrow{AB} + \overrightarrow{BS}) + p(\overrightarrow{AB} + \overrightarrow{BC} + \overrightarrow{CT})\end{aligned}$$

oder

$$z = m\lambda\varrho u + n(\lambda u + \mu\sigma u) + p(\lambda u + \mu u + \nu\tau u).$$

Mit (92) läßt sich dies in die Form

$$z = \hat{a} + \lambda\hat{u} - \mu\hat{w}$$

bringen, wobei

$$\hat{a} = p\tau u, \quad \hat{u} = [m\varrho + n + p(1 - \tau)]u,$$
$$\hat{w} = -[n\sigma + p(1 - \tau)]\,u$$

gesetzt wurde. Daraus folgt

Satz 39: *Die Bahn des Gesamtschwerpunktes eines Dreistabgetriebes ist im allgemeinen wieder eine Koppelkurve, die von einem ähnlichen Getriebe erzeugt wird.*

---

[1]) R. Kreutzinger, Über die Bewegung des Schwerpunktes beim Kurbelgetriebe. Getriebetechnik *10* (1942) 397—398; W. Wunderlich, Kinematik in der Ebene der komplexen Zahlen. Acad. Serbe d. Scs. (1958) 11—18.

Für die Ähnlichkeit der beiden Getriebe ist die Darstellbarkeit mit den gleichen Faktoren λ, μ, ν und die Beziehung (92) zuständig. Die Größen $\hat{\mathfrak{u}}$ und $\hat{\mathfrak{w}}$ haben die gleiche Bedeutung wie früher $\mathfrak{u}$ und $\mathfrak{w}$ für das Ausgangsgetriebe. Hierbei ist nur noch die durch $\hat{\mathfrak{a}}$ gegebene Schiebung zu berücksichtigen [vgl. (94)!].

Aufgaben:

1) Wann beschreibt der Gesamtschwerpunkt eines Dreistabgetriebes einen Kreis?
2) Was bedeutet es, wenn die Konstanten ϱ, σ, τ reell sind?

37. Durch Gelenkwerke erzeugte Verwandtschaften und Führungen

Durch Festhalten eines Gliedes machten wir aus einem Gelenkviereck ein Dreistabgetriebe, also einen Zwanglaufmechanismus. Wird jedoch nur ein *Punkt* (oder eine *Gerade*) befestigt, so besteht eine *Beweglichkeit mit zwei Freiheitsgraden.* Ähnlich können wir auch bei mehrgliedrigen Gelenkketten vorgehen, d.h. gewisse Elemente feststellen und so Formänderungen mit zwei freien Parametern erzielen. Hierdurch wird eine *Punktverwandtschaft* in der Ebene vermittelt, bei der sich natürlich nur ein beschränkter Bereich der Ebene auf einen ebensolchen Bereich abbildet. Wird nämlich ein *Führungsstift* an einem bestimmten Glied des Gelenkwerkes befestigt und auf einen Punkt X der Ebene eingestellt, so weist der *Schreibstift* (*Zeichenstift*), der an einem anderen Glied geeignet angebracht ist, auf den zugeordneten Bildpunkt X'. Wird X längs einer Kurve geführt, so beschreibt der Zeichenstift die Bildkurve. Die Natur des Bildes einer Geraden gibt Aufschluß über den algebraischen Charakter unserer Verwandtschaft. Für viele Zwecke wird aber auch umgekehrt die Forderung nach einer geradlinigen Bahn des Punktes X' erhoben, man spricht dann von einer *Geradführung.* — Die Erzeugung der von X beschriebenen Ausgangskurve kann hierbei selbst wieder durch einen Mechanismus erfolgen, z.B. erhält man eine Kreisführung durch Anbringen eines einfachen Armes, der um einen festen Punkt drehbar ist. Die Gelenkkette wird dann zwangläufig und bewirkt eine *Führung* des Punktes X'.

Aus der Fülle der Möglichkeiten greifen wir nur einige geometrisch oder technisch wichtige Beispiele heraus:

a) *Storchschnabel* (*Pantograph*): Dieses Gerät, das bereits 1631 von O. Scheiner angegeben wurde, dient zum Zeichnen *ähnlicher Bilder* (Vergrößerungen oder Verkleinerungen ebener Figuren) und wird aus einem Gelenkparallelogramm durch Festhalten eines Punktes O gebildet. Wie man aus den

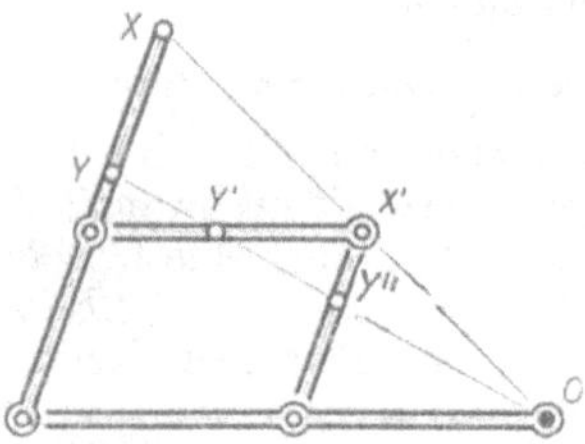

Fig. 62. Storchenschnabel

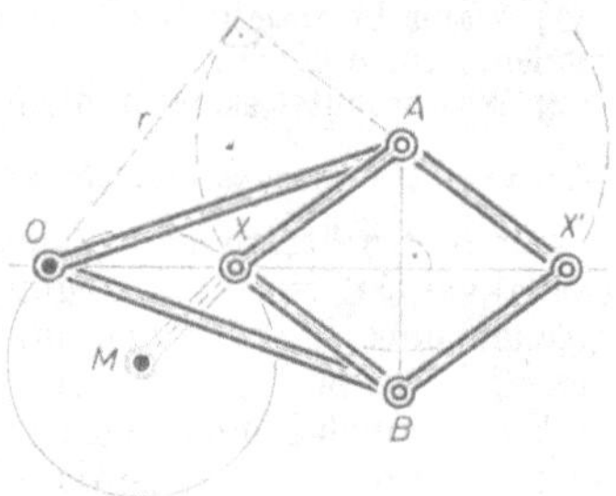

Fig. 63. Inversor von Peaucellier

ähnlichen Dreiecken in Fig. 62 entnimmt, beschreiben X und X', aber auch Y, Y' und Y'' ähnliche und ähnlich gelegene Figuren, wenn das Parallelogramm seine Form ändert (Ähnlichkeitszentrum ist O).

b) *Inversor von* Peaucellier: Die *Inversion* (*Spiegelung*) an einem *Kreis* soll durch einen Gelenkmechanismus bewerkstelligt werden. A. Peaucellier (1864) bringt an einem gleichseitigen Gelenkviereck (Gelenkraute) in gegenüberliegenden Ecken zwei weitere Stäbe gleicher Länge an (Fig. 63). Wird ihr Schnittpunkt O festgehalten, so beschreiben die Punkte X und X' Figuren, die bezüglich eines Kreises um O invers sind. Wird nämlich um A der Kreis mit $\overline{AX}$ als Radius gezeichnet, so kann man auf die drei geradlinig angeordneten Punkte O, X, X' den Satz von der *Kreispotenz* anwenden! Mittels des Pythagoräischen Lehrsatzes finden wir

$$\overline{OX} \cdot \overline{OX'} = \overline{OA}^2 - \overline{AX}^2 = r^2.$$

Der Inversionskreis, bezüglich dessen X und X' spiegelbildlich liegen, besitzt somit den Radius r. Liegt O im Inneren des Gelenkparallelogramms $AXBX'$, so wird $r^2 < 0$, also r rein imaginär. Unser Mechanismus verwirklicht dann die Inversion an einem nullteiligen Kreis um O.

L. Lipkin ging 1870 etwas allgemeiner vor und setzte an die Stelle des Gelenkparallelogramms ein gleichschenkeliges Gelenkviereck (Deltoid) mit $\overline{AX} = \overline{AX'} \neq \overline{BX} = \overline{BX'}$.

In der komplexen Zahlenebene wird die Inversion an dem Kreis

$$(x - a)(\bar{x} - \bar{a}) = r^2$$

durch die Formel

$$x' = a + \frac{r^2}{\bar{x} - \bar{a}}$$

beschrieben. Die Zuordnung $X \longleftrightarrow X'$ ist eine *gegensinnig winkeltreue* (uneigentlich konforme) Punktverwandtschaft, die Kreise wiederum in Kreise überführt. Sie ist also eine sogenannte *Kreisverwandtschaft. Gerade* sind hierbei auch als Kreise (mit unendlich großem Radius) anzusehen. Im besonderen gehen Kreise, die den Inversionskreis rechtwinkelig schneiden, in sich selbst und Kreise durch dessen Mittelpunkt in Gerade über.

Aus einem Inversor entsteht daher sofort eine *Geradführung*, wenn wir den Punkt X mittels einer weiteren Gelenkstange MX von beliebiger Länge auf einem Kreis durch O bewegen. Wir wählen hierzu $\overline{MX} = \overline{MO}$ und halten M fest.

c) *Inversor von* Hart: Aus nur 4 Gelenkstäben besteht ein von H. Hart 1874 gefundener Inversor, dem ein *überschlagenes Gelenkparallelogramm* (wie beim Zwillingsgetriebe) zugrunde liegt (Fig. 64). Werden drei Punkte O, X, X' der Seiten AB, AD bzw. BC auf einer Parallelen zu den Diagonalen

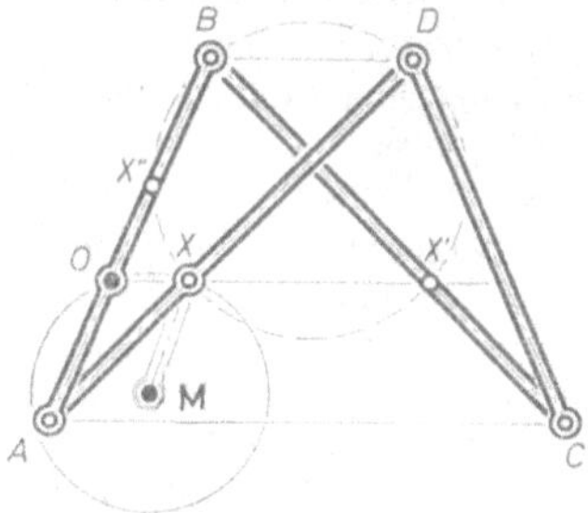

Fig. 64. Inversor von Hart

AC und BD gewählt, so behalten sie diese Lage bei Gestaltänderungen unseres Gelenkvierecks bei. Dies folgt einmal daraus, daß $ACDB$ immer ein Trapez bildet. Andererseits ändern sich bei Parallelprojektion in Richtung von AC, BD die Teilverhältnisse

$$(A\,B\,O) = (A\,D\,X) = (C\,B\,X')$$

nicht. Zur Abkürzung wurde hierbei $\overline{AO} : \overline{BO} = (A\,B\,O)$ gesetzt. Die vier Punkte B, D, X, X' liegen aus Symmetriegründen auf einem Kreis, der AB außer in B noch in einem Punkte X'' schneidet. Dann gilt nach dem Satz von der Potenz des Punktes A in bezug auf diesen Kreis

$$\overline{AX''} \cdot \overline{AB} = \overline{AX} \cdot \overline{AD}.$$

Somit bleibt auch der Punkt X'' auf AB fest und ändert

$$\overline{OX} \cdot \overline{OX'} = \overline{OX''} \cdot \overline{OB}$$

bei Bewegung des Gelenkviereckes nicht seinen Wert. Es entsprechen sich also wiederum die Punkte X und X' in einer Inversion an einem Kreis um O. Wird nun dieser Punkt O festgestellt, so ergibt sich ein Inversor. Wird außerdem noch X auf einem Kreis um M mit $\overline{MX} = \overline{MO}$ geführt, so dient dieses einfache Gerät zur Geradführung des Punktes X'.

Ausführlich wurden Inversoren von G. Hessenberg in seiner Schrift „Gelenkmechanismen zur Kreisverwandtschaft" (Tübinger Naturw. Abh. 6. Heft/1924) behandelt.

d) *Geradführungen von* Kempe: Durch Zusammenfügen ähnlicher, gleichschenkeliger Vierecke (Deltoide, Rhomboide) baute A. B. Kempe 1875 einfache Geradführungen auf, ohne den Umweg über eine Inversion zu gehen.

Werden zwei solche Vierecke $ABCD$ und $CDXE$ nach Fig. 65 zu einem *Doppelrhomboid* verbunden, so stimmen bei C ihre Winkel überein. Daher sind die Seiten AD und DX gegen BC unter gleichem Winkel geneigt. Im gleichschenkeligen Dreieck AXD wird somit der Winkel bei D durch die Parallele zu BC halbiert. Somit steht die Grundlinie AX auf dieser Geraden und daher auch auf BC senkrecht. Halten

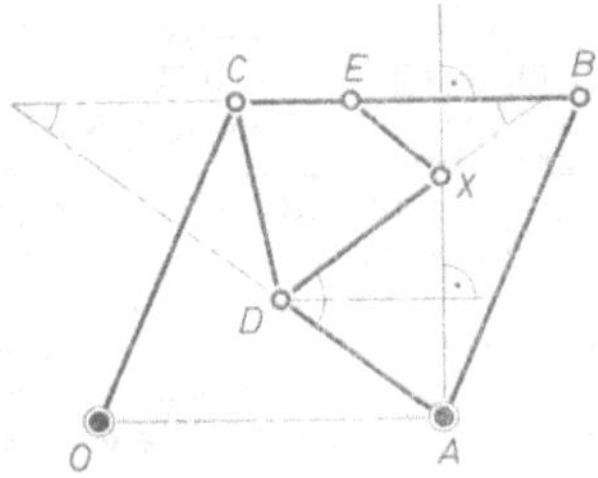

Fig. 65. Geradführung eines Punktes nach Kempe

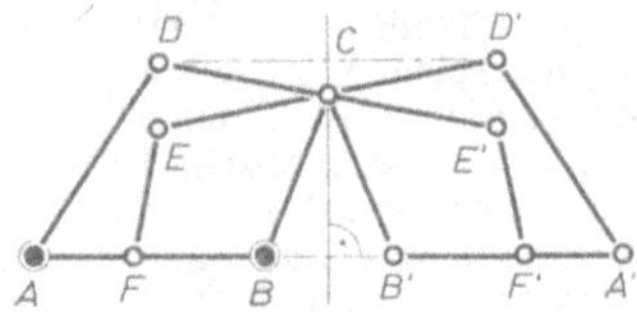

Fig. 66. Geradführung einer Strecke nach Kempe

wir nun den Punkt A fest und bewegen die Seite BC zu sich selbst parallel, so wird der Punkt X auf einer Geraden geführt, die senkrecht zu BC durch A geht. Die Parallelführung der Seite BC erreichen wir durch Einfügen eines Armes OC mit $\overline{OC} = \overline{AB}$ parallel zu AB und Festhalten des Punktes O. Es entsteht dann nämlich ein Parallelogramm $OABC$, bei dessen Bewegung gegenüberliegende Seiten stets parallel bleiben.

Durch Verbindung zweier solcher Doppelrhomboide gelangte Kempe zu einem symmetrischen Mechanismus, bei dem nicht nur ein Punkt geradlinig geführt wird, sondern ein ganzes Glied (Strecke) in sich verschoben wird. In Fig. 66 bedeuten DCE' und $D'CE$ durchlaufende Stangen. Hält man AB fest und bewegt das Gelenkwerk, so wird das Glied $A'B'$ in der Verlängerung von AB hin- und hergeführt.

Kempe erfand noch weitere exakte Geradführungen und Mechanismen, die geometrische oder technische Bedeutung erlangten. Von ihm stammt auch der interessante Satz, daß *jede algebraische Kurve wenigstens stückweise* (d. h. nicht immer in ihrem ganzen Verlauf) *durch ein geeignetes Gelenkwerk erzeugt werden kann.* Hierbei wird eine algebraische Kurve durch Nullsetzen eines Polynoms in rechtwinkeligen Koordinaten x_1, x_2 definiert, dem in Minimalkoordinaten x, $\bar{x}$ gleichfalls ein Polynom also ein Ausdruck der Gestalt ,

$$\sum_{j,k} a_{jk} x^j \bar{x}^k = 0$$

entspricht. Zum Beweis muß man zeigen, daß man ausgehend von einem beliebigen Punkt x der komplexen Zahlenebene obiges Polynom durch ein geeignetes Gelenkwerk aufbauen, d. h. den entsprechenden Punkt erzeugen kann. Bringt man dieses Gerät dann in solche Lage, daß der so erhaltene Punkt mit dem Ursprung des Koordinatensystems sich deckt, dann beschreibt der Ausgangspunkt x die algebraische Kurve. — Zum schrittweisen Aufbau des Polynoms genügt es, einfache Gelenkwerke anzugeben, die dem Übergang von einer Zahl zu ihrem Konjugium, der Bildung von Summe und Produkt zweier Zahlen entsprechen. — Dieser Satz von Kempe hat wohl nur geometrische Bedeutung, da so konstruierte Geräte schon in den einfachsten Fällen mechanisch wenig günstig sind und praktisch kaum funktionieren.

e) *Angenäherte Geradführungen*: Die Aufgabe, exakte Geradführungen zu konstruieren, spielte in der Geschichte der Mechanik und des Maschinenbaus eine wichtige Rolle und wirkte befruchtend auf viele Untersuchungen. James Watt brachte 1784 an seiner Dampfmaschine einen Mechanismus an, der die Kolbenstange näherungsweise geradlinig führte. In der Mitte des 19. Jahrhunderts bezweifelte man vielfach die Möglichkeit einer exakten Geradführung; erst Peaucellier entschied 1864 diese Frage in positivem Sinn.

Näherungsweise Geradführungen bestehen in der Regel aus *einfachen Dreistabgetrieben mit besonderen Abmessungen der Glieder.* Ein ausgezeichneter Punkt beschreibt eine Koppelkurve, die in einem gewissen Bereich einen langgestreckten, flachen Bogen bildet und dort nur wenig von einer Geraden abweicht. Dieses Kurvenstück genügt den technischen Anforderungen einer näherungsweisen Geradführung, wenn die jeweils überprüfbare Güte den zulässigen Toleranzen entspricht.

Der Watt*sche Mechanismus* besteht im wesentlichen aus einem Dreistabgetriebe mit zwei gleich langen Armen $\overline{AB} = \overline{CD}$. Für $\overline{AB} > \overline{BC}$ beschreibt die Koppelmitte M eine Kurve 6-ter Ordnung von der Gestalt einer langgestreckten „Acht" (Fig. 67). Ihr Doppelpunkt M_0 ist aus Symmetriegründen auch Mittelpunkt der Watt*schen Kurve* und wird für jene Lage eingenommen (in Fig. 67 dünn gezeichnet), bei der die Arme AB, CD parallel sind, also der Momentanpol in dieser Richtung ins Unendliche gerückt ist (Fernpolstellung). Eine genauere Untersuchung zeigt, daß M_0 in doppelter Weise Wendepunkt ist mit Wendetangenten senkrecht zu obiger Parallellage der Arme bzw. symmetrisch hierzu bezüglich des Steges AD. Diesen beiden Geraden schmiegt sich die Kurve besonders gut an, zumal auf ihnen in der Nähe von M_0 je zwei weitere Kurvenpunkte liegen, zwischen denen und M_0 jeweils weitere Wendepunkte existieren. Die

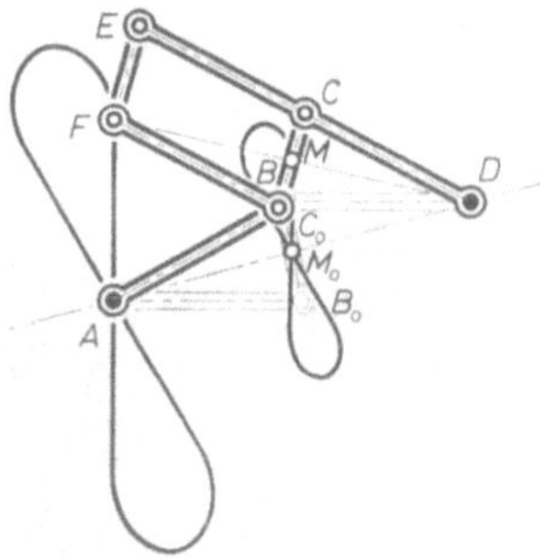

Fig. 67. Wattscher Mechanismus (angenäherte Geradführung)

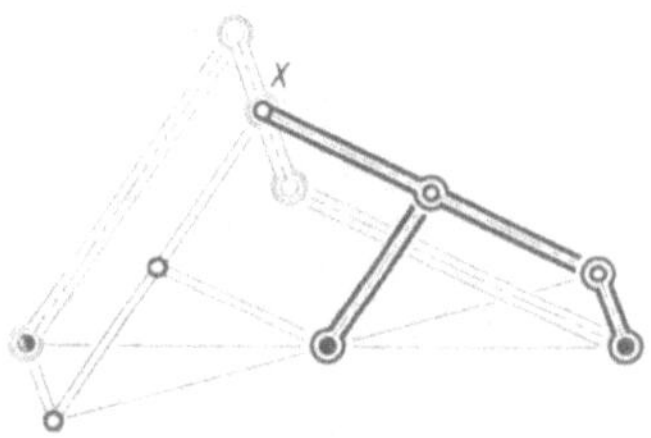

Fig. 68. Näherungsweise Geradführung von Evans

Wattsche Kurve hat somit die Eigenschaft, daß jeder durch M_0 gehende Kurvenast in unmittelbarer Nähe von M_0 drei Wendepunkte besitzt und daher angenähert geradlinig verläuft. Darauf beruht ihre Anwendung als Geradführung. Watt kombinierte mit dem Dreistabgetriebe noch ein Gelenkparallelogramm um die brauchbare Strecke der Geradführung zu vergrößern. Fig. 67 zeigt, wie dieser Storchschnabel angefügt wird. Wird etwa $\overline{BF} = \overline{AB}$ gewählt, so erfolgt eine zentrische Verdoppelung bezüglich D.

Berücksichtigen wir die dreifache Erzeugungsweise einer Koppellinie für einen auf der Koppelstange liegenden Punkt, so gelangen wir zu der von O. Evans angegebenen Geradführung (Fig. 68).

P. L. Tschebyscheff hatte sich eingehend mit dem Wattschen Dreistabgetriebe und seinen Verbesserungen befaßt und lange vergeblich bemüht, eine exakte Geradführung zu finden. Von ihm stammt aus dem Jahre 1850 eine näherungsweise Geradführung (Fig. 69) in Form eines Dreistabgetriebes mit $\overline{AD} = 4a$, $\overline{AB} = \overline{CD} = 5a$ und $\overline{BC} = 2a$. Die Koppelmitte M beschreibt dann näherungsweise eine parallele Gerade zu AD im Abstand 4a. Der Punkt M liegt, wie man aus einem rechtwinkeligen Dreieck entnehmen kann,

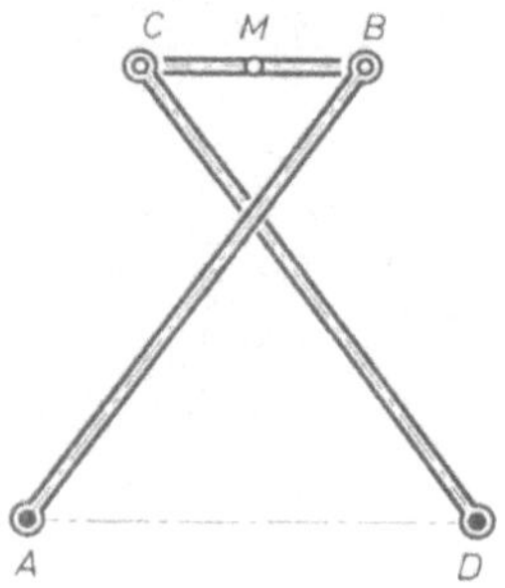

Fig. 69. Näherungsweise Geradführung von Tschebyscheff

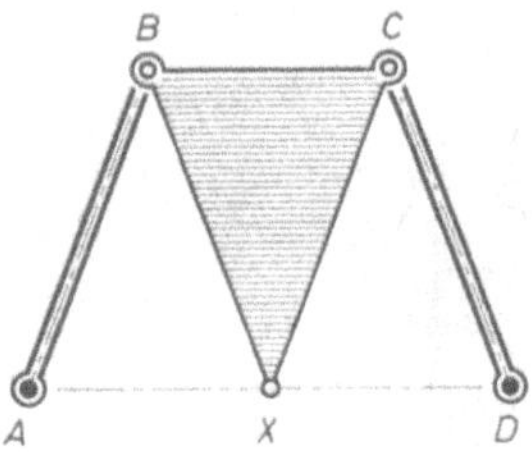

Fig. 70. Näherungsweise Geradführung von Roberts

genau in dieser Höhe bei der gezeichneten Mittelstellung, sowie in den beiden symmetrisch liegenden Durchschlagslagen, die eintreten, wenn BC zu AD senkrecht steht.

Schließlich sei noch auf eine Näherungslösung unseres Problems von S. Roberts aus dem Jahre 1860 hingewiesen. In Fig. 70 ist hierfür $\overline{AB} = \overline{BX} = \overline{CX} = \overline{CD}$ gewählt worden, woraus $\overline{AD} = 2 \cdot \overline{BC}$ folgt. Die Bahnkurve des Punktes X geht durch die gezeichnete Mittelstellung und die festen Punkte A und D und wird als Näherung für die Gerade AD betrachtet.

XI. Eigenschaften höherer Ordnung

38. *Höhere Beschleunigungen und Beschleunigungspole*

Die Behandlung der ebenen Kinematik mittels komplexer Zahlen eignet sich auch besonders gut zur Untersuchung sogenannter *höherer Eigenschaften*, die von Ableitungen höherer Ordnung abhängen.

Ein zwangläufiger Bewegungsvorgang **B** sei wieder durch (1) erklärt. X sei ein Punkt der Gangebene **E**. Seine *Geschwindigkeit* gegenüber der Rastebene **E**′ wird durch Ableitung von (1) nach t gefunden und nach (6′) durch

$$\dot{x}' = \dot{u}' + i\,\dot{\varphi}\,(x' - u')$$

erfaßt. Daraus ergibt sich durch Differenzieren die *Beschleunigung* von X, die gemäß (47) sich durch

$$\ddot{x}' = \ddot{u}' + (i\,\ddot{\varphi} - \dot{\varphi}^2)\,(x' - u')$$

darstellen läßt[1]). Durch Bildung weiterer Ableitungen erhalten wir *höhere Beschleunigungen*, erst einmal die *Überbeschleunigung* oder *Beschleunigung 2-ter Ordnung*, dann die *Beschleunigung der Ordnung 3* usf. Vorteilhafter ist es von *höheren Geschwindigkeiten* zu sprechen, da dann die Ordnung der Geschwindigkeit und der betreffenden Ableitung übereinstimmen. Hierbei ist natürlich die *n-te Geschwindigkeit* gleich *der (n—1)-ten Beschleunigung.*

Die Ausdrücke für $\dot{x}'$ und $\ddot{x}'$ zeigen, daß diese Ableitungen folgende Gestalt haben:

$$\overset{(n)}{x'} = \overset{(n)}{u'} + \Phi'_n(x' - u'). \tag{95}$$

Hierbei ist

$$\Phi'_1 = i\,\dot{\varphi} \text{ und } \Phi'_2 = \dot{\Phi}'_1 + \Phi'_1 \cdot \Phi'_1 = i\,\ddot{\varphi} - \dot{\varphi}^2$$

und gilt (95) auch für n = 0, wenn wir

$$\Phi'_0 = 1 \text{ und } \overset{(0)}{x'} = x'$$

[1]) Da X ein Punkt von **E** ist, decken sich Absolut- und Führungsgeschwindigkeit. Gleiches gilt für die Beschleunigungen usf.

erklären. Die (n — 1)-te Beschleunigung wird aber auch für beliebiges n durch (95) geliefert, wobei

$$\boxed{\Phi'_n = \dot{\Phi}'_{n-1} + \Phi'_{n-1} \cdot \Phi'_1} \tag{96}$$

gilt. Dieses Bildungsgesetz bestätigt man sofort durch *vollständige Induktion* (Schluß von n auf n + 1). Man leitet (95) noch einmal nach t ab, bildet also die n-te Beschleunigung und setzt für $\dot{x}'$ obigen Ausdruck ein:

$$\overset{(n+1)}{x'} = \overset{(n+1)}{u'} + \dot{\Phi}'_n(x' - u') + \Phi'_n(\dot{x}' - \dot{u}')$$

$$= \overset{(n+1)}{u'} + (\dot{\Phi}'_n + i\dot{\varphi}\,\Phi'_n)(x' - u').$$

Man erhält also

$$\Phi'_{n+1} = \dot{\Phi}'_n + \Phi'_n \cdot \Phi'_1,$$

womit (95), (96) bewiesen sind.

Der *Drehpol* $P = P_1$ wurde durch $\dot{x}' = 0$ definiert (Kap. 2), für den *Beschleunigungspol* P_2 setzten wir in Kap. 18 ebenso $\ddot{x}' = 0$. Mit (8) und (50) können wir für diese Punkte P_1, P_2 somit

$$p'_1 = u' - \frac{\dot{u}'}{\Phi'_1}, \quad p'_2 = u' - \frac{\ddot{u}'}{\Phi'_2}$$

schreiben. — Es liegt nun nahe, jenen Punkt P_n als *Beschleunigungspol (n — 1)-ter Ordnung* oder auch als *Geschwindigkeitspol n-ter Ordnung* zu bezeichnen, für den $\overset{(n)}{x'} = 0$ ist. Dies führt aber nach (95) für $\Phi'_n \neq 0$ zu

$$\boxed{p'_n = u' - \frac{\overset{(n)}{u'}}{\Phi'_n}.} \tag{97}$$

Somit erhalten wir statt (95) auch

$$\boxed{\overset{(n)}{x'} = \Phi'_n(x' - p'_n)} \tag{98}$$

Daraus folgen

Satz 40: *Der Betrag der Beschleunigungen höherer Ordnung ist dem Abstand des Punktes X vom betreffenden Beschleunigungspol proportional und nimmt auf Kreisen um diesen Pol gleiche Werte an.*

Satz 41: *Zu jedem Zeitpunkt t sind die höheren Beschleunigungen aller Punkte X der Gangebene gegen die (höheren) Polstrahlen also gegen die Verbindungsgeraden der Punkte X mit dem betreffenden Beschleunigungspol unter dem gleichen Winkel geneigt.*

Diese Sätze kennzeichnen die Verteilung der höheren Beschleunigungen. Zu ihrem Beweis beachten wir, daß $x' - p'_n$ dem Vektor $\overrightarrow{P_n X}$ entspricht und die Multiplikation mit einem komplexen Faktor eine Drehstreckung (Drehung + Streckung) vom Ursprung aus bedeutet.

Bringen wir in den einzelnen Punkten X die zugehörigen Beschleunigungsvektoren an, drehen diese dann jeweils um X durch den festen Winkel (aus Satz 41), so zeigen sie zum betreffenden Beschleunigungspol. — Für $n = 1$ und $n = 2$ sind uns die Sätze 40, 41 bereits bekannt.

39. Höhere Beschleunigungspläne

Wir heften zum Zeitpunkt t in jedem Punkt X den zugehörigen höheren Beschleunigungsvektor $\overset{(n)}{x'}$ an und erhalten so nach (98) jeweils einen Punkt Y mit

$$y' = x' + \overset{(n)}{x'} = (1 + \Phi'_n)\, x' - \Phi'_n\, p'_n .$$

Diese Punkte Y bilden in ihrer Gesamtheit den $(n-1)$*-ten Beschleunigungsplan* oder *n-ten Geschwindigkeitsplan*, der zum Feld der Punkte X *ähnlich* ist, da ja der Zusammenhang zwischen der x'-Ebene und der y'-Ebene durch eine *ganze lineare Transformation* gegeben ist. Als *Ähnlichkeitspunkt* ergibt sich der *Beschleunigungspol* P_r.

Eine *ganze lineare Transformation*

$$w = az + b$$

bewirkt nämlich eine *Ähnlichkeitstransformation* (*ähnliche Abbildung*) der komplexen z-Ebene auf die komplexe w-Ebene. Sie setzt sich aus einer *Drehstreckung* und einer *Schiebung* zusammen. Hierbei bedeuten $|a|:1$ das Verhältnis der Streckung vom Ursprung aus, arg a den Winkel der Drehung um den Ursprung und b den Schiebungsvektor. Für $a \neq 1$, also bei Ausschluß reiner Schiebungen besitzt unsere Abbildung immer den eigentlichen *Fixpunkt*

$$w = z = \frac{b}{1 - a}.$$

Trägt man die einzelnen Beschleunigungsvektoren $\overset{(n)}{x}{}'$ von einem beliebigen festen Punkt, dem *Beschleunigungsnullpunkt* aus ab, so erhält man den *polaren Beschleunigungsplan der Ordnung* (*n — 1*) oder *polaren Geschwindigkeitsplan der Ordnung n*. Bei Wahl des Ursprunges als Beschleunigungsnullpunkt ist dieser polare Beschleunigungsplan durch (95) oder (98) festgelegt. Das Feld dieser *Beschleunigungspunkte* (Ende der von *U'* abgetragenen Vektoren $\overset{(n)}{x}{}'$) ist somit gleichfalls *ähnlich* zum Feld der Punkte *X* in der Gangebene **E**. Der Beschleunigungsnullpunkt entspricht dem Pol P_n, der ja durch $\overset{(n)}{x}{}' = 0$ erklärt ist.

Diese Ähnlichkeit zwischen einem höheren Beschleunigungsplan und dem Feld der beweglichen Ebene **E** bleibt natürlich bestehen, wenn jeder Beschleunigungsvektor noch durch einen festen Winkel gedreht und dann im betreffenden Punkt angeheftet wird. Man gelangt so zu *gedrehten Beschleunigungsplänen*, die uns etwa im Sonderfall der um $\pi/2$ gedrehten Geschwindigkeiten bereits bekannt sind.

Da die Ähnlichkeit eine *transitive Punktverwandtschaft* ist, sind auch zwei Beschleunigungspläne verschiedener Ordnung zum gleichen Zeitpunkt t ähnlich[1]). Zusammenfassend gilt der

Satz 42: *Werden zu einem Zeitpunkt t die höheren Beschleunigungsvektoren in den betreffenden Punkten (in einem festen Punkt) angebracht, so entsteht der zum Ausgangsfeld der*

[1]) Transitiv bedeutet: **E**, **F**, **G** seien drei Ebenen. Wenn **E** ähnlich auf **F** und **F** ähnlich auf **G** abgebildet sind, dann ist auch **E** zu **G** ähnlich.

Gangebene ähnliche höhere Beschleunigungsplan (polare höhere Beschleunigungsplan). Irgend zwei Beschleunigungspläne verschiedener Ordnung sind untereinander ebenfalls ähnlich. Diese Ähnlichkeit wird durch Drehung der einzelnen Beschleunigungsvektoren durch einen festen Winkel nicht gestört: Die gedrehten Beschleunigungspläne sind ebenfalls ähnlich.

Für $n = 1, 2$ und auch 3 spielen diese Beschleunigungspläne in der graphischen Behandlungsweise der ebenen Kinematik eine wichtige Rolle. Wir haben diese Sätze hier einheitlich aus ihrer analytischen Darstellung abgelesen.

40. Höhere Beschleunigungen und Pole der Umkehrbewegung

Die Umkehrung **B'** eines zwangläufigen Bewegungsvorgangs **B** wird nach Kap. 4 durch (10) erklärt. Der Punkt X sei nun in **E'** befestigt, wir fragen nach seinen höheren Beschleunigungen. Durch mehrmalige Ableitung nach t oder einfacher durch Vertauschen von gestrichenen und ungestrichenen Größen ergibt sich durch Übertragung aus Kap. 38

$$\overset{(n)}{x} = \overset{(n)}{u} + \Phi_n(x - u) \tag{99}$$

für den *(n — 1)-ten Beschleunigungsvektor (n-ten Geschwindigkeitsvektor) der Umkehrbewegung* B' mit

$$\Phi_0 = 1,\ \Phi_1 = -i\dot{\varphi},\ \Phi_2 = \dot{\Phi}_1 + \Phi_1 \cdot \Phi_1 = -i\ddot{\varphi} - \dot{\varphi}^2,$$

$$\boxed{\Phi_n = \dot{\Phi}_{n-1} + \Phi_{n-1} \cdot \Phi_1\ .} \tag{100}$$

Hierbei ist natürlich $x' =$ konst. und $\overset{(o)}{x} = x$ gesetzt worden.

Als *(n — 1)-ten Beschleunigungspol* oder auch *n-ten Geschwindigkeitspol* erklären wir jenen Punkt Q_n, dessen Beschleunigung entsprechender Ordnung verschwindet: $\overset{(n)}{x} = 0$. Für $\Phi_n \neq 0$ folgt aus (99)

$$\boxed{q_n = u - \frac{\overset{(n)}{u}}{\Phi_n}} \tag{101}$$

und somit

$$\overset{(n)}{x} = \Phi_n(x - q_n) . \tag{102}$$

Die Formeln (96) und (100) sind *Rekursionsformeln* zur schrittweisen Berechnung von Φ'_n, Φ_n aus den gleichen Größen mit niedrigerem Index. Für $n = 0, 1, 2$ entnimmt man unmittelbar den Zusammenhang

$$\Phi_n = \bar{\Phi}'_n \quad , \quad \Phi'_n = \bar{\Phi}_n . \tag{103}$$

Die Richtigkeit für allgemeines n wird vermutet und durch Schluß von n auf n + 1 bewiesen.

Nun differenzieren wir die Funktionen $e^{i\varphi}$, $e^{-i\varphi}$ mehrmals nach t und finden

$$\frac{d}{dt} e^{i\varphi} = \Phi'_1 \cdot e^{i\varphi} , \quad \frac{d^2}{dt^2} e^{i\varphi} = (\dot{\Phi}'_1 + \Phi'_1 \cdot \Phi'_1) e^{i\varphi} = \Phi'_2 \cdot e^{i\varphi}$$

und allgemein

$$\frac{d^n}{dt^n} e^{i\varphi} = \Phi'_n \cdot e^{i\varphi} .$$

Der Nachweis erfolgt wieder unter Verwendung von (96) durch vollständige Induktion. Ebenso finden wir

$$\frac{d^n}{dt^n} e^{-i\varphi} = \Phi_n \cdot e^{-i\varphi} .$$

Damit haben wir auch eine *explizite Darstellung* unserer Hilfsfunktionen ermittelt:

$$\Phi_n = e^{i\varphi} \cdot \frac{d^n}{dt^n} e^{-i\varphi} , \qquad \Phi'_n = e^{-i\varphi} \cdot \frac{d^n}{dt^n} e^{i\varphi} . \tag{104}$$

Die Formeln (97) und (101) ergänzen wir durch die Darstellungen im jeweils anderen Koordinatensystem

$$p_n = -\frac{\overset{(n)}{u'}}{\Phi'_n} e^{-i\varphi}, \quad q'_n = -\frac{\overset{(n)}{u}}{\Phi_n} e^{i\varphi}. \tag{105}$$

Wir finden sie aus (97), (101) durch Umrechnung mit (1), (10).

Zwischen den Beschleunigungspolen P_n und Q_n eines Bewegungsvorganges **B** und seiner Umkehrung **B'** bestehen mannigfache Beziehungen, für die wir auf das Literatur-Verzeichnis [2] verweisen.

41. Drehwinkel als Parameter

Bei den kinematischen Begriffen ist darauf zu achten, ob sie rein geometrischer Natur sind oder ob sie wesentlich vom Zeitgesetz, also von der zeitlichen Abwicklung des Bewegungsvorgangs abhängen. So sind z.B. die beiden Polbahnen eines zwangläufigen Bewegungsvorgangs und ihr gleitungsloses Rollen geometrische Phänomene. Die zeitlichen Umstände, unter denen sich dieses Rollen abspielt, wie überhaupt Geschwindigkeiten, Beschleunigungen usf. eines Punktes oder dgl. gehen über den rein geometrischen Aspekt hinaus. — Kommt es nur auf die geometrischen Verhältnisse an, so erzielen wir — wie schon mehrfach festgestellt — durch die Wahl des Drehwinkels φ als Parameter bedeutsame Vereinfachungen. Der Drehwinkel übernimmt sozusagen die Rolle eines *natürlichen Parameters* unseres Bewegungsvorgangs.

Für $\varphi = t$ finden wir wegen $\dot{\varphi} = 1$ nach Formel (104)

$$\Phi_n = (-i)^n = i^{-n}, \quad \Phi'_n = i^n. \tag{106}$$

Damit ergibt sich (95), (98) entsprechend für den (n — 1)-ten Beschleunigungsvektor eines Punktes X von **E**

$$\overset{(n)}{x'} = \overset{(n)}{u'} + i^n(x' - u') = i^n(x' - p'_n). \tag{107}$$

Nur bedeutet jetzt

$$\overset{(n)}{u'} = \frac{d^n u'}{d\varphi^n}, \quad \overset{(n)}{x'} = \frac{d^n x'}{d\varphi^n}.$$

und ist der Beschleunigungspol P_n durch

$$(108)\quad p_n = -i^{-n}\overset{(n)}{u'}e^{-i\varphi}, \quad p'_n = u' - i^{-n}\overset{(n)}{u'} = u' + i^{2-n}\overset{(n)}{u'}$$

bestimmt.

Wir bilden die folgende Summe

$$x' + i^{2-n}\overset{(n)}{x'} = p'_n .$$

Nun berücksichtigen wir, daß einem Faktor i eine Drehung um den Ursprung durch den Winkel $\pi/2$ entspricht! Als Verallgemeinerung von Satz 22 gilt daher der

Satz 43: *Wählt man bei einem einparametrigen Bewegungsvorgang den Drehwinkel als Parameter und bringt man in einem beliebigen Punkt X der Gangebene den um den Winkel $(2-n)\cdot\pi/2$ gedrehten n-ten Ableitungsvektor $\overset{(n)}{x'}$ (Beschleunigungsvektor der Ordnung $n-1$) an, so fällt sein Endpunkt in den $(n-1)$-ten Beschleunigungspol P_n.*

Für die Umkehrbewegung $\mathbf{B}'$ ergibt sich bei $\varphi = t$ mit (99), (102)

$$(109)\quad \overset{(n)}{x} = \overset{(n)}{u} + i^{-n}(x-u) = i^{-n}(x-q_n),$$

wobei jetzt

$$(110)\quad q_n = u - i^n\overset{(n)}{u} = u + i^{2+n}\overset{(n)}{u}, \quad q'_n = -i^n\overset{(n)}{u}e^{i\varphi}$$

den $(n-1)$-ten Beschleunigungspol Q_n von $\mathbf{B}'$ darstellen.

42. Polketten

Bei einem *analytischen Bewegungsvorgang* **B** sind in (1) die veränderlichen Größen u' und φ analytische Funktionen des reellen Parameters t. Diese Funktionen besitzen daher *Ableitungen beliebig hoher Ordnung.* Gleiches gilt dann auch für die durch (1) erklärte Funktion $x' = x'(t)$, die die Bahnkurve eines in der Gangebene **E** befestigten Punktes X darstellt.

Bei einem analytischen Bewegungsvorgang **B** bricht mithin die Folge der Pole P_n nicht ab, ihre Gesamtheit zu einem bestimmten Zeitpunkt t bezeichnet man als die zugehörige

Polkette von **B**. Auch wenn **B** nicht analytisch ist, hat es Sinn, die nunmehr unvollständige Polkette, d. h. die Folge der eben noch existierenden Pole zu betrachten.

Von besonderem Interesse sind die Polketten, wenn der Drehwinkel φ als Parameter fungiert[1]). Wie schon in Kap. 18 erwähnt, fällt für $\varphi = \mathrm{t}$ das zweite Glied P_2 der Polkette mit dem *Wendepol W* zusammen. Man gebraucht daher für die Pole P_n mit $n > 2$ bei diesem speziellen Parameter auch die Bezeichnung „*höhere Wendepole*". Ebenso sprechen wir von den *höheren Rückkehrpolen* Q_n, da ja Q_2 sich mit dem *Rückkehrpol R* deckt. (R ist ja Wendepol von **B**'.)

Für beliebigen Parameter t ist stets $P = P_1 = Q_1$ und liegen P_2 und Q_2 spiegelbildlich zur Poltangente auf dem Wendekreis bzw. Rückkehrkreis. Dies erkannten wir bereits in Kap. 4 und 18.

Wir behaupten nun den

Satz 44: *Ein analytischer Bewegungsvorgang* **B** *ist abgesehen von seiner zeitlichen Durchlaufung (Zeitgesetz) durch Vorgabe der Polkette bestimmt. Hierbei wird die Polkette von den Polen (höheren Wendepolen)* $P_1, P_2, \ldots P_n \ldots$ *gebildet, die zum Drehwinkel als Parameter gehören. Allgemeiner ist* **B** *samt der zeitlichen Durchlaufung bestimmt, wenn die Kette der Beschleunigungspole höherer Ordnung und das Zeitgesetz* $\varphi = \varphi(\mathrm{t})$ *vorgegeben wird.*

Man bestätigt dies etwa mittels der Taylorschen Entwicklung der Bahnkurve eines Punktes X der beweglichen Ebene **E**:

$$x'(\varphi + \Delta\varphi) = x'(\varphi) + \sum_{n=1}^{\infty} \frac{(\Delta\varphi)^n}{n!} \overset{(n)}{x'}(\varphi). \tag{111}$$

Mit (107) folgt

$$x'(\varphi + \Delta\varphi) = x'(\varphi) + \sum_{n=1}^{\infty} \frac{(\Delta\varphi)^n}{n!} i^n [x'(\varphi) - p'_n(\varphi)].$$

[1]) Vgl. R. Bereis, Aufbau einer Theorie der ebenen Bewegung mit Verwendung komplexer Zahlen, Österr. Ing. Archiv *5* (1951) 246—266; G. C. Steward, On the cardinal points in plane kinematics. Phil. Transact. Roy. Soc. London Ser. A *244* (1951) 19—46; On certain configurations of the cardinal points in plane kinematics. Acta math. *88* (1952) 371—383.

Man kann also tatsächlich für die Bahnkurve jedes Punktes X von **E** eine Potenzreihenentwicklung angeben, die bei einem analytischen Bewegungsvorgang in Umgebung der betrachteten Stelle φ konvergieren wird und in der nur die Koordinaten der Pole $P_1, P_2, \ldots$ vorkommen.

Setzt man hingegen in (111) für $\overset{(n)}{x'}(\varphi)$ den Ausdruck (98) ein, so ist

$$x'(\varphi + \Delta\varphi) = x'(\varphi) + \sum_{n=1}^{\infty} \frac{(\Delta\varphi)^n}{n!} \Phi'_n[x'(\varphi) - p'_n(\varphi)].$$

Hierin entsprechen nun die p'_n den höheren Beschleunigungspolen bei beliebigem Parameter t. Ist nun $\varphi = \varphi(t)$ bekannt, so kann man mit (104) auch Φ'_n berechnen und damit die zeitliche Durchlaufung der Bahn jedes Punktes X finden. — Natürlich ist **B** in Umgebung der betrachteten Stelle auch bestimmt, wenn, wie oben, die Folge der höheren Wendepole und das Zeitgesetz in Form der Funktion $\varphi = \varphi(t)$ vorgegeben sind.

Aus Satz 44 können bedeutsame Folgerungen gezogen werden:

Stimmen zum Zeitpunkt t zwei Bewegungsvorgänge in den ersten n Polen $P_1, P_2 \ldots P_n$ überein, so haben die Bahnkurven jedes Punktes X von **E** gemeinsame Entwicklungen bis zu Gliedern n-ter Ordnung, sie berühren sich daher $(n + 1)$-punktig. Dies kann man dazu benützen, zu einem bestimmten Zeitpunkt einen gegebenen Bewegungsvorgang durch einen anderen, etwa durch eine höhere Kreisrollung (höhere Planetenbewegung) zu ersetzen, um die differentialgeometrischen und kinematischen Probleme einfacher zu behandeln. So kann man zur Beherrschung der Krümmungsverhältnisse von Bahnkurven und Hüllbahnen an die Stelle von **B** im Augenblick das einfache Rollen zweier Kreise treten lassen. Ihre Mittelpunkte liegen in den Krümmungsmittelpunkten M, M' der Polbahnen p, p' von **B**. Hiervon macht man im Grunde genommen bei der konstruktiven Auswertung der Formel von Euler-Savary Gebrauch.

Ohne Beweis erwähnen wir bemerkenswerte *Anordnungen der höheren Wendepole*:

1) Die Wendepole P_1, P_2, P_3 und die Rückkehrpole Q_1, Q_2, Q_3 bilden ein Trapez, für dessen Parallelseiten $\overline{P_2Q_2} : \overline{P_3Q_3} = 2:3$ gilt. Der Drehpol $P_1 = Q_1$ liegt hierbei bekanntlich in der Mitte auf der kürzeren Parallelseite.

2) Ist **B** so beschaffen, daß es in **E** einen Punkt G gibt, dessen Bahnkurve eine Gerade g von **E'** ist, dann liegen die Wendepole gerader Ordnung auf g, die Pole ungerader Ordnung jedoch auf der jeweiligen Bahnnormalen von G.

3) Die Polkette einer gewöhnlichen Kreisrollung ist geradlinig; im besonderen fallen die höheren Wendepole bei der Ellipsenbewegung abwechselnd in den Mittelpunkt O' des festen Kreises p' und in den augenblicklichen Drehpol P.

43. *Höhere* Bresse*sche Kreise*

Wir wollen nun noch einige spezielle Fragestellungen behandeln, bei denen die höheren Geschwindigkeiten und Pole eine Rolle spielen.

Als erstes untersuchen wir den Ort aller Punkte der Gangebene, für welche die Geschwindigkeitsvektoren k-ter Ordnung und die Geschwindigkeitsvektoren n-ter Ordnung stets a) *gleichgerichtet*, b) *senkrecht* sind.

Ganz allgemein gilt: Werden zwei Vektoren durch die komplexen Zahlen v und w dargestellt, so bedeutet

$$\mathrm{v}\,\bar{\mathrm{w}} \mp \bar{\mathrm{v}}\,\mathrm{w} = 0, \tag{112}$$

daß sie a) gleichgerichtet sind (—), b) aufeinander senkrecht stehen (+).

Setzen wir also mit (98)

$$\mathrm{v} = \overset{(k)}{\mathrm{x}'} = \Phi'_{\mathrm{k}}\,(\mathrm{x}' - \mathrm{p}'_{\mathrm{k}}), \quad \mathrm{w} = \overset{(n)}{\mathrm{x}'} = \Phi'_{\mathrm{n}}\,(\mathrm{x}' - \mathrm{p}'_{\mathrm{n}}),$$

so genügen die gesuchten Punkte (im Koordinatensystem der Rastebene) der Gleichung

$$\Phi'_{\mathrm{k}}\bar{\Phi}'_{\mathrm{n}}(\mathrm{x}'-\mathrm{p}'_{\mathrm{k}})(\bar{\mathrm{x}}'-\bar{\mathrm{p}}'_{\mathrm{n}}) \mp \bar{\Phi}'_{\mathrm{k}}\Phi'_{\mathrm{n}}\,(\bar{\mathrm{x}}'-\bar{\mathrm{p}}'_{\mathrm{k}})(\mathrm{x}'-\mathrm{p}'_{\mathrm{n}}) = 0.$$

Für jedes der beiden Vorzeichen ($\mp$) wird hierdurch ein Kreis dargestellt, wie man aus der Gestalt der Kreisgleichung in komplexer Schreibweise unmittelbar bzw. nach Multiplikation mit dem Faktor i erkennt.

Die Gleichung eines Kreises in Minimalkoordinaten lautet nämlich

$$(z - m)(\bar{z} - \bar{m}) = r^2 \quad (m = \text{Mittelpunkt},\ r = \text{Radius})$$

oder allgemeiner

$$A z \bar{z} + \bar{B} z + B \bar{z} + C = 0 \quad \text{mit } A = \bar{A},\ C = \bar{C}.$$

Für $A = 0$ artet der Kreis in eine Gerade aus. Durch Vergleich findet man für $A \neq 0$

$$m = -\frac{B}{A}, \quad r^2 = \frac{B\bar{B} - AC}{A^2}.$$

Obige Gleichung wird von $x' = p'_k$ und $x' = p'_n$ befriedigt. Es schneiden sich daher beide Kreise in den Polen P_k und P_n, und zwar rechtwinkelig, wie man sich leicht überzeugen kann. Somit gilt der

Satz 45: *Alle Punkte der Gangebene, deren Beschleunigungsvektoren $(k-1)$-ter* und *$(n-1)$-ter Ordnung gleichgerichtet bzw. rechtwinkelig sind, liegen auf je einem Kreis. Diese beiden höheren* Bresse*schen Kreise schneiden sich in den beiden Beschleunigungspolen P_k und P_n unter rechtem Winkel.*

Der Fall $k = 1$, $n = 2$ wurde 1853 von J. A. Bresse behandelt. Man gelangt so a) zum *Wendekreis*, in dessen Punkten ja nach Kap. 18 die *Normalbeschleunigung* (Normalkomponente der Beschleunigung) stets verschwindet, Geschwindigkeits- und Beschleunigungsvektoren also gleichgerichtet sind. b) Der zweite Bressesche Kreis wird als *Gleichenkreis*, *Tangentialkreis* oder auch *Wechselkreis* bezeichnet. Er durchsetzt den Wendekreis im Geschwindigkeitspol P_1 (bei Berührung der Polbahnnormale) und im Beschleunigungspol P_2 senkrecht und ist durch das Verschwinden der Tangentialbeschleunigung (Tangentialkomponente der Beschleunigung) gekennzeichnet. In seinen Punkten stehen also Geschwindigkeits- und Beschleunigungsvektoren aufeinander normal[1]).

[1]) Der Name „Wechselkreis" rührt daher, daß beim Passieren seiner Punkte die Tangentialbeschleunigung ihr „Vorzeichen", d. h. ihren Sinn wechselt. „Gleichenkreis" heißt er, weil seine Punkte im Augenblick „gleiche", d. h. stationäre Bogenelemente ihrer Bahnkurven durchlaufen.

Man sieht leicht ein, daß sich für einen Bewegungsvorgang **B** und seine Umkehrung **B**′ die Gleichenkreise decken. — Im Gegensatz zu Wende- und Rückkehrkreisen hängt der Gleichenkreis vom Bewegungsgesetz als Funktion der Zeit ab.

Eine weitergehende Verallgemeinerung der Bresseschen Kreise nahm ich 1953 vor[1]).

Aufgabe:

Wie sieht der Gleichenkreis für den Drehwinkel als Parameter ($\varphi = t$) aus?

44. Scheitel- und Flachpunkte der Bahnkurven

Den Krümmungseigenschaften von Bahnkurven und Hüllbahnen waren die Kap. 10 bis 20 gewidmet. In Ergänzung hierzu fragen wir nun nach jenen Punkten X der Gangebene **E**, die bei einem Bewegungsvorgang **B** im Augenblick *Scheitelpunkte* ihrer Bahnkurven in **E**′ beschreiben.

Ein Kurvenpunkt ist ein Scheitel, wenn dort die *Krümmung stationär* ist, der *Krümmungskreis also vierpunktig berührt.* Nach Kap. 18 (f) besitzt eine durch $z = z(t)$ gegebene Kurve die Krümmung

$$\varkappa = \frac{\dot{\bar{z}}\ddot{z} - \dot{z}\ddot{\bar{z}}}{2i\,(\dot{z}\dot{\bar{z}})^{3/2}}.$$

Ein Scheitel ist durch $\dot{\varkappa} = 0$ oder

$$2(\dot{z}\dot{\bar{z}})(\dot{z}\dddot{\bar{z}} - \dot{\bar{z}}z) - 3[(\dot{z}\ddot{\bar{z}})^2 - (\dot{\bar{z}}\ddot{z})^2] = 0$$

gekennzeichnet.

Diese Bedingungsgleichung stellen wir nun für die Punktbahnen eines Bewegungsvorgangs **B** auf, der dem geometrischen Charakter der Fragestellung entsprechend auf seinen natürlichen Parameter $\varphi = t$ bezogen sei. Eine weitere Vereinfachung erzielen wir durch spezielle Wahl des Rastkreuzes. Wie in Kap. 11 wählen wir als Ursprung den Drehpol $P = P_1$ und als reelle Achse (ξ_1-Achse) die Polbahntangente. Wir setzen hierzu $p'_1 = 0$ und nach Kap. 14 für den Wendepol $W = P_2$ bzw. für den Beschleunigungspol P_3

$$p'_2 = -i\frac{ds}{d\varphi} = \beta = i\beta_2,\; p'_3 = \gamma = \gamma_1 + i\gamma_2.$$

---

[1]) H. R. Müller, Verallgemeinerung der Bresseschen Kreise auf höhere Beschleunigungen. Arch. d. Math. *4* (1953) 337—342.

Aus (107) ergibt sich dann

$$\dot{\mathfrak{z}} = \mathrm{i}\xi, \quad \ddot{\mathfrak{z}} = -(\xi - \beta), \quad \dddot{\mathfrak{z}} = -\mathrm{i}(\xi - \gamma)$$

und somit als Scheitelpunktbedingung

$$(113) \qquad 2\xi\bar{\xi}[(\bar{\gamma} - 3\bar{\beta})\,\xi - (\gamma - 3\beta)\bar{\xi}] + 3\beta^2(\xi^2 - \bar{\xi}^2) = 0.$$

In kartesischen Koordinaten lautet diese Gleichung

$$(\xi_1^2 + \xi_2^2)\,[(3\beta_2 - \gamma_2)\,\xi_1 + \gamma_1\xi_2] - 3\beta_2^2\,\xi_1\xi_2 = 0.$$

Im allgemeinen ist der Scheitelpunktsort somit eine *rationale Kurve* dritter Ordnung, die durch die absoluten Punkte der Ebene geht und im Drehpol P einen Doppelpunkt mit der Polbahntangente und der Polbahnnormale als Doppelpunktstangenten besitzt. Diese Kurve c heißt *Kreispunktkurve* und weist bemerkenswerte Eigenschaften auf; in Sonderfällen kann sie auch zerfallen. Durch eine *Inversion* (vgl. Kap. 37b) an einem Kreis um P, also durch die Transformation $\xi = \mathrm{r}^2 : \bar{\eta}$ geht c in eine *gleichseitige Hyperbel* durch den Punkt P mit Asymptoten parallel zur Polbahntangente bzw. deren Normale über, woraus man bereits wichtige Folgerungen ziehen kann.

Der Scheitelpunktsort c' der Umkehrbewegung $\mathbf{B}'$ ist von gleicher Art und deckt sich wegen des involutorischen Charakters der Zuordnung $X \longleftrightarrow X^*$ (Kap. 11) mit dem Ort der Mittelpunkte der Scheitelkrümmungskreise von $\mathbf{B}$. Die beiden Kurven c, c' haben außer den absoluten Punkten nur den Drehpol P als 7-fachen Punkt gemeinsam. Sie berühren sich 2-punktig längs der Polbahntangente und 3-punktig (mit gemeinsamem Krümmungskreis) längs der Polbahnnormale. c' wird als *Mittelpunkt-* oder *Angelpunktkurve* bezeichnet. Somit gilt der

Satz 46: *Die Punkte der Gangebene, die im Augenblick Scheitelpunkte ihrer Bahnkurven durchlaufen, bilden eine rationale Kurve dritter Ordnung, die durch die absoluten Punkte der Ebene geht und im Drehpol einen Doppelpunkt mit Polbahntangente und Polbahnnormale als Tangenten besitzt. Eine Kurve gleicher Art ist in der Rastebene der Ort der Mittelpunkte dieser Scheitelkrümmungskreise.*

Die Kurve c und der *Wendekreis* w schneiden sich, abgesehen von den beiden absoluten Punkten und dem dreifach zählenden Drehpol P, nur noch in einem Punkt, der gleichzeitig Scheitelpunkt und Wendepunkt ist. Er ist ein *Flachpunkt* oder *Undulationspunkt* seiner Bahnkurve, die in ihm ihre Tangente 4-punktig berührt. Dieser Ballsche Punkt liegt, wie man aus (113) und der Gleichung (41) des Wendekreises ersieht, auf der Geraden $P_1 P_3$ und wird durch

$$\xi = \frac{\beta}{2\bar{\gamma}}(\bar{\gamma} - \gamma) = \frac{\beta_2 \gamma_2}{\gamma_1 - i\gamma_2}$$

erfaßt. — Die gemeinsamen Lösungen von $\varkappa = 0$ (Wendekreis) und $\dot{\varkappa} = 0$ (Kreispunktkurve) können auch als *Einhüllende der Wendekreise* bei veränderlichem t gedeutet werden. Somit gilt der

Satz 47: *In jedem Augenblick gibt es in der Gangebene einen Punkt (den* Ball*schen Punkt), der Flachpunkt seiner Bahnkurve ist. Im Verlaufe des Bewegungsvorgangs* **B** *bilden diese Flachpunkte in der Gangebene die* Ball*sche Kurve, die zusammen mit der Gangpolbahn die Schar der Wendekreise einhüllt.*

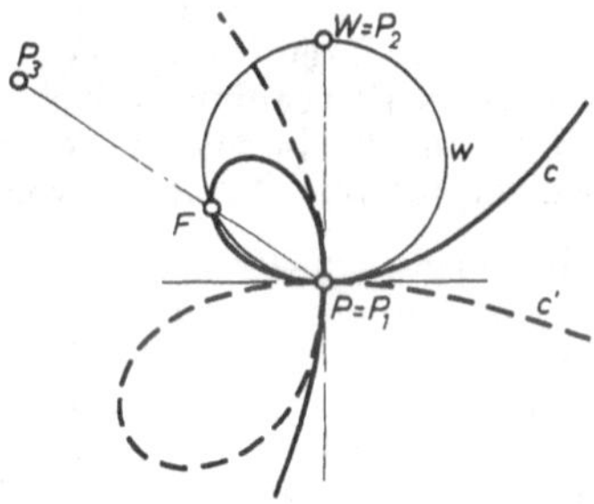

Fig. 71. Kreispunktkurve, Mittelpunktkurve, Ballscher Punkt

Auf der Kreispunktkurve c gibt es für jedes t im allgemeinen *vier Punkte*, deren Bahnen nicht nur 4-punktig, sondern sogar 5-*punktig* von ihren Krümmungskreisen berührt werden. Diese Punkte werden nach L. Burmester, der 1876 als erster diese Kurven c, c' untersuchte, benannt und sind durch $\dot{\varkappa} = 0$ und $\ddot{\varkappa} = 0$ gekennzeichnet.

Bei Kenntnis der Wendepole P_1, P_2, P_3 kann der Ballsche Punkt F als Schnitt des Wendekreises w und der Geraden $P_1 P_3$ konstruiert werden. In Fig. 71 sind auch die Kreispunktkurve c und die Mittelpunktkurve c' eingezeichnet.

XII. Fernpolstellungen

45. Fernlagen der Pole

Bisher betrachteten wir stets Bewegungsvorgänge, für die im Augenblick die Winkelgeschwindigkeit $\dot{\varphi}$ oder allgemeiner die Funktionen Φ_n, $\Phi'_n = \bar{\Phi}_n$ nicht verschwanden. — Es kann nun der Fall eintreten, daß zu einem Zeitpunkt t für einen gewissen Index $n > 0$ die Größen Φ_n und damit auch Φ'_n eine Nullstelle besitzen, wobei die betreffenden Beschleunigungspole P_n, Q_n ins Unendliche rücken. Nähert man sich mit t einer solchen Stelle, so werden die Funktionen $\overset{(n)}{u}$, $\overset{(n)}{u'} \neq 0$ bleiben und daher die durch (97), (101) erklärten Beschleunigungspole keiner endlichen Grenzlage zustreben. Sucht man — ganz allgemein — in den Ebenen **E**, **E**′ den Ort der betreffenden höheren Pole, so erhält man die *höheren Polkurven.* Ihren Fernpunkten entsprechen also die betrachteten Fernstellungen der Pole.

Ist nun P_n ein solcher Fernpunkt, gilt also $\Phi'_n = 0$, so nehmen für alle Punkte X von **E** nach (95) die n-ten Geschwindigkeitsvektoren die Gestalt $\overset{(n)}{x'} = \overset{(n)}{u'}$ an. Unser Bewegungsvorgang **B** verhält sich also hinsichtlich der n-ten Geschwindigkeiten wie ein *Schiebvorgang*, für den ja ständig $\dot{\varphi}$ und damit sämtliche Φ_n, Φ'_n Null sind. Eine Ähnlichkeit zwischen dem Feld der Gangebene und den n-ten Geschwindigkeitsplänen besteht nicht mehr.

An die Stelle der höheren Bresseschen Kreise tritt ein *rechtwinkeliges Geradenpaar*, denn mit

$$v = \overset{(k)}{x'} = \Phi'_k (x' - p'_k), \quad w = \overset{(n)}{x'} = \overset{(n)}{u'}$$

gewinnen wir aus (112) die Gleichungen

$$(114) \qquad \overset{(n)}{\bar{u}'}\, \Phi'_k (x' - p'_k) \mp \overset{(n)}{u'}\, \bar{\Phi}'_k (\bar{x}' - \bar{p}'_k) = 0 .$$

Durch sie werden zwei rechtwinkelige Gerade durch den Pol P_k dargestellt.

Von besonderer Wichtigkeit sind die *Fernstellungen des Drehpols* $P = P_1$, die für $\dot{\varphi} = 0$ eintreten (vgl. auch Kap. 3).

Wegen (8) besitzen zum betrachteten Zeitpunkt die beiden Polbahnen Asymptoten, deren Richtungen durch die komplexe Zahl $i\dot{u}'$ festgelegt werden.

Sämtliche Punkte X von **E** *bewegen sich mit der gleichen Geschwindigkeit* $\dot{x}' = \dot{u}'$, *also wiederum senkrecht zu den Polstrahlen, d.h. zu den Verbindungsgeraden von X mit dem unendlich fernen Pol P_1.*

Für $k = 2$, $n = 1$ erhalten wir aus (114) mit $\Phi'_1 = i\dot{\varphi} = 0$, $\Phi'_2 = i\ddot{\varphi} \neq 0$ die *Wendegerade* mit der Gleichung

$$\dot{\bar{u}}'(x' - p'_2) + \dot{u}'(\bar{x}' - \bar{p}'_2) = 0 .$$

Sie ist der Ort der Punkte von **E**, die augenblicklich Wendepunkte ihrer Bahnkurven durchlaufen. Aus ihrer Gleichung entnimmt man, daß sie den *Beschleunigungspol P_2 mit dem Fernpol P_1 verbindet.*

Man bestätigt leicht, daß für $\dot{\varphi} = 0$ der *Beschleunigungspol Q_2 der Umkehrbewegung* **B'** *mit P_2 zusammenfällt.* Somit deckt sich auch die *Rückkehrgerade* (Ort der Wendepunkte von **B'**) mit der Wendegeraden.

Nun wollen wir noch die Krümmung $\varkappa$ der Bahnkurve eines Punktes X von **E** bei **B** berechnen! Mit $\dot{x}' = \dot{u}'$, $\ddot{x}' = i\ddot{\varphi}(x' - p'_2)$ gilt

$$\varkappa = \frac{\dot{\bar{x}}'\ddot{x}' - \dot{x}'\ddot{\bar{x}}'}{2i(\dot{x}'\dot{\bar{x}}')^{3/2}} = \ddot{\varphi}\,\frac{\dot{\bar{u}}'(x'-p'_2) + \dot{u}'(\bar{x}'-\bar{p}'_2)}{2(\dot{u}'\dot{\bar{u}}')^{3/2}} = \frac{\ddot{\varphi}}{\dot{u}'\dot{\bar{u}}'} \cdot D,$$

wobei

$$D = \frac{\dot{\bar{u}}'(x' - p'_2) + \dot{u}'(\bar{x}' - \bar{p}'_2)}{2\sqrt{\dot{u}'\dot{\bar{u}}'}}$$

gesetzt wurde und nach der Hesseschen Formel der ebenen analytischen Geometrie den *Abstand des Punktes X von der Wendegeraden mißt.* Die Verteilung der Bahnkrümmungen erfolgt also gemäß

Satz 48: *Bei einer Fernstellung des Drehpols liegen die Punkte der Gangebene, die augenblicklich Wendepunkte ihrer Bahnkurven durchlaufen, auf einer Geraden, der Wendegeraden. Diese deckt sich mit der Rückkehrgeraden, dem Ort der Wendepunkte der Umkehrbewegung. Alle Punkte auf Parallelen zur Wendegeraden besitzen die gleiche Krümmung ihrer Bahnkurven, die proportional dem Abstand von der Wendegeraden ist.*

B. RÄUMLICHE KINEMATIK

1. Zwangläufige Bewegungen im Raum

Nun betrachten wir die Bewegung eines Körpers im Raum von drei Dimensionen. Wir denken uns hierzu den bewegten Körper und den mit ihm starr verbundenen *Gangraum* **R** durch ein rechtwinkeliges Dreibein $\{U;\, e_1, e_2, e_3\}$ von paarweise rechtwinkeligen Einheitsvektoren vertreten. In gleicher Weise werde der feste Raum (*Rastraum*) **R'**, in dem unsere Bewegung erfolgt, durch ein ebensolches Dreibein $\{U';\, e'_1, e'_2, e'_3\}$ erfaßt. Für diese beiden Dreibeine sind die Normierungs- und Orthogonalitätsbedingungen durch die Skalarprodukte

$$(1)\qquad e_i e_j = e'_i e'_j = \delta_{ij} = \begin{cases} 1 \dots \text{ für } i = j \\ 0 \dots \text{ für } i \neq j \end{cases}$$

erklärt; δ_{ij} ist das sogenannte Kronecker-Symbol. Ferner seien diese Dreibeine gleich orientiert, d.h. für die Spatprodukte (Determinanten) gelte

$$(2)\qquad (e_1\, e_2\, e_3) = (e'_1\, e'_2\, e'_3) = +1.$$

Das *Rastkreuz* $\{U';\, e'_1, e'_2, e'_3\}$ geht durch eine Schiebung und eine anschließend durchgeführte Drehung in das *Gangkreuz* $\{U;\, e_1, e_2, e_3\}$ über. Die Schiebung wird durch den Vektor $\overrightarrow{U'U} = \mathfrak{u}$ und die Drehung durch die linearen Transformationen

$$(3)\qquad e_i = \sum_{j=1}^{3} a_{ij}\, e'_j, \quad e'_k = \sum_{j=1}^{3} a_{jk}\, e_j$$

mit eigentlich orthogonaler Matrix $\| a_{ij} \|$ erfaßt, d.h. es gelten die Beziehungen

$$(4)\qquad \sum_{k=1}^{3} a_{ik} a_{jk} = \sum_{k=1}^{3} a_{ki}\, a_{kj} = \delta_{ij}$$

mit der Determinante $| a_{ij} | = +1$.

Bei einem *zwangläufigen* (*eingliedrigen*, *einparametrigen*) *Bewegungsvorgang* $\mathbf{B} = \mathbf{R}/\mathbf{R}'$ hängen nun der Schiebvektor $\mathfrak{u} = \mathfrak{u}(t)$ und die Koeffizienten $a_{ij} = a_{ij}(t)$ von einem reellen Parameter t ab, wobei wir wiederum einen gemeinsamen Definitionsbereich, sowie stetige Differenzierbarkeit dieser Funktionen bis zu einer gewissen Ordnung voraussetzen wollen. Im besonderen erhalten wir einen *zwangläufigen Drehvorgang* um den Ursprung, wenn ständig $\mathfrak{u} = 0$ ist.

Um die Ableitungen der veränderlichen Vektoren $\mathfrak{u}, \mathfrak{e}_1, \mathfrak{e}_2, \mathfrak{e}_3$ mittels des Gangkreuzes auszudrücken, setzen wir

$$\hat{\mathfrak{q}} = \dot{\mathfrak{u}} = \mathfrak{e}_1\hat{q}_1 + \mathfrak{e}_2\hat{q}_2 + \mathfrak{e}_3\hat{q}_3, \tag{5}$$

sowie unter Bezugnahme auf (3)

$$\dot{\mathfrak{e}}_i = \sum_{k=1}^{3} \dot{a}_{ik}\,\mathfrak{e}'_k = \sum_{j,k=1}^{3} \dot{a}_{ik}\,a_{jk}\,\mathfrak{e}_j = \sum_{j=1}^{3} q_{ij}\,\mathfrak{e}_j.$$

Es ist also $q_{ij} = \dot{\mathfrak{e}}_i\,\mathfrak{e}_j$ und gilt wegen (1)

$$\dot{\mathfrak{e}}_i\,\mathfrak{e}_j + \mathfrak{e}_i\,\dot{\mathfrak{e}}_j = q_{ij} + q_{ji} = 0. \tag{6}$$

Da im besonderen $q_{ii} = 0$ ist, treten in der schief-symmetrischen Matrix $\| q_{ij} \|$ nur drei wesentliche Größen auf. Wir bezeichnen sie kurz mit $q_k = q_{ij}$ für zyklische Anordnungen der drei Indizes i, j, k = 1, 2, 3; 2, 3, 1; 3, 1, 2. Das so erhaltene *System von Ableitungsgleichungen*

$$\left.\begin{aligned} \dot{\mathfrak{e}}_1 &= \quad\cdot\quad + \mathfrak{e}_2 q_3 - \mathfrak{e}_3 q_2, \\ \dot{\mathfrak{e}}_2 &= -\mathfrak{e}_1 q_3 \quad\cdot\quad + \mathfrak{e}_3 q_1, \\ \dot{\mathfrak{e}}_3 &= +\mathfrak{e}_1 q_2 - \mathfrak{e}_2 q_1 \quad\cdot \end{aligned}\right\} \tag{7}$$

kennzeichnet den reinen Drehanteil von **B** und kann nach Einführung des Vektors

$$\mathfrak{q} = \mathfrak{e}_1 q_1 + \mathfrak{e}_2 q_2 + \mathfrak{e}_3 q_3 \tag{8}$$

kurz als Vektorprodukt

$$\dot{\mathfrak{e}}_i = \mathfrak{q} \times \mathfrak{e}_i \tag{9}$$

geschrieben werden. Hierbei spielen (5), (7) bzw. (9) für die Zwanglaufkinematik die gleiche Rolle, wie die Formeln von Frenet für die Differentialgeometrie der Raumkurven, denen die Bewegung des begleitenden Dreibeins zugrunde liegt. Die Bewegung **B** ist im wesentlichen durch die sechs Größen $\mathfrak{q}_i$, $\hat{\mathfrak{q}}_i$ oder durch die beiden Vektoren $\mathfrak{q}$, $\hat{\mathfrak{q}}$ in Abhängigkeit von t bestimmt.

2. Geschwindigkeiten, Momentanschraubung

Für einen Punkt X mit den Koordinaten x_1, x_2, x_3 bezüglich des Gangkreuzes und den Koordinaten x'_1, x'_2, x'_3 bezüglich des Rastkreuzes führen wir die Vektoren

$$(10)\qquad \begin{aligned} \mathfrak{x} &= \overrightarrow{UX} = \mathfrak{e}_1 x_1 + \mathfrak{e}_2 x_2 + \mathfrak{e}_3 x_3, \\ \mathfrak{x}' &= \overrightarrow{U'X} = \mathfrak{e}'_1 x'_1 + \mathfrak{e}'_2 x'_2 + \mathfrak{e}'_3 x'_3 \end{aligned}$$

ein. Sie hängen zusammen durch

$$(11)\qquad \overrightarrow{U'X} = \overrightarrow{U'U} + \overrightarrow{UX} \quad \text{oder} \quad \mathfrak{x}' = \mathfrak{u} + \mathfrak{x}.$$

Die vektorielle Geschwindigkeit von X gegenüber **R**, also

$$(12)\qquad \dot{\mathfrak{x}}_r = \mathfrak{e}_1 \dot{x}_1 + \mathfrak{e}_2 \dot{x}_2 + \mathfrak{e}_3 \dot{x}_3$$

wird wieder als *Vektor der Relativgeschwindigkeit* bezeichnet. (Für diese Ableitung nach t sind die $\mathfrak{e}_i$ als fest anzusehen und bedeutet $\dot{x}_i = dx_i : dt$ entsprechend der Eigenbewegung des Punktes X in **R**.)

Die *Absolutgeschwindigkeit*

$$\dot{\mathfrak{x}}_a = \mathfrak{e}'_1 \dot{x}'_1 + \mathfrak{e}'_2 \dot{x}'_2 + \mathfrak{e}'_3 \dot{x}'_3$$

ist die vektorielle Geschwindigkeit von X gegenüber **R'**, sie kann wegen (5), (8), (9) auch wie folgt dargestellt werden:

$$\dot{\mathfrak{x}}_a = \dot{\mathfrak{x}}' = \dot{\mathfrak{u}} + \dot{\mathfrak{x}} = \hat{\mathfrak{q}} + \sum (\dot{\mathfrak{e}}_i x_i + \mathfrak{e}_i \dot{x}_i) = \hat{\mathfrak{q}} + \mathfrak{q} \times \mathfrak{x} + \dot{\mathfrak{x}}_r.$$

Ist X in **R** fest, dann sind die Koordinaten x_i konstant und verschwindet die Relativgeschwindigkeit $\dot{\mathfrak{x}}_r = 0$. Die Absolutgeschwindigkeit $\dot{\mathfrak{x}}_a$ reduziert sich dann auf die *vektorielle Führungsgeschwindigkeit*

$$(13)\qquad \boxed{\dot{\mathfrak{x}}_f = \hat{\mathfrak{q}} + \mathfrak{q} \times \mathfrak{x}.}$$

Mithin gilt das *Gesetz von der Zusammensetzung der Geschwindigkeiten* in der bekannten Form:

$$\boxed{\dot{\mathfrak{x}}_a = \dot{\mathfrak{x}}_f + \dot{\mathfrak{x}}_r .} \tag{14}$$

Satz 1 kann also durch sinngemäße Abänderung auf den Raum ausgedehnt werden. — Durch nochmalige Ableitung nach t gelangen wir zu den *Beschleunigungsvektoren*; bei ihrer Zusammensetzung kommt, wie in der ebenen Kinematik, die Coriolis-Beschleunigung hinzu. Satz 20 kann somit übernommen werden.

Wir wollen nun die geometrische Bedeutung der Vektoren $\mathfrak{q}$, $\hat{\mathfrak{q}}$ untersuchen.

Betrachten wir für den Augenblick eine *reine Drehung* um den festen Punkt $U = U'$, setzen wir also $\mathfrak{u} = 0$, $\hat{\mathfrak{q}} = 0$, so wird mit (13) die Geschwindigkeit eines im Gangraum **R** festen Punktes X durch $\dot{\mathfrak{x}}_f = \mathfrak{q} \times \mathfrak{x}$ gegeben. Die Drehung des Punktes X erfolgt hierbei im Augenblick um eine *Drehachse der Richtung* $\mathfrak{q}$ mit der *Winkelgeschwindigkeit* $\omega = |\mathfrak{q}|$ (Betrag von $\mathfrak{q}$). Somit ist $\mathfrak{q}$ der Darboux*sche Drehvektor*. Zufolge der Schreibung als Vektorprodukt steht nämlich der Vektor $\dot{\mathfrak{x}}_f$ auf $\mathfrak{q}$ und $\mathfrak{x}$ senkrecht und gilt für den Betrag

$$|\dot{\mathfrak{x}}_f| = |\mathfrak{q}| \cdot |\mathfrak{x}| \cdot \sin \chi = \omega \cdot r,$$

wobei χ der Winkel zwischen $\mathfrak{q}$ und $\mathfrak{x}$ ist und r den Abstand des Punktes X von der Drehachse mißt (Fig. 72). Hierbei steht noch die Orientierung von $\mathfrak{q}$ mit dem Drehsinn in Zusammenhang. Somit gilt der

Satz 49: *Bei einem zwangläufigen Drehvorgang um einen festen Punkt erfährt jeder Punkt des Gangraumes eine Momentandrehung mit dem Drehvektor* $\mathfrak{q}$. *Seine Richtung gibt die Drehachse, sein Betrag die Winkelgeschwindigkeit an.*

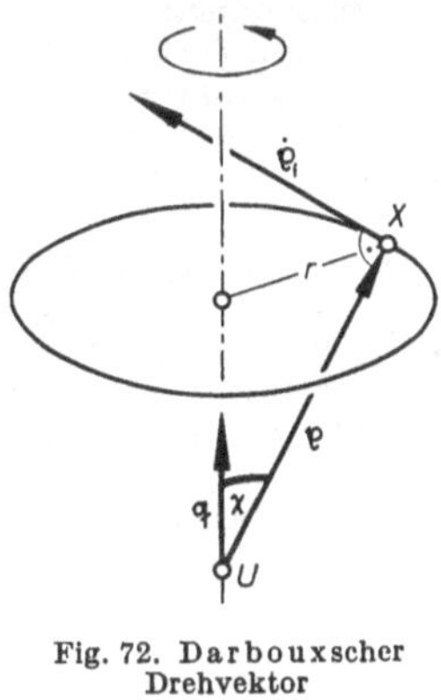

Fig. 72. Darbouxscher Drehvektor

Eine *gerichtete Gerade* des Raumes kann durch den Ortsvektor $\overrightarrow{UX} = \mathfrak{x}$ eines ihrer Punkte X und den Richtungsvektor $\mathfrak{g}$ mit $\mathfrak{g}^2 = 1$ erfaßt werden. Eine Parameterdarstellung (mit λ als Parameter) lautet dann

$$\mathfrak{y} = \mathfrak{x} + \lambda \mathfrak{g}.$$

Um uns von dem scheinbar ausgezeichneten Punkt X zu befreien, bilden wir

(a) $$\hat{\mathfrak{g}} = \mathfrak{x} \times \mathfrak{g}.$$

Dieser Vektor ist von der Wahl des Punktes X unabhängig, wie man aus

$$\mathfrak{y} \times \mathfrak{g} = \mathfrak{x} \times \mathfrak{g} = \hat{\mathfrak{g}}$$

entnimmt. $\hat{\mathfrak{g}}$ kann als *vektorielles Moment* der „*Einheitskraft*" $\mathfrak{g}$ in bezug auf den Ursprung U gedeutet werden. Durch das Vektorpaar $(\mathfrak{g}, \hat{\mathfrak{g}})$ ist die gerichtete Gerade eindeutig festgelegt; die beiden Vektoren erfüllen hierbei die Bedingungen

(b) $$\mathfrak{g}^2 = 1, \quad \mathfrak{g}\hat{\mathfrak{g}} = 0.$$

Die 6 Koordinaten (Komponenten) von $\mathfrak{g}$ und $\hat{\mathfrak{g}}$ bezüglich eines rechtwinkeligen Koordinatensystems werden als *inhomogene, genormte* Plücker*sche Geradenkoordinaten* bezeichnet. Bei Verzicht auf Normierung des Richtungsvektors $\mathfrak{g}$ fällt die erste Gleichung von (b) weg, sind $\mathfrak{g}$ und $\hat{\mathfrak{g}}$ nur bis auf einen gemeinsamen Faktor $\neq 0$ bestimmt und sprechen wir von *homogenen* Plücker*schen Linienkoordinaten.*

Um nun auch mit einem beliebigen Vektorpaar $\mathfrak{a}, \hat{\mathfrak{a}}$, für das also im allgemeinen $\mathfrak{a}\hat{\mathfrak{a}} \neq 0$ gelten möge, eine geometrische Vorstellung zu verbinden, betrachten wir Gerade $(\mathfrak{g}, \hat{\mathfrak{g}})$, für die neben (b) die Bedingung

(c) $$\mathfrak{a}\hat{\mathfrak{g}} + \hat{\mathfrak{a}}\mathfrak{g} = 0,$$

also in den Plückerschen Linienkoordinaten eine lineare Gleichung erfüllt ist. Die so erklärte Gesamtheit von ∞^3 Geraden ist ein *Strahlgewinde* (*linearer Strahlkomplex*). Aus den Vektoren $\mathfrak{a}, \hat{\mathfrak{a}}$ bilden wir wieder eine Gerade $(\mathfrak{a}_0, \hat{\mathfrak{a}}_0)$, die wir die *Achse* des Strahlgewindes nennen. Wir setzen hierzu

(d) $$\mathfrak{a}_0 = \frac{\mathfrak{a}}{|\mathfrak{a}|}, \quad \hat{\mathfrak{a}}_0 = \frac{\hat{\mathfrak{a}} - k\mathfrak{a}}{|\mathfrak{a}|} \quad \text{mit } |\mathfrak{a}| = \sqrt{\mathfrak{a}^2}\,.$$

Für

(e) $$k = \frac{\mathfrak{a}\hat{\mathfrak{a}}}{\mathfrak{a}^2}$$

sind nun tatsächlich die Bedingungen (b), d. h.

$$\mathfrak{a}_0^2 = 1, \quad \mathfrak{a}_0\hat{\mathfrak{a}} = 0$$

erfüllt. k wird als *Parameter* oder *Steigung* des Gewindes bezeichnet.

Ist im besonderen $k = 0$, so wird durch $(\mathfrak{a}, \hat{\mathfrak{a}})$ bereits die Achse des nunmehr *ausgearteten Strahlgewindes* dargestellt. Dieses selbst besteht aus sämtlichen Treffgeraden der Achse und heißt auch *Strahlgebüsch*. Zum Beweis wird (c) als *Schnittbedingung* zweier Geraden $(\mathfrak{a}, \hat{\mathfrak{a}})$, $(\mathfrak{g}, \hat{\mathfrak{g}})$ bestätigt. Für zwei Punkte X, Y auf $(\mathfrak{g}, \hat{\mathfrak{g}})$ bzw. auf $(\mathfrak{a}, \hat{\mathfrak{a}})$ gelten die *Inzidenzbedingungen* (a) und $\hat{\mathfrak{a}} = \mathfrak{y} \times \mathfrak{a}$, womit wir

$$\mathfrak{a}\hat{\mathfrak{g}} + \hat{\mathfrak{a}}\mathfrak{g} = (\mathfrak{a}\mathfrak{x}\mathfrak{g}) + (\mathfrak{y}\mathfrak{a}\mathfrak{g}) = (\mathfrak{y} - \mathfrak{x})(\mathfrak{a} \times \mathfrak{g})$$

finden. Aus (c) folgt die Inzidenz der beiden Geraden, denn nur für schneidende Gerade steht jeder Verbindungsvektor $\overrightarrow{XY}$ auf $\mathfrak{a} \times \mathfrak{g} \neq 0$ senkrecht.

Nun betrachten wir die *Schraubung* (*Schraubenbewegung*) um obige Achse $(\mathfrak{a}_0, \hat{\mathfrak{a}}_0)$ mit dem *Parameter* (*Steigung*) k. Da das Zeitgesetz hier keine Rolle spielt, können wir diese Schraubung aus einer *Drehung* um die Achse $(\mathfrak{a}_0, \hat{\mathfrak{a}}_0)$ mit dem Darbouxschen Drehvektor $\mathfrak{a}$ und aus einer *Schiebung* in Richtung dieser Achse mit dem Schiebvektor $k \cdot \mathfrak{a}$ zusammensetzen. Das Verhältnis von Schiebstrecke zu Drehwinkel ist nun tatsächlich gleich dem Parameter k der Schraubung.

Für einen beliebigen Punkt M der Achse $(\mathfrak{a}_0, \hat{\mathfrak{a}}_0)$ mit $\overrightarrow{UM} = \mathfrak{m}$ gilt nach (a) die Inzidenzbedingung

$$\hat{\mathfrak{a}}_0 = \mathfrak{m} \times \mathfrak{a}_0 .$$

Wegen (d) ist dies mit

$$\hat{\mathfrak{a}} - k\mathfrak{a} = \mathfrak{m} \times \mathfrak{a} \tag{f}$$

gleichwertig. Ein beliebiger Punkt X mit

$$\overrightarrow{MX} = \overrightarrow{UX} - \overrightarrow{UM} = \mathfrak{x} - \mathfrak{m}$$

werde nun verschraubt; seine Bahnkurve ist eine gewöhnliche Schraublinie. Der Vektor $\dot{\mathfrak{x}}_t$ der Geschwindigkeit von X setzt sich aus der Geschwindigkeitskomponente der reinen Drehung um $(\mathfrak{a}_0, \hat{\mathfrak{a}}_0)$ und aus der Geschwindigkeitskomponente der bloßen Schiebung längs der Achse zusammen, ist also

$$\dot{\mathfrak{x}}_t = \mathfrak{a} \times (\mathfrak{x} - \mathfrak{m}) + k\mathfrak{a} .$$

Mit (f) vereinfacht sich dies auf

$$\text{(g)} \qquad \dot{\mathfrak{x}}_f = \hat{\mathfrak{a}} + \mathfrak{a} \times \mathfrak{x}.$$

Die Gerade $(\mathfrak{g}, \hat{\mathfrak{g}})$ sei nun eine Normale der Bahnschraublinie im Punkte X. Es gilt dann neben der Inzidenzbedingung (a) noch $\mathfrak{g}\dot{\mathfrak{x}}_f = 0$. Mit (g) folgt daraus

$$(\mathfrak{a}\mathfrak{x}\mathfrak{g}) + \hat{\mathfrak{a}}\mathfrak{g} = 0$$

und mit (a) schließlich die Gleichung des Strahlgewindes (c).

Satz 50: *Mit einem linearen Strahlkomplex (Strahlgewinde) ist eine Schraubung verbunden und umgekehrt. Gewindeachse und Schraubachse decken sich; die Parameter (Steigungen) von Gewinde und Schraubung stimmen überein. Die ∞^3 Strahlen des Gewindes bestehen aus der Gesamtheit der Bahnnormalen der Punkte des Raumes, die der Schraubung unterworfen werden.*

Nun kehren wir wieder zu unserem zwangläufigen Bewegungsvorgang **B** zurück und betrachten das Strahlgewinde und die Schraubung, die zum Zeitpunkt t durch das Vektorpaar $(\mathfrak{q}, \hat{\mathfrak{q}})$ bestimmt sind. Mit (d) und (e) erhalten wir für die *Achse*

$$\text{(15)} \qquad \boxed{\mathfrak{p} = \frac{\mathfrak{q}}{|\mathfrak{q}|}}\,, \qquad \boxed{\hat{\mathfrak{p}} = \frac{\hat{\mathfrak{q}} - k\mathfrak{q}}{|\mathfrak{q}|}} \qquad \text{mit } |\mathfrak{q}| = \sqrt{\mathfrak{q}^2}$$

und für den *Parameter* (*Steigung*)

$$\text{(15*)} \qquad \boxed{k = \frac{\mathfrak{q}\hat{\mathfrak{q}}}{\mathfrak{q}^2}\,.}$$

Unterwerfen wir nun dieser *Momentanschraubung* einen beliebigen Punkt X von **R**, so liefert uns (g) seine Geschwindigkeit (Führungsgeschwindigkeit). Der so erhaltene Ausdruck stimmt aber mit (13) überein. Daher gilt der

Satz 51: *Ein zwangläufiger räumlicher Bewegungsvorgang* **B** = **R**/**R**′ *besteht im Augenblick aus einer infinitesimalen Schraubung (Momentanschraubung) des Gangraumes* **R** *gegenüber dem Rastraum* **R**′ *um die augenblickliche Schraubachse* $(\mathfrak{p}, \hat{\mathfrak{p}})$ *mit dem Schraubparameter (Steigung) k.*

Aus Satz 50 folgt unmittelbar der

Satz 52: *Bei einer Raumbewegung* **B** *beschreiben die* ∞^3 *Punkte des Gangraumes* **R** *Bahnkurven im Rastraum* **R'**, *deren augenblickliche Bahnnormalen stets einen linearen Strahlkomplex (Strahlgewinde) bilden.*

Nebenbei ergibt sich noch

Satz 53: *Hat eine Gerade von* **R'** *die Eigenschaft, eine Bahnkurve eines Punktes von* **R** *bei* **B** *rechtwinkelig zu schneiden, so ist diese Gerade zugleich auch Normale für die Bahnkurven ihrer sämtlichen Punkte, wenn diese als Punkte von* **R** *betrachtet werden.*

Das mit der Momentanschraubung verbundene Gewinde hat nach (c) die Gleichung

$$\boxed{\mathfrak{q}\hat{\mathfrak{g}} + \hat{\mathfrak{q}}\mathfrak{g} = 0.} \qquad (16)$$

Für $k = 0$ wird die Momentanschraubung zur *reinen Drehung* um die Momentanachse $(\mathfrak{p}, \hat{\mathfrak{p}})$; der zugehörige Strahlkomplex artet in ein Strahlgebüsch aus.

Für $\mathfrak{q} = 0$, was wir bisher stillschweigend ausgeschlossen hatten, ist wegen (13) unsere Bewegung im Augenblick eine *Schiebung* ($\dot{\mathfrak{x}}_t = \hat{\mathfrak{q}}$). Identisches Verschwinden von $\mathfrak{q}$ kennzeichnet also *Schiebvorgänge* im Raum.

Aufgabe:

Ordnet man bei einem **B** (oder auch nur bei einer Schraubenbewegung) zur Zeit t jedem Punkt die Normalebene seiner Bahnkurve zu und umgekehrt einer Ebene jenen Punkt, dessen Bahnkurve sie senkrecht durchsetzt, so entsteht eine *involutorische lineare Punkt-Ebenen-Verwandtschaft (Korrelation)*, die auch *Nullsystem* heißt. Entsprechende Elemente werden als *Nullpunkt* bzw. *Nullebene* bezeichnet.

Man beweise dies auf Grund der aus der projektiven Geometrie bekannten Zusammenhänge zwischen Strahlgewinde und Nullsystem!

Man übertrage die Eigenschaften des Nullsystems hinsichtlich der reziproken Polaren auf die Momentanschraubung!

3. Das Schroten der Achsenflächen

Für die Geschwindigkeiten eines Punktes hatten wir die Ausdrücke (12), (13) und (14) gefunden. Nun wollen wir die entsprechenden Änderungen für eine *Gerade* $(\mathfrak{g}, \hat{\mathfrak{g}})$ ermitteln. Hierbei gelte (b) und besagt (a), daß der Punkt X mit $\overrightarrow{UX} = \mathfrak{x}$ auf der Geraden liegt.

Für den *Richtungsvektor* $\mathfrak{g}$ ist nur der Drehbestandteil von $\mathbf{B}$ maßgebend und ergibt sich als Änderung gegenüber $\mathbf{R}$

$$\dot{\mathfrak{g}}_r = \mathfrak{e}_1 \dot{\mathfrak{g}}_1 + \mathfrak{e}_2 \dot{\mathfrak{g}}_2 + \mathfrak{e}_3 \dot{\mathfrak{g}}_3 \tag{17}$$

und gegenüber $\mathbf{R}'$

$$\dot{\mathfrak{g}}_a = \dot{\mathfrak{g}}_f + \dot{\mathfrak{g}}_r, \tag{18}$$

wobei der Führungsgeschwindigkeit folgender Vektor entspricht

$$\boxed{\dot{\mathfrak{g}}_f = \mathfrak{q} \times \mathfrak{g}.} \tag{19}$$

Beim *Momentenvektor* $\hat{\mathfrak{g}}$ gehen wir von der Darstellung (a) aus und finden als Änderung gegenüber $\mathbf{R}$

$$\dot{\hat{\mathfrak{g}}}_r = \dot{\mathfrak{x}}_r \times \mathfrak{g} + \mathfrak{x} \times \dot{\mathfrak{g}}_r \tag{20}$$

und als Änderung gegenüber $\mathbf{R}'$

$$\dot{\hat{\mathfrak{g}}}_a = \dot{\mathfrak{x}}_a \times \mathfrak{g} + \mathfrak{x} \times \dot{\mathfrak{g}}_a = \dot{\hat{\mathfrak{g}}}_f + \dot{\hat{\mathfrak{g}}}_r. \tag{21}$$

Hierbei gelangen wir mit (13), (14), (18) und (19) zu

$$\boxed{\dot{\hat{\mathfrak{g}}}_f = \hat{\mathfrak{q}} \times \mathfrak{g} + (\mathfrak{g} \times \mathfrak{x}) \times \mathfrak{q} = \hat{\mathfrak{q}} \times \mathfrak{g} + \mathfrak{q} \times \hat{\mathfrak{g}}} \tag{22}$$

und machen von folgender Regel der Vektorrechnung Gebrauch

$$(\mathfrak{a} \times \mathfrak{b}) \times \mathfrak{c} = (\mathfrak{a}\mathfrak{c})\,\mathfrak{b} - (\mathfrak{b}\mathfrak{c})\,\mathfrak{a}.$$

Auf Grund von (15), (19), (22) überzeugt man sich leicht, daß im allgemeinen durch $\dot{\mathfrak{g}}_f = 0$, $\dot{\hat{\mathfrak{g}}}_f = 0$ die *Momentanachse* $(\mathfrak{g} = \mathfrak{p}, \hat{\mathfrak{g}} = \hat{\mathfrak{p}})$ gekennzeichnet ist; sie bleibt also bei $\mathbf{B}$ in beiden Räumen $\mathbf{R}$ und $\mathbf{R}'$ augenblicklich in Ruhe.

Für die Momentanachse gilt somit wegen (18), (21)

$$\dot{\mathfrak{p}}_a = \dot{\mathfrak{p}}_r, \quad \dot{\hat{\mathfrak{p}}}_a = \dot{\hat{\mathfrak{p}}}_r. \tag{23}$$

Nun beschreibt im Verlaufe des Bewegungsvorgangs **B** die Achse der jeweiligen Momentanschraubung im Gangraum **R**, wie im Rastraum **R'** je eine Strahlfläche. Diese *Achsenflächen* spielen für die räumliche Bewegung eine ähnliche Rolle wie die Polbahnen für einen ebenen Bewegungsvorgang. Wir fragen daher, was dem Rollen der Polkurven entspricht.

Eine Gerade $g = (\mathfrak{g}, \hat{\mathfrak{g}})$ beschreibt eine *Strahlfläche* oder *Regelfläche*, wenn $\mathfrak{g} = \mathfrak{g}(t)$, $\hat{\mathfrak{g}} = \hat{\mathfrak{g}}(t)$ Funktionen eines reellen Parameters sind, (b) erfüllt ist und in gemeinsamem Definitionsbereich Differenzierbarkeitseigenschaften bestehen. — Der Richtungsvektor $\mathfrak{g}$ als Ortsvektor vom Ursprung U abgetragen, beschreibt auf der Einheitskugel eine Kurve, das *sphärische Bild* der Strahlfläche mit dem Quadrat des Bogenelementes $ds^2 = \dot{\mathfrak{g}}^2 dt^2$. — Als Skalarprodukte sind $\dot{\mathfrak{g}}^2$ und $\dot{\mathfrak{g}}\dot{\hat{\mathfrak{g}}}$ unempfindlich (invariant) gegenüber Änderungen des Koordinatensystems (Koordinatentransformationen); sie multiplizieren sich bei Übergang zu einem anderen Parameter mit dem *gleichen* Faktor. Ihr Quotient ist daher eine *Differentialinvariante* (niedrigster Ordnung), der für die Strahlfläche geometrische Bedeutung zukommt. Man bezeichnet

$$\frac{1}{d} = \frac{\dot{\mathfrak{g}}\dot{\hat{\mathfrak{g}}}}{\dot{\mathfrak{g}}^2} \tag{24}$$

als *Verteilungsparameter* oder *Drall* der Strahlfläche längs der t entsprechenden Erzeugenden. In anschaulicher Weise kann der Drall als Grenzwert erklärt werden, dem das Verhältnis der kürzesten Entfernung zweier benachbarten Erzeugenden g, g_1 zu ihrem Neigungswinkel für die Annäherung $g_1 \to g$ zustrebt:

$$\frac{1}{d} = \lim_{g_1 \to g} \frac{\overline{g\, g_1}}{\widehat{g\, g_1}}.$$

Hierbei sind bei Beschränkung auf Glieder erster Ordnung zwei benachbarte Erzeugende g, g_1 durch die Vektorpaare $\mathfrak{g} = \mathfrak{g}(t)$, $\hat{\mathfrak{g}} = \hat{\mathfrak{g}}(t)$ bzw.

$$\begin{cases} \mathfrak{g}(t + dt) = \mathfrak{g}(t) + \dot{\mathfrak{g}}(t)\, dt, \\ \hat{\mathfrak{g}}(t + dt) = \hat{\mathfrak{g}}(t) + \dot{\hat{\mathfrak{g}}}(t)\, dt \end{cases} \tag{25}$$

festgelegt. *Torsen* (*abwickelbare Strahlflächen*) sind durch das Schneiden benachbarter Erzeugenden und damit durch das Verschwinden ihres Dralles gekennzeichnet. Die Erklärung des Dralls versagt für *Zylinderflächen*, die wir von der Betrachtung ausschließen wollen.

Für eine Strahlfläche mit nicht verschwindendem Drall sind benachbarte Erzeugende *windschief*, liegen also nicht in einer Ebene. Jener Punkt S der Erzeugenden g, der von der Nachbarerzeugenden g_1 den kürzesten Abstand besitzt, heißt *Kehlpunkt* oder *Zentralpunkt* oder *Striktionspunkt*. Der Ort dieser Punkte ist die *Kehllinie* oder *Striktionslinie* der Strahlfläche.

Wegen (23) und (25) haben somit die beiden Achsenflächen zwei benachbarte Erzeugende gemeinsam, sie besitzen also längs der Erzeugenden ($\mathfrak{g} = \mathfrak{p}$, $\hat{\mathfrak{g}} = \hat{\mathfrak{p}}$) das gleiche windschiefe Flächenelement oder anders ausgedrückt: Die bewegte und die feste Achsenfläche berühren sich zur Zeit t längs der gemeinsamen Erzeugenden (Momentanachse). Daraus folgt, daß die beiden Achsenflächen auch den gleichen Zentralpunkt besitzen und im Drall übereinstimmen. Somit gilt der

Satz 54: *Im Verlaufe des zwangläufigen Bewegungsvorgangs* **B** *vollführt die bewegte Achsenfläche auf der festen Achsenfläche eine solche Bewegung, daß jeweils zwei infinitesimal benachbarte Erzeugende gemeinsam sind, die beiden Flächen sich also längs der jeweiligen Momentanachse berühren und in Zentralpunkt und Drall übereinstimmen. Die beiden Achsenflächen rollen hierbei jedoch im allgemeinen nicht gleitungslos auf einander, sondern vollführen eine aus Rollen und Gleiten zusammengesetzte Bewegung, die man nach* F. Reuleaux *als „Schroten" bezeichnet. Dabei findet um die gemeinsame Erzeugende (Momentanachse) die Momentanschraubung mit dem Parameter k statt.*

Durch den Drehbestandteil eines räumlichen Bewegungsvorgangs wird ein *Drehvorgang* geliefert, dessen Polbahnen auf den Einheitskugeln (*bewegliche Gangkugel* und *feste Rastkugel*) vom Richtungsvektor $\mathfrak{p}$ der Momentanachse ($\mathfrak{p}$, $\hat{\mathfrak{p}}$) von **B** beschrieben werden und gleitungslos aufeinander rollen. (Vgl. hierzu auch Satz 49 und (23)!) Somit gilt

Satz 55: *Bei einem räumlichen Bewegungsvorgang* **B** *rollen die sphärischen Bilder der Achsenflächen und somit auch deren Richtkegel gleitungslos aufeinander, die Achsenflächen selbst schroten jedoch hierbei aufeinander*[1]).

Als Sonderfall findet *gleitungsloses Rollen* der beweglichen auf der festen Achsenfläche statt, wenn der Parameter der Momentanschraubung ständig verschwindet: $k = 0$. Dies tritt insbesondere bei *zwangläufigen Drehvorgängen* um einen festen Punkt ein, bei denen die Achsenflächen zwei *Kegel* mit gemeinsamem Scheitel sind. Auch die ebenen Bewegungsvorgänge können so aufgefaßt werden, daß zwei Zylinder mit Polbahnprofilen (und Erzeugenden senkrecht zur Ebene) aufeinander rollen.

4. Die Bahnfläche einer Geraden

Wir gehen von einer Geraden $g = (\mathfrak{g}, \hat{\mathfrak{g}})$ aus, die im Gangraum **R** befestigt sei. Bei **B** durchläuft im allgemeinen g eine Strahlfläche, die wir die *Bahnfläche* von g nennen. Ihr *Drall* kann mit (19), (22) aus (24) ermittelt werden; nach einfachen Umformungen mit der Formel

$$(\mathfrak{a} \times \mathfrak{b}) \cdot (\mathfrak{c} \times \mathfrak{d}) = (\mathfrak{a}\mathfrak{c})(\mathfrak{b}\mathfrak{d}) - (\mathfrak{a}\mathfrak{d})(\mathfrak{b}\mathfrak{c})$$

finden wir

$$\frac{1}{d} = \frac{\mathfrak{q}\hat{\mathfrak{q}} - (\mathfrak{g}\mathfrak{q})(\mathfrak{g}\hat{\mathfrak{q}} + \hat{\mathfrak{g}}\mathfrak{q})}{\mathfrak{q}^2 - (\mathfrak{g}\mathfrak{q})^2}. \tag{26}$$

Dieser Ausdruck kann durch besondere Wahl des Gangkreuzes $\{U;\, \mathfrak{e}_1, \mathfrak{e}_2, \mathfrak{e}_3\}$ vereinfacht werden: Zum Zeitpunkt t liege U auf der Momentanachse $(\mathfrak{p}, \hat{\mathfrak{p}})$ und weise etwa $\mathfrak{e}_3$ in ihre Richtung. Es gilt dann $\mathfrak{p} = \mathfrak{e}_3$, $\hat{\mathfrak{p}} = 0$, woraus mit (15), (15*) nun $q_1 = q_2 = \hat{q}_1 = \hat{q}_2 = 0$, also

$$\mathfrak{q} = \mathfrak{e}_3 q_3, \quad \hat{\mathfrak{q}} = \mathfrak{e}_3 \hat{q}_3, \quad k = \hat{q}_3 : q_3$$

folgt. Nun ergibt sich aus (26) wegen (b)

$$\frac{1}{d} = k - \frac{g_3 \hat{g}_3}{1 - g_3^2} = k - \frac{g_3 \hat{g}_3}{g_1^2 + g_2^2}. \tag{27}$$

---

[1]) **Man kann auch vom Rollen der Fernkurven der Achsenflächen sprechen.**

Die Gesamtheit der Geraden g des Gangraumes **R**, die Bahnflächen mit dem gleichen Drall 1:d zur Zeit t beschreiben, genügen nach (27) der Gleichung

$$\left(k - \frac{1}{d}\right)(g_1^2 + g_2^2) - g_3 \hat{g}_3 = 0 . \tag{28}$$

Wir gelangen somit zu einer *quadratischen Gleichung* (quadratischen Form) in den (homogenen) Plückerschen Koordinaten. Es wird dadurch eine Geradenmannigfaltigkeit **Q** von ∞^3 Geraden dargestellt, die man als *quadratischen Strahlkomplex* bezeichnet. Eine nähere Untersuchung zeigt, daß ihm die Segresche Charakteristik [(2, 2), (1, 1)] zukommt, er also ein Grenzfall eines *tetraedralen Strahlkomplexes* ist[1]).

Als Sonderfall erhalten wir den quadratischen Komplex $\mathbf{Q}_0$ aller Geraden g von **R**, die augenblicklich *Torsen* beschreiben, die also *Torsallinien* ihrer Bahnflächen sind. Hierfür haben wir in (28) nur $\frac{1}{d} = 0$ einzusetzen.

Auf jeder Geraden g, die im Augenblick eine Torse beschreibt, d.h. Torsallinie ihrer Bahnfläche ist, gibt es einen Punkt, durch den bei **B** auch die Nachbarlage von g hindurchgeht. Dieser Punkt ist sozusagen Gratpunkt der Torse und besitzt selbst — als Punkt von **R** aufgefaßt — eine Bahnkurve, deren Tangente die Gerade g ist. Somit ist der quadratische Komplex $\mathbf{Q}_0$ auch der *Komplex der Bahntangenten* zum betrachteten Zeitpunkt. Wir fassen zusammen:

Satz 56: *Alle Geraden g des Gangraumes, deren Bahnflächen im Augenblick den gleichen Drall besitzen, erfüllen einen quadratischen Strahlkomplex* **Q**, *der ein Ausartungsfall eines tetraedralen Komplexes ist. Im besonderen bilden die Geraden g von* **R**, *die augenblicklich Torsallinien ihrer Bahnflächen durchlaufen, einen quadratischen Strahlkomplex* $\mathbf{Q}_0$, *der sich mit dem Bahntangentenkomplex (Komplex der Tangenten an die Bahnkurven der* ∞^3 *Punkte von* **R**) *deckt.*

---

[1]) H. R. Müller, Über zwangläufige Bewegungsvorgänge Collect. Mathem. *3* (1950) Fasc. 2.

Für die Bahnflächen einer beliebigen Geraden g von **R** wollen wir noch folgenden Satz beweisen:

Satz 57: *Der jeweilige Zentralpunkt der Bahnfläche einer Geraden g von* **R** *ist der auf g liegende Fußpunkt des gemeinsamen Lotes von g und der Achse der jeweiligen Momentanschraubung.*

Unter Verzicht auf Normierung wird das Gemeinlot $n = (\mathfrak{n}, \hat{\mathfrak{n}})$ der Momentanachse $p = (\mathfrak{p}, \hat{\mathfrak{p}})$ und der Erzeugenden $g = (\mathfrak{g}, \hat{\mathfrak{g}})$ durch

$$\mathfrak{n} = \mathfrak{p} \times \mathfrak{g}, \quad \hat{\mathfrak{n}} = \mathfrak{p} \times \hat{\mathfrak{g}} + \hat{\mathfrak{p}} \times \mathfrak{g} + \nu (\mathfrak{p} \times \mathfrak{g})$$

gegeben. Hierin ist ν so zu wählen, daß $\mathfrak{n}\hat{\mathfrak{n}} = 0$ ausfällt. Man bestätigt $\mathfrak{n}\mathfrak{g} = 0$, $\mathfrak{n}\mathfrak{p} = 0$ und die Schnittbedingungen (c), nämlich

$$\mathfrak{n}\hat{\mathfrak{g}} + \hat{\mathfrak{n}}\mathfrak{g} = 0, \quad \mathfrak{n}\hat{\mathfrak{p}} + \hat{\mathfrak{n}}\mathfrak{p} = 0.$$

Die Gerade n schneidet also tatsächlich die Strahlen p und g rechtwinkelig.

Die Nachbarlage g_1 von g können wir wegen (19), (22), (25) durch

$$\mathfrak{g}_1 = \mathfrak{g} + (\mathfrak{q} \times \mathfrak{g})\,dt = \mathfrak{g} + |\mathfrak{q}| \cdot \mathfrak{n} \cdot dt,$$
$$\hat{\mathfrak{g}}_1 = \hat{\mathfrak{g}} + (\hat{\mathfrak{q}} \times \mathfrak{g} + \mathfrak{q} \times \hat{\mathfrak{g}})\,dt = \hat{\mathfrak{g}} + |\mathfrak{q}| \cdot [\hat{\mathfrak{n}} + (k - \nu)\mathfrak{n}]\,dt$$

erfassen. Das Gemeinlot der benachbarten Geraden g, g_1 ist durch

$$\mathfrak{h} = \mathfrak{g} \times \mathfrak{g}_1 = |\mathfrak{q}| \cdot (\mathfrak{g} \times \mathfrak{n})\,dt,$$
$$\hat{\mathfrak{h}} = \mathfrak{g} \times \hat{\mathfrak{g}}_1 + \hat{\mathfrak{g}} \times \mathfrak{g}_1 = |\mathfrak{q}| \cdot [\mathfrak{g} \times \hat{\mathfrak{n}} + \hat{\mathfrak{g}} \times \mathfrak{n} + (k - \nu)(\mathfrak{g} \times \mathfrak{n})]\,dt$$

gegeben. Der Schnittpunkt S von g und $h = (\mathfrak{h}, \hat{\mathfrak{h}})$ ist nun der *Zentralpunkt* auf der Erzeugenden g. Zum Beweis unseres Satzes zeigen wir, daß das Gemeinlot n von p und g auch die Gerade h rechtwinkelig schneidet. Als Bedingungen hierfür bestätigt man (Fig. 73)

$$\mathfrak{n}\mathfrak{h} = 0, \quad \mathfrak{n}\hat{\mathfrak{h}} + \hat{\mathfrak{n}}\mathfrak{h} = 0.$$

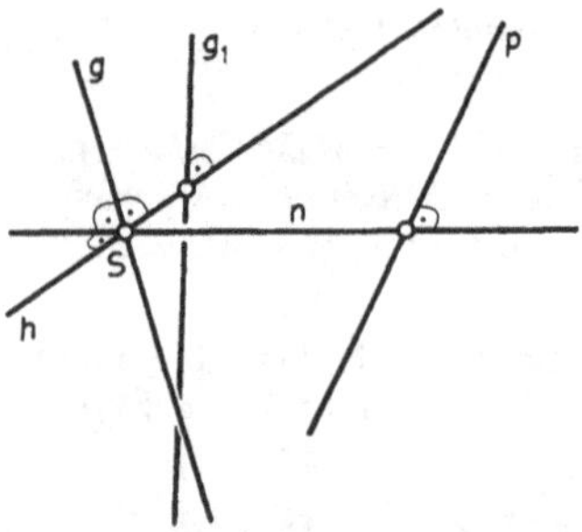

Fig. 73. Zentralpunkt der Bahnfläche einer Geraden

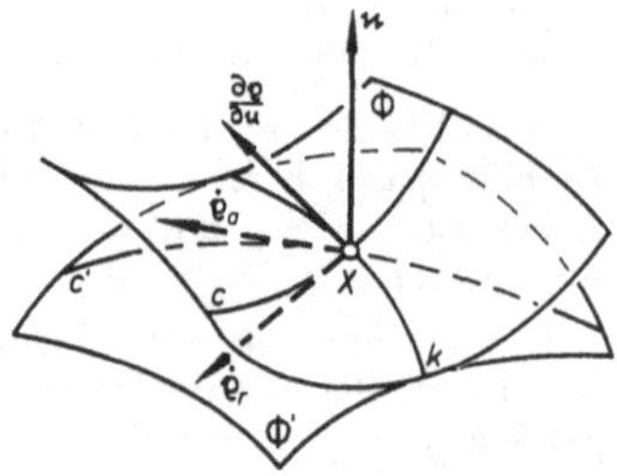

Fig. 74. Hüllflächenpaar mit Charakteristik

5. Hüllbahnflächen

Es sei Φ eine Fläche des Gangraumes **R**. Bei einem zwangläufigen Bewegungsvorgang **B** nimmt Φ im Rastraum **R**$'$ ∞^1 verschiedene Lagen ein, die im allgemeinen eine Einhüllende Φ' besitzen. Wir bezeichnen sie als *Hüllbahnfläche* oder kurz *Hüllbahn* von Φ bei **B**. — Wir wollen Φ und Φ' als glatte Flächen mit stetiger Krümmung oder dgl. annehmen. Dann werden sich beide Flächen zum Zeitpunkt t im allgemeinen längs einer Kurve k berühren, die man *Charakteristik* nennt. X sei ein Punkt dieser Kurve. Im Verlaufe von **B** bewegt sich dieser Berührungspunkt X auf Φ und auf Φ'. Seine Bahnkurve c auf Φ wird hierbei mit der *Relativgeschwindigkeit* $\dot{\mathfrak{x}}_r$ (Geschwindigkeit von X gegen **R**) durchlaufen. Ebenso wird die Bahnkurve c' auf Φ' mit der *Absolutgeschwindigkeit* $\dot{\mathfrak{x}}_a$ (Geschwindigkeit von X gegen **R**$'$) beschrieben. Nun berühren sich die Flächen Φ, Φ' im Punkt X, es liegen also die beiden Vektoren $\dot{\mathfrak{x}}_r$ und $\dot{\mathfrak{x}}_a$ in der gemeinsamen Tangentialebene von Φ und Φ'. Ist $\mathfrak{n}$ der Einheitsvektor der gemeinsamen Flächennormalen, so gilt $\mathfrak{n} \cdot \dot{\mathfrak{x}}_r = 0$, $\mathfrak{n} \cdot \dot{\mathfrak{x}}_a = 0$ und somit nach (14) auch $\mathfrak{n} \cdot \dot{\mathfrak{x}}_f = 0$. Die Führungsgeschwindigkeit steht also auch auf der gemeinsamen Flächennormalen im Berührungspunkt X senkrecht (Fig. 74). Mit Satz 52 finden wir daher den

Satz 57: *Die Hüllbahnfläche Φ' einer im Gangraum* **R** *ruhenden Fläche Φ berührt bei einem zwangläufigen Bewegungsvorgang jede Lage von Φ in* **R'** *längs einer Kurve k. In den Punkten dieser Charakteristik (Berührungslinie) k gehören die gemeinsamen Flächennormalen von Φ und Φ' dem linearen Strahlkomplex an, der mit der Momentanschraubung zum betrachteten Zeitpunkt verbunden ist.*

Wir können also bei **B** die Charakteristik k einer Fläche Φ von **R** zur Zeit t als Ort der Punkte X finden, die auf Φ liegen und in denen die Flächennormalen von Φ dem Gewinde der Momentanschraubung angehören. Die Fläche Φ' in **R'** kann dann als Ort sämtlicher Charakteristiken k aufgefaßt werden.

Gehen wir von einer Parameterdarstellung $\mathfrak{x} = \mathfrak{x}(\mathrm{t}, \mathrm{u})$ der Kurve k im Gangsystem aus, so können wir die Ermittlung von Hüllflächenpaaren auf *partielle Differentialgleichungen* zurückführen. Wird u allein variiert, so durchläuft X die Kurve k zum Zeitpunkt t. Ändern sich beide Parameter t und u, so ist $\mathfrak{x} = \mathfrak{x}(\mathrm{t}, \mathrm{u})$ eine Darstellung der Fläche Φ in **R**. Die Hüllfläche Φ' im festen Raum **R'** wird dann durch $\mathfrak{x}' = \mathfrak{u} + \mathfrak{x}$ erfaßt. Hält man hingegen u fest, so beschreibt X auf Φ die Bahnkurve c, auf Φ' die Bahnkurve c'. Hierbei erfolgt die Durchlaufung mit den Geschwindigkeiten $\dot{\mathfrak{x}}_r = \frac{\partial \mathfrak{x}}{\partial \mathrm{t}}$ bzw. $\dot{\mathfrak{x}}_a$. Schließlich bedeutet $\frac{\partial \mathfrak{x}}{\partial \mathrm{u}}$ den Tangentenvektor an die Berührungslinie k. Die drei Vektoren $\dot{\mathfrak{x}}_r$ $\dot{\mathfrak{x}}_a$, $\frac{\partial \mathfrak{x}}{\partial \mathrm{u}}$ liegen nun in der gemeinsamen Tangentialebene von Φ und Φ', sind also linear abhängig. Mit (13) finden wir als Bedingung hierfür das Verschwinden der Determinante

$$\left(\frac{\partial \mathfrak{x}}{\partial \mathrm{t}},\ \frac{\partial \mathfrak{x}}{\partial \mathrm{u}},\ \hat{\mathfrak{q}} + \mathfrak{q} \times \mathfrak{x}\right) = 0.$$

Die Ermittlung von Hüllflächenpaaren läuft somit auf die Integration dieser partiellen Differentialgleichung hinaus. Drückt man die lineare Abhängigkeit mittels Koeffizienten P, Q aus, die im wesentlichen der Rollgleitzahl des ebenen

Problems (Aufsuchen von Hüllkurvenpaaren bei einem ebenen Bewegungsvorgang) entsprechen, so gelangt man zu

$$P \cdot \frac{\partial \mathfrak{x}}{\partial t} + Q \cdot \frac{\partial \mathfrak{x}}{\partial u} = \hat{\mathfrak{q}} + \mathfrak{q} \times \mathfrak{x}.$$

Dies stellt nun eine *lineare partielle Differentialgleichung erster Ordnung* in Vektorschreibweise zur Bestimmung von Hüllflächenpaaren Φ, Φ' dar, wenn wir uns $P = P(t, u)$, $Q = Q(t, u)$ als Funktionen von t und u vorgegeben denken. (Ausführlich geschrieben handelt es sich um ein System von drei solchen Differentialgleichungen)[1].

Wählen wir im besonderen als Fläche Φ eine *Ebene* des Gangraums **R**, so ist die Charakteristik k eine Gerade, die dem *Bahntangentenkomplex* $\mathbf{Q}_0$ angehört. Dies kann man sich in ähnlicher Weise klar machen, wie im vorhergehenden Kapitel die entsprechende „duale" Eigenschaft. Man betrachte hierzu wieder eine Gerade g, die im Augenblick eine Torse beschreibt. Diese Gerade bildet mit ihrer Nachbargeraden bei **B** eine Ebene, die — als Ebene von **R** aufgefaßt — die Ausgangsgerade g zur Charakteristik besitzt. Satz 56 kann somit ergänzt werden durch den

Satz 58: *Die Charakteristiken der ∞^3 Ebenen des Gangraumes* **R** *bilden bei* **B** *einen quadratischen Strahlkomplex* $\mathbf{Q}_0$, *der sich mit dem augenblicklichen Bahntangentenkomplex deckt.*

6. *Mehrere bewegte räumliche Systeme*

Wir gehen von drei räumlichen Systemen **R**, **R'**, **R''** aus, die paarweise zwangläufige Bewegungsvorgänge gegeneinander ausführen. Die drei Momentanschraubungen seien durch die Vektorpaare $\mathfrak{q}_i$, $\hat{\mathfrak{q}}_i$ für $i = 0, 1, 2$ bestimmt. Hierbei mögen die Momentvektoren $\hat{\mathfrak{q}}_i$ auf den gleichen *Aufpunkt* bezogen sein. Nach (15) können die zugehörigen Schraubachsen $p_i = (\mathfrak{p}_i, \hat{\mathfrak{p}}_i)$ und Schraubparameter k_i ermittelt werden:

[1]) Vgl. H. R. Müller, Zur Ermittlung der Hüllflächen in der räumlichen Kinematik. Monh. f. Math. *63* (1959) 231—240.

$$\mathfrak{p}_i = \frac{\mathfrak{q}_i}{|\mathfrak{q}_i|}, \quad \hat{\mathfrak{p}}_i = \frac{\hat{\mathfrak{q}}_i - k_i \mathfrak{q}_i}{|\mathfrak{q}_i|}, \quad k_i = \frac{\mathfrak{q}_i \hat{\mathfrak{q}}_i}{\mathfrak{q}_i^2}.$$

Entsprechend der Formel (14) für die Zusammensetzung der Geschwindigkeiten mag etwa für einen Punkt X gemäß (13) gesetzt werden

$$\dot{\mathfrak{x}}_f = \hat{\mathfrak{q}}_0 + \mathfrak{q}_0 \times \mathfrak{x}, \quad \dot{\mathfrak{x}}_r = \hat{\mathfrak{q}}_1 + \mathfrak{q}_1 \times \mathfrak{x},$$

$$\dot{\mathfrak{x}}_a = \dot{\mathfrak{x}}_f + \dot{\mathfrak{x}}_r = \hat{\mathfrak{q}}_2 + \mathfrak{q}_2 \times \mathfrak{x}.$$

Somit ist also

$$\mathfrak{q}_2 = \mathfrak{q}_0 + \mathfrak{q}_1, \quad \hat{\mathfrak{q}}_2 = \hat{\mathfrak{q}}_0 + \hat{\mathfrak{q}}_1.$$

Hierbei liegt die Auffassung zugrunde, daß die Eigenbewegung von X in $\mathbf{R}$ selbst wieder durch einen Bewegungsvorgang $\mathbf{R}''/\mathbf{R}$ entstanden ist. Wieder unter Verzicht auf Normierung bilden wir

$$\mathfrak{a} = \mathfrak{q}_0 \times \mathfrak{q}_1, \quad \hat{\mathfrak{a}} = \mathfrak{q}_0 \times \hat{\mathfrak{q}}_1 + \hat{\mathfrak{q}}_0 \times \mathfrak{q}_1 + \alpha(\mathfrak{q}_0 \times \mathfrak{q}_1)$$

und erzwingen durch geeignete Wahl von α die Plückersche Bedingung $\mathfrak{a}\hat{\mathfrak{a}} = 0$. Für die so erklärte *Achse* $a = (\mathfrak{a}, \hat{\mathfrak{a}})$ bestätigt man nun leicht mit (15) die Gültigkeit der Bedingungen

$$\mathfrak{a}\mathfrak{p}_i = 0, \quad \mathfrak{a}\hat{\mathfrak{p}}_i + \hat{\mathfrak{a}}\mathfrak{p}_i = 0$$

nicht nur für $i = 0, 1$, sondern auch für $i = 2$.

Somit besitzen die drei Momentanachsen p_0, p_1, p_2 unserer *räumlichen dreigliedrigen Zwanglaufkette* eine *gemeinsame Treffnormale a.* Die drei Achsen gehören also einem sogenannten *Normalennetz* an. Hierunter versteht man nämlich die Gesamtheit von ∞^2 Geraden, die eine Achse a rechtwinkelig schneiden.

Den drei Momentanschraubungen entsprechen drei Strahlgewinde

$$\mathfrak{q}_i \hat{\mathfrak{g}} + \hat{\mathfrak{q}}_i \mathfrak{g} = 0 \quad (i = 0, 1, 2),$$

die einem *Gewindebüschel* (*Büschel linearer Strahlkomplexe*) angehören.

Die ∞^2 Strahlen, die zwei Gewinden mit den Gleichungen

$$\mathfrak{a}\hat{\mathfrak{g}} + \hat{\mathfrak{a}}\mathfrak{g} = 0, \quad \mathfrak{b}\hat{\mathfrak{g}} + \hat{\mathfrak{b}}\mathfrak{g} = 0$$

gemeinsam sind, bezeichnen wir als *lineare Strahlkongruenz* oder kurz als *Strahlnetz*. Sie gehören dann auch sämtlichen Gewinden des *Gewindebüschels* an, das mit Hilfe zweier homogener Parameter λ, μ auf den beiden gegebenen Gewinden durch

$$(\lambda\mathfrak{a} + \mu\mathfrak{b})\,\hat{\mathfrak{g}} + (\lambda\hat{\mathfrak{a}} + \mu\hat{\mathfrak{b}})\,\mathfrak{g} = 0$$

aufgespannt wird.

Satz 59: *Vollführen drei räumliche Systeme zwangläufige Bewegungsvorgänge paarweise gegeneinander, so liegen stets die drei Achsen der relativen Momentanschraubungen in einem Normalennetz, haben also eine gemeinsame normale Treffgerade. Die mit den drei relativen Momentanschraubungen verbundenen Strahlgewinde gehören einem Gewindebüschel an.*

Man kann nun auch *n-gliedrige Zwanglaufketten* im Raum erklären, bei denen n Räume zu Paaren Zwanglaufbewegungen ausführen. An die Stelle des Drehpolplanes in der ebenen Kinematik tritt dann die *Konfiguration der relativen Momentanachsen.*

Für Bewegungen um einen festen Punkt folgt aus Satz 59 der

Satz 60: *Vollführen drei räumliche Systeme zu Paaren zwangläufige Drehvorgänge um einen festen Punkt U (sphärische Bewegungen), so liegen die drei augenblicklichen Drehachsen in einer Ebene und schneiden sich in U.*

Die Winkel zwischen den Drehachsen sind hierbei, wie in der ebenen Kinematik, durch das Verhältnis der Drehgeschwindigkeiten bestimmt. (Satz 11 gilt nach sinngemäßer Abänderung, wobei an die Stelle der Polabstände die Sinusse der von den Drehachsen eingeschlossenen Winkel zu treten haben.)

Durch *Kegelräder* erfolgt eine gleichförmige Übertragung von Drehungen um sich schneidende Achsen, wenn auch die dritte Momentanachse (Relativ-Momentanachse) im ortsfesten System ihre Lage beibehält. Als Polkegel rollen somit zwei Drehkegel (Teilkegel) aufeinander (vgl. Satz 32). Der

Satz von Camus und seine Anwendung auf die Erzeugung zusammenspielender Zahnprofile läßt sich ebenso in die Kinematik der Drehungen um einen Punkt übertragen, wie im besonderen die Zykloiden- und Evolventenverzahnung.

Von Wichtigkeit für *räumliche Verzahnungen* ist der Fall, daß zwei Raumsysteme **R'** und **R''** sich um zwei in **R** festgelagerte *windschiefe Achsen* p_2 bzw. p_1 *drehen*. Die zugehörigen Strahlgewinde sind dann ausgeartet (Strahlgebüsche mit den Achsen p_i). Die Momentanachse p_0 der Bewegung **R'**/**R''** schneidet nach Satz 59 das Gemeinlot von p_1, p_2 rechtwinkelig. Erfolgen außerdem noch die Drehungen um p_1, p_2 mit konstanten Winkelgeschwindigkeiten, so ist — wie man aus der zugehörigen reinen Drehbewegung (Drehbestandteil) entnehmen kann — auch p_0 ortsfest und entstehen als Achsenflächen für die Bewegung **R'**/**R''** zwei *einschalige Drehhyperboloide*, die aufeinander schroten (Fig. 75). (Bei Rotation einer Geraden um eine windschiefe Achse wird eine Regelschar einer Quadrik mit Mittelpunkt, also ein Regulus eines Drehhyperboloides erzeugt!)

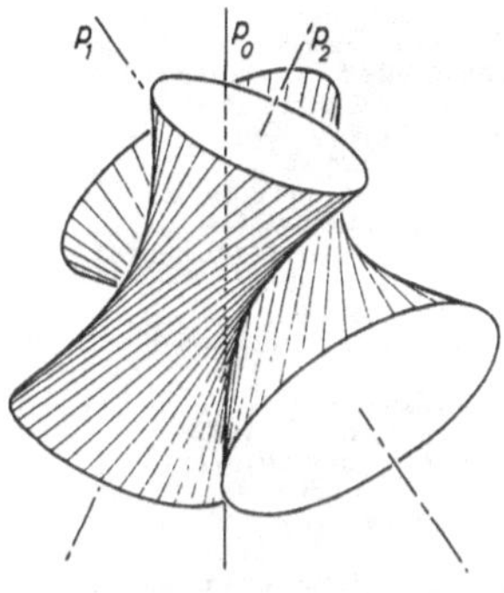

Fig. 75. Schroten zweier rotierender Drehhyperboloide

Solch schrotende Drehhyperboloide liegen der Verzahnung von *Hyperboloidrädern* oder kurz *Hypoidrädern* zugrunde.

Register

SAMMLUNG GÖSCHEN

GESAMTVERZEICHNIS

Jeder Band DM 3,60 · Doppelband DM 5,80

Februar 1963

WALTER DE GRUYTER & CO., BERLIN 30

Inhaltsübersicht

Geisteswissenschaften

Philosophie

Einführung in die Philosophie von *H. Leisegang †*. 5. Auflage. 145 Seiten. 1963. In Vorbereitung (281)

Hauptprobleme der Philosophie von *G. Simmel †*. 7., unveränderte Auflage. 177 Seiten. 1950. (500)

Geschichte der Philosophie

I: Die griechische Philosophie von *W. Capelle*. 1. Teil. Von Thales bis Leukippos. 2., erweiterte Auflage. 135 Seiten. 1953. (857)

II: Die griechische Philosophie von *W. Capelle*. 2. Teil. Von der Sophistik bis zum Tode Platons. 2., stark erweiterte Auflage. 144 Seiten. 1953. (858)

III: Die griechische Philosophie von *W. Capelle*. 3. Teil. Vom Tode Platons bis zur Alten Stoa. 2., stark erweiterte Auflage. 132 Seiten. 1954. (859)

IV: Die griechische Philosophie von *W. Capelle*. 4. Teil. Von der Alten Stoa bis zum Eklektizismus im 1. Jh. v. Chr. 2., stark erweiterte Auflage. 132 Seiten. 1954. (863)

V: Die Philosophie des Mittelalters von *J. Koch*. In Vorbereitung. (826)

VI: Von der Renaissance bis Kant von *K. Schilling*. 234 Seiten. 1954. (394/394a)

VII: Immanuel Kant von *G. Lehmann*. In Vorbereitung. (536)

VIII: Die Philosophie des 19. Jahrhunderts von *G. Lehmann*. 1. Teil. 151 Seiten. 1953. (571)

IX: Die Philosophie des 19. Jahrhunderts von *G. Lehmann*. 2. Teil. 168 Seiten. 1953. (709)

X: Die Philosophie im ersten Drittel des 20. Jahrhunderts 1. Teil von *G. Lehmann*. 128 Seiten. 1957. (845)

XI: Die Philosophie im ersten Drittel des 20. Jahrhunderts 2. Teil von *G. Lehmann*. 114 Seiten. 1960. (850)

Die geistige Situation der Zeit (1931) von *K. Jaspers*. 5., unveränderter Abdruck der im Sommer 1932 bearbeiteten 5. Auflage. 211 Seiten. 1960. (1000)

Erkenntnistheorie von *G. Kropp*.
1. Teil: Allgemeine Grundlegung. 143 Seiten. 1950. (807)

Formale Logik von *P. Lorenzen*. 2., verbesserte Auflage. 165 Seiten. 1962. (1176/1176a)

Philosophisches Wörterbuch von *M. Apel †*. 5., völlig neubearbeitete Auflage von *P. Ludz*. 315 Seiten. 1958. (1031/1031a)

Philosophische Anthropologie. Menschliche Selbstdeutung in Geschichte und Gegenwart von *M. Landmann*. 266 Seiten. 1955. (156/156a)

Pädagogik, Psychologie, Soziologie

Geschichte der Pädagogik von *Herm. Weimer.* 15., neubearbeitete und vermehrte Auflage von *Heinz Weimer.* 184 Seiten. 1962. (145)
Therapeutische Psychologie. Ihr Weg durch die Psychoanalyse von *W. M. Kranefeldt.* Mit einer Einführung von *C. G. Jung.* 3. Auflage. 152 Seiten. 1956. (1034)
Allgemeine Psychologie von *Th. Erismann †.* 4 Bände. 2., neubearbeitete Auflage.
I: Grundprobleme. 146 Seiten. 1958. (831)
II: Grundarten des psychischen Geschehens. 248 Seiten. 1959. (832/832 a)
III: Experimentelle Psychologie und ihre Grundlagen. 1. Teil. 112 Seiten, 7 Abbildungen. 1962. (833)
IV: Experimentelle Psychologie und ihre Grundlagen. 2. Teil. 199 Seiten, 20 Abbildungen. 1962. (834/834 a)
Soziologie. Geschichte und Hauptprobleme von *L. von Wiese.* 6. Auflage. 175 Seiten. 1960. (101)
Ideengeschichte der sozialen Bewegung des 19. und 20. Jh. von *W. Hofmann.* 243 Seiten. 1962. (1205/1205 a)
Sozialpsychologie von *P. R. Hofstätter.* 181 Seiten, 15 Abbildungen, 22 Tabellen. 1956. (104/104 a)
Psychologie des Berufs- und Wirtschaftslebens von *W. Moede †.* 190 Seiten, 48 Abbildungen. 1958. (851/851 a)
Industrie- und Betriebssoziologie von *R. Dahrendorf.* 2., umgearbeitete und erweiterte Auflage. 142 Seiten, 3 Figuren. 1962. (103)
Einführung in die Sozialethik von *H.-D. Wendland.* 144 Seiten. 1963. (1203)

Religion

Jesus von *M. Dibelius †.* 3. Auflage, mit einem Nachtrag von *W. G. Kümmel.* 140 Seiten. 1960. (1130)
Paulus von *M. Dibelius †.* Nach dem Tode des Verfassers herausgegeben und zu Ende geführt von *W. G. Kümmel.* 2., durchgesehene Auflage. 155 Seiten. 1956. (1160)
Luther von *F. Lau.* 151 Seiten. 1959. (1187)
Melanchthon von *R. Stupperich.* 139 Seiten. 1960. (1190)
Einführung in die Konfessionskunde der orthodoxen Kirchen von *K. Onasch.* 291 Seiten. 1962. (1197/1197 a)
Geschichte des christlichen Gottesdienstes von *W. Nagel.* 215 Seiten. 1962. (1202/1202 a)
Geschichte Israels. Von den Anfängen bis zur Zerstörung des Tempels (70 n. Chr.) von *E. L. Ehrlich.* 158 Seiten, 1 Tafel. 1958. (231/231 a)
Römische Religionsgeschichte von *F. Altheim.* 2 Bände. 2., umgearbeitete Auflage.
I: Grundlagen und Grundbegriffe. 116 Seiten. 1956. (1035)
II: Der geschichtliche Ablauf. 164 Seiten. 1956. (1052)
Die Religion des Buddhismus von *D. Schlingloff.* 2 Bände.
I: Der Heilsweg des Mönchtums. 122 Seiten, 11 Abbildungen, 1 Karte. 1962. (174)
II: Der Heilsweg für die Welt. In Vorbereitung. (770)

Musik

Musikästhetik von *H. J. Moser*. 180 Seiten. Mit zahlreichen Notenbeispielen. 1953. (344)

Systematische Modulation von *R. Hernried*. 2. Auflage. 136 Seiten. Mit zahlreichen Notenbeispielen. 1950. (1094)

Der polyphone Satz von *E. Pepping*. 2 Bände.
I: Der cantus-firmus-Satz. 2. Auflage. 223 Seiten. Mit zahlreichen Notenbeispielen. 1950. (1148)
II: Übungen im doppelten Kontrapunkt und im Kanon. 137 Seiten. Mit zahlreichen Notenbeispielen. 1957. (1164/1164a)

Allgemeine Musiklehre von *H. J. Moser*. 2., durchgesehene Auflage. 155 Seiten. Mit zahlreichen Notenbeispielen. 1955. (220/220a)

Harmonielehre von *H. J. Moser*. 2 Bände.
I: 109 Seiten. Mit 120 Notenbeispielen. 1954. (809)

Die Musik des 19. Jahrhunderts von *W. Oehlmann*. 180 Seiten. 1953. (170)

Die Musik des 20. Jahrhunderts von *W. Oehlmann*. 312 Seiten. 1961. (171/171a)

Technik der deutschen Gesangskunst von *H. J. Moser*. 3., durchgesehene und verbesserte Auflage. 144 Seiten, 5 Figuren sowie Tabellen und Notenbeispiele. 1954. (576/576a)

Die Kunst des Dirigierens von *H. W. von Waltershausen †*. 2., vermehrte Auflage. 138 Seiten. Mit 19 Notenbeispielen. 1954. (1147)

Die Technik des Klavierspiels aus dem Geiste des musikalischen Kunstwerkes von *K. Schubert †*. 3. Auflage. 110 Seiten. Mit Notenbeispielen. 1954. (1045)

Kunst

Stilkunde von *H. Weigert*. 2 Bände. 3., durchgesehene und ergänzte Auflage.
I: Vorzeit, Antike, Mittelalter. 136 Seiten, 94 Abbildungen. 1958. (80)
II: Spätmittelalter und Neuzeit. 150 Seiten, 88 Abbildungen. 1958. (781)

Archäologie von *A. Rumpf*. 2 Bände.
I: Einleitung, historischer Überblick. 143 Seiten, 6 Abbildungen, 12 Tafeln. 1953. (538)
II: Die Archäologensprache. Die antiken Reproduktionen. 136 Seiten, 7 Abbildungen, 12 Tafeln. 1956. (539)

Geschichte

Einführung in die Geschichtswissenschaft von *P. Kirn*. 4., durchgesehene Auflage. 127 Seiten. 1963. (270)

Einführung in die Zeitgeschichte von *B. Scheurig*. 101 Seiten. 1962. (1204)

Zeitrechnung der römischen Kaiserzeit, des Mittelalters und der Neuzeit für die Jahre 1—2000 n. Chr. von *H. Lietzmann †*. 3. Auflage, durchgesehen von *K. Aland*. 130 Seiten. 1956. (1085)

GEISTESWISSENSCHAFTEN

Kultur der Urzeit von *F. Behn*. 3 Bände. 4. Auflage der Kultur der Urzeit Bd. 1—3 von *M. Hoernes*.

I: Die vormetallischen Kulturen. (Die Steinzeiten Europas. Gleichartige Kulturen in anderen Erdteilen.) 172 Seiten, 48 Abbildungen. 1950. (564)

II: Die älteren Metallkulturen. (Der Beginn der Metallbenutzung, Kupfer- und Bronzezeit in Europa, im Orient und in Amerika.) 160 Seiten, 67 Abbildungen. 1950. (565)

III: Die jüngeren Metallkulturen. (Das Eisen als Kulturmetall, Hallstatt-Latène-Kultur in Europa. Das erste Auftreten des Eisens in den anderen Weltteilen.) 149 Seiten, 60 Abbildungen. 1950. (566)

Vorgeschichte Europas von *F. Behn*. Völlig neue Bearbeitung der 7. Auflage der „Urgeschichte der Menschheit" von *M. Hoernes*. 125 Seiten, 47 Abbildungen. 1949. (42)

Der Eintritt der Germanen in die Geschichte von *J. Haller †*. 3. Auflage, durchgesehen von *H. Dannenbauer*. 120 Seiten, 6 Kartenskizzen. 1957. (1117)

Von den Karolingern zu den Staufern. Die altdeutsche Kaiserzeit (900—1250) von *J. Haller †*. 4., durchgesehene Auflage von *H. Dannenbauer*. 142 Seiten, 4 Karten. 1958. (1065)

Von den Staufern zu den Habsburgern. Auflösung des Reichs und Emporkommen der Landesstaaten (1250—1519) von *J. Haller †*. 2., durchgesehene Auflage von *H. Dannenbauer*. 118 Seiten, 6 Kartenskizzen. 1960. (1077)

Deutsche Geschichte im Zeitalter der Reformation, der Gegenreformation und des dreißigjährigen Krieges von *F. Hartung*. 2., durchgesehene Auflage. 128 Seiten. 1963. (1105)

Deutsche Geschichte von 1648—1740. Politischer und geistiger Wiederaufbau von *W. Treue*. 120 Seiten. 1956. (35)

Deutsche Geschichte von 1713—1806. Von der Schaffung des europäischen Gleichgewichts bis zu Napoleons Herrschaft von *W. Treue*. 168 Seiten. 1957. (39)

Deutsche Geschichte von 1806—1890. Vom Ende des alten bis zur Höhe des neuen Reiches von *W. Treue*. 128 Seiten. 1961. (893)

Deutsche Geschichte von 1890 bis zur Gegenwart von *W. Treue*. In Vorbereitung. (894)

Quellenkunde der Deutschen Geschichte im Mittelalter (bis zur Mitte des 15. Jahrhunderts) von *K. Jacob †*. 3 Bände.

I: Einleitung. Allgemeiner Teil. Die Zeit der Karolinger. 6. Auflage, bearbeitet von *H. Hohenleutner*. 127 Seiten. 1959. (279)

II: Die Kaiserzeit (911—1250). 5. Auflage, neubearbeitet von *H. Hohenleutner*. 141 Seiten. 1961. (280)

III: Das Spätmittelalter (vom Interregnum bis 1500). Herausgegeben von *F. Weden*. 152 Seiten. 1952. (284)

Geschichte Englands von *H. Preller*. 2 Bände.

I: bis 1815. 3., stark umgearbeitete Auflage. 135 Seiten, 7 Stammtafeln, 2 Karten. 1952. (375)

II: Von 1815 bis 1910. 2., völlig umgearbeitete Auflage. 118 Seiten, 1 Stammtafel, 7 Karten. 1954. (1088)

Römische Geschichte von *F. Altheim.* 4 Bände. 2., verbesserte Auflage.
I: Bis zur Schlacht bei Pydna (168 v.Chr.). 124 Seiten. 1956. (19)
II: Bis zur Schlacht bei Actium (31 v.Chr.). 129 Seiten. 1956. (677)
III: Bis zur Schlacht an der Milvischen Brücke (312 n.Chr.). 148 Seiten. 1958. (679)
IV: Bis zur Schlacht am Yarmuk (636 n.Chr.). In Vorbereitung. (684)

Geschichte der Vereinigten Staaten von Amerika von *O. Graf zu Stolberg-Wernigerode.* 192 Seiten, 10 Karten. 1956. (1051/1051a)

Deutsche Sprache und Literatur

Geschichte der Deutschen Sprache von *H. Sperber.* 4. Auflage, besorgt von *W. Fleischhauer.* 128 Seiten. 1963. In Vorbereitung. (915)

Deutsches Rechtschreibungswörterbuch von *M. Gottschald †.* 2., verbesserte Auflage. 219 Seiten. 1953. (200/200a)

Deutsche Wortkunde. Kulturgeschichte des deutschen Wortschatzes von *A. Schirmer.* 4. Auflage von *W. Mitzka.* 123 Seiten. 1960. (929)

Deutsche Sprachlehre von *W. Hofstaetter.* 10. Auflage. Völlige Umarbeitung der 8. Auflage. 150 Seiten. 1960. (20)

Stimmkunde für Beruf, Kunst und Heilzwecke von *H. Biehle.* 111 Seiten. 1955. (60)

Redetechnik. Einführung in die Rhetorik von *H. Biehle.* 2., erweiterte Auflage. 151 Seiten. 1961. (61)

Sprechen und Sprachpflege (Die Kunst des Sprechens) von *H. Feist.* 2., verbesserte Auflage. 99 Seiten, 25 Abbildungen. 1952. (1122)

Deutsches Dichten und Denken von der germanischen bis zur staufischen Zeit von *H. Naumann †.* (Deutsche Literaturgeschichte vom 5.—13. Jahrhundert.) 2., verbesserte Auflage. 166 Seiten. 1952. (1121)

Deutsches Dichten und Denken vom Mittelalter zur Neuzeit von *G. Müller* (1270 bis 1700). 3., durchgesehene Auflage. 159 Seiten. 1963. In Vorbereitung. (1086)

Deutsches Dichten und Denken von der Aufklärung bis zum Realismus (Deutsche Literaturgeschichte von 1700—1890) von *K. Viëtor †.* 3., durchgesehene Auflage. 159 Seiten. 1958. (1096)

Der Nibelunge Nôt in Auswahl mit kurzem Wörterbuch von *K. Langosch.* 10., durchgesehene Auflage. 164 Seiten. 1956. (1)

Kudrun und Dietrich-Epen in Auswahl mit Wörterbuch von *O. L. Jiriczek.* 6. Auflage, bearbeitet von *R. Wisniewski.* 173 Seiten. 1957. (10)

Wolfram von Eschenbach. Parzival. Eine Auswahl mit Anmerkungen und Wörterbuch von *H. Jantzen.* 2. Auflage, bearbeitet von *H. Kolb.* 128 Seiten. 1957. (921)

Hartmann von Aue. Der arme Heinrich nebst einer Auswahl aus der „Klage", dem „Gregorius" und den Liedern (mit einem Wörterverzeichnis) herausgegeben von *F. Maurer.* 96 Seiten. 1958. (18)

Gottfried von Strassburg in Auswahl herausgegeben von *F. Maurer.* 142 Seiten. 1959. (22)

Die deutschen Personennamen von *M. Gottschald †*. 2., verbesserte Auflage. 151 Seiten. 1955. (422)
Althochdeutsches Elementarbuch. Grammatik und Texte von *H. Naumann †* und *W. Betz*. 3., verbesserte und vermehrte Auflage. 183 Seiten. 1962. (1111/1111a)
Mittelhochdeutsche Grammatik von *H. de Boor* und *R. Wisniewski*. 3., verbesserte und ergänzte Auflage. 150 Seiten. 1963. (1108)

Indogermanisch, Germanisch

Indogermanische Sprachwissenschaft von *H. Krahe*. 2 Bände. 4., überarbeitete Auflage.
I: Einleitung und Lautlehre. 110 Seiten. 1962. (59)
II: Formenlehre. 124 Seiten. 1963. (64)
Gotisches Elementarbuch. Grammatik, Texte mit Übersetzung und Erläuterungen von *H. Hempel*. 3., umgearbeitete Auflage. 166 Seiten. 1962. (79/79a)
Germanische Sprachwissenschaft von *H. Krahe*. 2 Bände.
I: Einleitung und Lautlehre. 5., überarbeitete Auflage. 149 Seiten. 1963. (238)
II: Formenlehre. 4., überarbeitete Auflage. 149 Seiten. 1961. (780)
Altnordisches Elementarbuch. Schrift, Sprache, Texte mit Übersetzung und Wörterbuch von *F. Ranke*. 2., durchgesehene Auflage. 146 Seiten. 1949. (1115)

Englisch, Romanisch

Altenglisches Elementarbuch. Einführung, Grammatik, Texte mit Übersetzung und Wörterbuch von *M. Lehnert*. 5., verbesserte Auflage. 178 Seiten. 1962. (1125)
Historische neuenglische Laut- und Formenlehre von *E. Ekwall*. 3., durchgesehene Auflage. 150 Seiten. 1956. (735)
Englische Phonetik von *H. Mutschmann †*. 2. Auflage. Etwa 117 Seiten. 1963. In Vorbereitung. (601)
Englische Literaturgeschichte von *F. Schubel*. 4 Bände.
I: Die alt- und mittelenglische Periode. 163 Seiten. 1954. (1114)
II: Von der Renaissance bis zur Aufklärung. 160 Seiten. 1956. (1116)
III: Romantik und Viktorianismus. 160 Seiten. 1960. (1124)
Beowulf von *M. Lehnert*. Eine Auswahl mit Einführung, teilweiser Übersetzung, Anmerkungen und etymologischem Wörterbuch. 3., verbesserte Auflage. 135 Seiten. 1959. (1135)
Shakespeare von *P. Meißner †*. 2. Auflage, neubearbeitet von *M. Lehnert*. 136 Seiten. 1954. (1142)
Italienische Literaturgeschichte von *K. Voßler †*. 5. Auflage, neubearbeitet von *A. Noyer-Weidner*. In Vorbereitung. (125)

Romanische Sprachwissenschaft von *H. Lausberg*. 4 Bände.
I: Einleitung und Vokalismus. 2. Auflage. 160 Seiten. 1963. In Vorbereitung. (128/128a)
II: Konsonantismus. 95 Seiten. 1956. (250)
III: Formenlehre. 1. Teil. 99 Seiten. 1962. (1199)
III: Formenlehre. 2. Teil. S. 99—260. 1962. (1200/1200a)
IV: Wortlehre. In Vorbereitung. (1208)

Griechisch, Lateinisch

Griechische Sprachwissenschaft von *W. Brandenstein*. 2 Bände.
I: Einleitung, Lautsystem, Etymologie. 160 Seiten. 1954. (117)
II: Wortbildung und Formenlehre. 192 Seiten. 1959. (118/118a)
Geschichte der griechischen Sprache. 2 Bände.
I: Bis zum Ausgang der klassischen Zeit von *O. Hoffmann †*. 3. Auflage, bearbeitet von *A. Debrunner †*. 156 Seiten. 1953. (111)
II: Grundfragen und Grundzüge des nachklassischen Griechisch von *A. Debrunner †*. 144 Seiten. 1954. (114)
Geschichte der griechischen Literatur von *W. Nestle*. 2. Bände. 3. Auflage, bearbeitet von *W. Liebich*.
I: 144 Seiten. 1961. (70)
II: In Vorbereitung. (557)
Grammatik der neugriechischen Volkssprache von *J. Kalitsunakis*. 3., völlig neubearbeitete und erweiterte Auflage. 197 Seiten. 1963. (756/756a)
Neugriechisch-deutsches Gesprächsbuch von *J. Kalitsunakis*. 2. Auflage, bearbeitet von *A. Steinmetz*. 99 Seiten. 1960. (587)
Geschichte der lateinischen Sprache von *F. Stolz*. 4. Auflage von *A. Debrunner †*. In Vorbereitung. (492)
Geschichte der römischen Literatur von *L. Bieler*. 2 Bände.
I: Die Literatur der Republik. 160 Seiten. 1961. (52)
II: Die Literatur der Kaiserzeit. 133 Seiten. 1961. (866)

Hebräisch, Sanskrit, Russisch

Hebräische Grammatik von *G. Beer †*. 2 Bände. Völlig neubearbeitet von *R. Meyer*.
I: Schrift-, Laut- und Formenlehre I. 3. Auflage. 157 Seiten. In Vorbereitung. (763/763a)
II: Formenlehre II. Syntax und Flexionstabellen. 2. Auflage. 195 Seiten. 1955. (764/764a)
Hebräisches Textbuch zu *G. Beer-R. Meyer*, Hebräische Grammatik von *R. Meyer*. 170 Seiten. 1960. (769/769a)
Sanskrit-Grammatik von *M. Mayrhofer*. 89 Seiten. 1953. (1158)
Russische Grammatik von *E. Berneker †*. 6., verbesserte Auflage vor *M. Vasmer †*. 155 Seiten. 1961. (66)
Slavische Sprachwissenschaft von *H. Bräuer*. 2 Bände.
I: Einleitung, Lautlehre. 221 Seiten. 1961. (1191/1191a)

Erd- und Länderkunde, Kartographie

Afrika von *F. Jaeger*. Ein geographischer Überblick. 2 Bände. 3. Auflage.
I: Der Lebensraum. 179 Seiten, 18 Abbildungen. 1963. In Vorbereitung. (910)
II: Mensch und Kultur. 155 Seiten, 6 Abbildungen. 1963. In Vorbereitung. (911)

Australien und Ozeanien von *H. J. Krug*. 176 Seiten, 46 Skizzen. 1953. (319)

Kartographie von *V. Heissler*. 213 Seiten, 125 Abb., 8 Anlagen. 1962. (30/30a)

Volkswirtschaft, Statistik, Publizistik

Allgemeine Betriebswirtschaftslehre von *K. Mellerowicz*. 4 Bände. 11., durchgesehene Auflage.
I: 224 Seiten. 1961. (1008/1008a)
II: 188 Seiten. 1962. (1153/1153a)
III: 260 Seiten. 1963. (1154/1154a)
IV: 209 Seiten. 1963. (1186/1186a)

Geschichte der Volkswirtschaftslehre von *S. Wendt*. 182 Seiten. 1961. (1194)

Allgemeine Volkswirtschaftslehre von *A. Paulsen*. 4 Bände.
I: Grundlegung, Wirtschaftskreislauf. 4., neubearbeitete Auflage. 154 Seiten. 1962. (1169)
II: Haushalte, Unternehmungen, Marktformen. 4., neubearbeitete Auflage. 168 Seiten, 32 Abbildungen. 1963. (1170)
III: Produktionsfaktoren. 3. Auflage. 200 Seiten. 1963. (1171)
IV: Gesamtbeschäftigung, Konjunkturen, Wachstum. 2. Auflage. 174 Seiten. 1962. (1172)

Allgemeine Volkswirtschaftspolitik von *H. Ohm*. 2 Bände.
I: Systematisch-Theoretische Grundlegung. 137 Seiten, 6 Abbildungen. 1962. (1195)
II: Der volkswirtschaftliche Gesamtorganismus als Objekt der Wirtschaftspolitik. In Vorbereitung. (1196)

Finanzwissenschaft von *H. Kolms*. 4 Bände.
I: Grundlegung, Öffentliche Ausgaben. 2. Auflage. 160 Seiten. 1963. In Vorbereitung. (148)
II: Erwerbseinkünfte, Gebühren und Beiträge; Allgemeine Steuerlehre. 148 Seiten. 1960. (391)
III: Besondere Steuerlehre. 178 Seiten. 1962. (776)
IV: Öffentlicher Kredit. Haushaltswesen. Finanzausgleich. In Vorbereitung. (782)

Finanzmathematik von *M. Nicolas*. 192 Seiten, 11 Tafeln, 8 Tabellen und 72 Beispiele. 1959. (1183/1183a)

Industrie- und Betriebssoziologie von *R. Dahrendorf*. 2., umgearbeitete und erweiterte Auflage. 142 Seiten, 3 Figuren. 1962. (103)

Wirtschaftssoziologie von *F. Fürstenberg*. 122 Seiten. 1961. (1193)

Psychologie des Berufs- und Wirtschaftslebens von *W. Moede †*. 190 Seiten, 48 Abbildungen. 1958. (851/851a)

Allgemeine Methodenlehre der Statistik von *J. Pfanzagl*. 2 Bände.
I: Elementare Methoden unter besonderer Berücksichtigung der Anwendungen in den Wirtschafts- und Sozialwissenschaften. 2. Auflage. Etwa 205 Seiten, 35 Abbildungen. 1963. (746/746a)
II: Höhere Methoden unter besonderer Berücksichtigung der Anwendungen in Naturwissenschaft, Medizin und Technik. 295 Seiten, 39 Abbildungen. 1962. (747/747a)

Zeitungslehre von *E. Dovifat*. 2 Bände. 4., neubearbeitete Auflage.
I: Theoretische und rechtliche Grundlagen — Nachricht und Meinung — Sprache und Form. 149 Seiten. 1962. (1039)
II: Redaktion — Die Sparten: Verlag und Vertrieb, Wirtschaft und Technik — Sicherung der öffentlichen Aufgabe. 168 Seiten. 1962. (1040)

Naturwissenschaften

Mathematik

Geschichte der Mathematik von *J. E. Hofmann*. 4 Bände.
- I: Von den Anfängen bis zum Auftreten von Fermat und Descartes. 2., verbesserte und vermehrte Auflage. 200 Seiten. 1963. (226/226a)
- II: Von Fermat und Descartes bis zur Erfindung des Calculus und bis zum Ausbau der neuen Methoden. 109 Seiten. 1957. (875)
- III: Von den Auseinandersetzungen um den Calculus bis zur französischen Revolution. 107 Seiten. 1957. (882)
- IV: Geschichte der Mathematik der neuesten Zeit von *N. Stuloff*. In Vorbereitung. (883)

Mathematische Formelsammlung von *F. O. Ringleb*. 7., erweiterte Auflage. 320 Seiten, 40 Figuren. 1960. (51/51a)

Vierstellige Tafeln und Gegentafeln für logarithmisches und trigonometrisches Rechnen in zwei Farben zusammengestellt von *H. Schubert* und *R. Haussner*. 3., neubearbeitete Auflage von *J. Erlebach*. 158 Seiten. 1960. (81)

Fünfstellige Logarithmen mit mehreren graphischen Rechentafeln und häufig vorkommenden Zahlenwerten von *A. Adler*. 4. Auflage, überarbeitet von *J. Erlebach*. 127 Seiten, 1 Tafel. 1962. (423)

Arithmetik von *P. B. Fischer †*. 3. Auflage von *H. Rohrbach*. 152 Seiten, 19 Abbildungen. 1958. (47)

Höhere Algebra von *H. Hasse*. 2 Bände.
- I: Lineare Gleichungen. 5., neubearbeitete Auflage. 150 Seiten. 1963. (931)
- II: Gleichungen höheren Grades. 4., durchgesehene Auflage. 158 Seiten, 5 Figuren. 1958. (932)

Aufgabensammlung zur höheren Algebra von *H. Hasse* und *W. Klobe*. 3., verbesserte Auflage. 183 Seiten. 1961. (1082)

Elementare und klassische Algebra vom modernen Standpunkt von *W. Krull*. 2 Bände.
- I: 3., erweiterte Auflage. 136 Seiten. 1963. In Vorbereitung. (930)
- II: 132 Seiten. 1959. (933)

Algebraische Kurven und Flächen von *W. Burau*. 2 Bände.
- I: Algebraische Kurven der Ebene. 153 Seiten, 28 Abbildungen. 1962. (435)
- II: Algebraische Flächen 3. Grades und Raumkurven 3. und 4. Grades. 162 Seiten, 17 Abbildungen. 1962. (436/436a)

Einführung in die Zahlentheorie von *A. Scholz †*. Überarbeitet und herausgegeben von *B. Schoeneberg*. 3. Auflage. 128 Seiten. 1961. (1131)

Formale Logik von *P. Lorenzen*. 2., verbesserte Auflage. 165 Seiten. 1962. (1176/1176a)

Topologie von *W. Franz*. 2 Bände.
- I: Allgemeine Topologie. 144 Seiten, 9 Figuren. 1960. (1181)
- II: Algebraische Topologie. In Vorbereitung. (1182)

Elemente der Funktionentheorie von *K. Knopp †*. 6. Auflage. 144 Seiten, 23 Figuren. 1963. In Vorbereitung. (1109)

Funktionentheorie von *K. Knopp †*. 2 Bände. 10. Auflage.

I: Grundlagen der allgemeinen Theorie der analytischen Funktionen. 144 Seiten, 8 Figuren. 1961. (668)

II: Anwendungen und Weiterführung der allgemeinen Theorie. 130 Seiten, 7 Figuren. 1962. (703)

Aufgabensammlung zur Funktionentheorie von *K. Knopp †*. 2 Bände.

I: Aufgaben zur elementaren Funktionentheorie. 6. Auflage. 135 Seiten. 1962. (877)

II: Aufgaben zur höheren Funktionentheorie. 5. Auflage. 151 Seiten. 1959. (878)

Differential- und Integralrechnung von *M. Barner*. (Früher *Witting*). 4 Bände.

I: Grenzwertbegriff, Differentialrechnung. 2. Auflage. Etwa 176 Seiten. 1963. In Vorbereitung. (86/86a)

Gewöhnliche Differentialgleichungen von *G. Hoheisel*. 6., neubearbeitete und erweiterte Auflage. 128 Seiten. 1960. (920)

Partielle Differentialgleichungen von *G. Hoheisel*. 4., durchgesehene Auflage. 128 Seiten. 1960. (1003)

Aufgabensammlung zu den gewöhnlichen und partiellen Differentialgleichungen von *G. Hoheisel*. 4., durchgesehene und verbesserte Auflage. 124 Seiten. 1958. (1059)

Integralgleichungen von *G. Hoheisel*. 2., durchgesehene Auflage. Etwa 125 Seiten. 1963. (1099)

Mengenlehre von *E. Kamke*. 4., verbesserte Auflage. 194 Seiten, 6 Figuren. 1962. (999/999a)

Gruppentheorie von *L. Baumgartner*. 3., neubearbeitete Auflage. 110 Seiten, 3 Tafeln. 1958. (837)

Ebene und sphärische Trigonometrie von *G. Hessenberg †*. 5. Auflage, durchgesehen von *H. Kneser*. 172 Seiten, 60 Figuren. 1957. (99)

Darstellende Geometrie von *W. Haack*. 3 Bände.

I: Die wichtigsten Darstellungsmethoden. Grund- und Aufriß ebenflächiger Körper. 4., durchgesehene und ergänzte Auflage. 113 Seiten, 120 Abbildungen. 1963. (142)

II: Körper mit krummen Begrenzungsflächen. Kotierte Projektionen. 3., durchgesehene Auflage. 129 Seiten, 86 Abbildungen. 1962. (143)

III: Axonometrie und Perspektive. 2., durchgesehene und ergänzte Auflage. 129 Seiten, 100 Abbildungen. 1962. (144)

Analytische Geometrie von *K. P. Grotemeyer*. 2., erweiterte Auflage. 218 Seiten, 73 Abbildungen. 1962. (65/65a)

Nichteuklidische Geometrie. Hyperbolische Geometrie der Ebene von *R. Baldus †*. Durchgesehen und herausgegeben von *F. Löbell*. 3., verbesserte Auflage. 140 Seiten, 70 Figuren. 1953. (970)

Differentialgeometrie von *K. Strubecker* (früher *Rothe*). 3 Bände.

I: Kurventheorie der Ebene und des Raumes. 150 Seiten, 18 Figuren. 1955. (1113/1113a)

II: Theorie der Flächenmetrik. 195 Seiten, 14 Figuren. 1958. (1179/1179a)

III: Theorie der Flächenkrümmung. 254 Seiten, 38 Figuren. 1959. (1180/1180a)

Variationsrechnung von *L. Koschmieder*. 2 Bände. 2., neubearbeitete Auflage.
I: Das freie und gebundene Extrem einfacher Grundintegrale. 128 Seiten, 23 Figuren. 1962. (1074)
II: Anwendung klassischer Verfahren auf allgemeine Fragen des Extrems. — Neuere unmittelbare Verfahren. In Vorbereitung. (1075)

Einführung in die konforme Abbildung von *L. Bieberbach*. 5., erweiterte Auflage. 180 Seiten, 42 Figuren. 1956. (768/768a)

Vektoren und Matrizen von *S. Valentiner*. 2. Auflage. (9., erweiterte Auflage der „Vektoranalysis"). Mit Anhang: Aufgaben zur Vektorrechnung von *H. König*. 202 Seiten, 35 Figuren. 1960. (354/354a)

Versicherungsmathematik von *F. Böhm*. 2 Bände.
I: Elemente der Versicherungsrechnung. 3., vermehrte und verbesserte Auflage. Durchgesehener Neudruck. 151 Seiten. 1953. (180)
II: Lebensversicherungsmathematik. Einführung in die technischen Grundlagen der Sozialversicherung. 2., verbesserte und vermehrte Auflage. 205 Seiten. 1953. (917/917a)

Finanzmathematik von *M. Nicolas*. 192 Seiten, 11 Tafeln, 8 Tabellen und 72 Beispiele. 1959. (1183/1183a)

Physik

Einführung in die theoretische Physik von *W. Döring*. 5 Bände.
I: Mechanik. 2., verbesserte Auflage. 123 Seiten, 25 Abbildungen. 1960. (76)
II: Das elektromagnetische Feld. 2., verbesserte Auflage. 132 Seiten, 15 Abbildungen. 1962. (77)
III: Optik. 2., verbesserte Auflage. 117 Seiten, 32 Abbildungen. 1963. (78)
IV: Thermodynamik. 107 Seiten, 9 Abbildungen. 1956. (374)
V: Statistische Mechanik. 114 Seiten, 12 Abbildungen. 1957. (1017)

Mechanik deformierbarer Körper von *M. Päsler*. 199 Seiten, 48 Abbildungen. 1960. (1189/1189a)

Atomphysik von *K. Bechert*, *Ch. Gerthsen* † und *A. Flammersfeld*. 7 Bände.
I: Allgemeine Grundlagen. 1. Teil. 4., durchgesehene Auflage von *A. Flammersfeld*. 124 Seiten, 35 Abbildungen. 1959. (1009)
II: Allgemeine Grundlagen. 2. Teil. 4., umgearbeitete Auflage von *A. Flammersfeld*. Etwa 112 Seiten. 1963. (1033)
III: Theorie des Atombaus. 1. Teil von *K. Bechert*. 4., umgearbeitete Auflage. 148 Seiten, 16 Abbildungen. 1963. (1123/1123a)
IV: Theorie des Atombaus. 2. Teil von *K. Bechert*. 4., umgearbeitete Auflage. 170 Seiten, 14 Abbildungen. 1963. In Vorbereitung. (1165/1165a)

Differentialgleichungen der Physik von *F. Sauter*. 3., durchgesehene und ergänzte Auflage. 148 Seiten, 16 Figuren. 1958. (1070)

Physikalische Formelsammlung von *G. Mahler †*. Neubearbeitet von *H. Graewe*. 11. Auflage. 153 Seiten, 69 Figuren. 1963. (136)

Physikalische Aufgabensammlung von *G. Mahler †*. Neubearbeitet von *K. Mahler*. Mit den Ergebnissen. 11. Auflage. 127 Seiten. 1961. (243)

Chemie

Geschichte der Chemie in kurzgefaßter Darstellung von *G. Lockemann*. 2 Bände.
I: Vom Altertum bis zur Entdeckung des Sauerstoffs. 142 Seiten, 8 Bildnisse. 1950. (264)
II: Von der Entdeckung des Sauerstoffs bis zur Gegenwart. 151 Seiten, 16 Bildnisse. 1955. (265/265a)

Anorganische Chemie von *W. Klemm*. 12., neubearbeitete und erweiterte Auflage. 255 Seiten, 34 Abbildungen. 1962. (37/37a)

Organische Chemie von *W. Schlenk*. 9., erweiterte Auflage. 273 Seiten, 16 Abbildungen. 1963. (38/38a)

Physikalische Methoden in der Organischen Chemie von *G. Kresze*. 2 Bände.
I: 119 Seiten, 65 Abbildungen. 1962. (44)
II: 164 Seiten. 1962. (45/45a)

Allgemeine und physikalische Chemie von *W. Schulze*. 2 Bände.
I: 5., durchgesehene Auflage. 139 Seiten, 10 Figuren. 1960. (71)
II: 5., verbesserte Auflage. 178 Seiten, 37 Figuren. 1961. (698/698a)

Einfache Versuche zur allgemeinen und physikalischen Chemie von *E. Dehn*. 371 Versuche mit 40 Abbildungen. 272 Seiten. 1962. (1201/1201a)

Molekülbau. Theoretische Grundlagen und Methoden der Strukturermittlung von *W. Schulze*. 123 Seiten, 43 Figuren. 1958. (786)

Physikalisch-chemische Rechenaufgaben von *E. Asmus*. 3., verbesserte Auflage. 96 Seiten. 1958. (445)

Maßanalyse. Theorie und Praxis der klassischen und der elektrochemischen Titrierverfahren von *G. Jander* und *K. F. Jahr*. 9., durchgesehene Auflage. 313 Seiten, 49 Figuren. 1961. (221/221a)

Qualitative Analyse von *H. Hofmann* u. *G. Jander*. 308 Seiten, 5 Abbildungen. 1960. (247/247a)

Thermochemie von *W. A. Roth †*. 2., verbesserte Auflage. 109 Seiten, 16 Figuren. 1952. (1057)

Stöchiometrische Aufgabensammlung von *W. Bahrdt †* und *R. Scheer*. Mit den Ergebnissen. 7., durchgesehene Auflage. 119 Seiten. 1960. (452)

Elektrochemie von *K. Vetter*. 2 Bände.
I: 1963. In Vorbereitung. (252)
II: 1963. In Vorbereitung. (253)

Technologie

Die Chemie der Kunststoffe von *K. Hamann,* unter Mitarbeit von *W. Funke* und *H. D. Hermann.* 143 Seiten. 1960. (1173)

Warenkunde von *K. Hassak* und *E. Beutel †.* 2 Bände.
- I: Anorganische Waren sowie Kohle und Erdöl. 8. Auflage. Neubearbeitet von *A. Kutzelnigg.* 119 Seiten, 18 Figuren. 1958. (222)
- II: Organische Waren. 8. Auflage. Vollständig neubearbeitet von *A. Kutzelnigg.* 157 Seiten, 32 Figuren. 1959. (223)

Die Fette und Öle von *Th. Klug.* 6., verbesserte Auflage. 143 Seiten. 1961. (335)

Die Seifenfabrikation von *K. Braun †.* 3., neubearbeitete und verbesserte Auflage von *Th. Klug.* 116 Seiten, 18 Abbildungen. 1953. (336)

Thermische Verfahrenstechnik von *H. Bock.* 3 Bände.
- I: Eigenschaften und Verhalten der realen Stoffe. 1963. Im Druck. (1209/1209a)

Textilindustrie von *A. Blümcke.*
- I: Spinnerei und Zwirnerei. 111 Seiten, 43 Abbildungen. 1954. (184)

Biologie

Einführung in die allgemeine Biologie und ihre philosophischen Grund- und Grenzfragen von *M. Hartmann.* 132 Seiten, 2 Abbildungen. 1956. (96)

Hormone von *G. Koller.* 2., neubearbeitete und erweiterte Auflage. 187 Seiten, 60 Abbildungen, 19 Tabellen. 1949. (1141)

Fortpflanzung im Tier- und Pflanzenreich von *J. Hämmerling.* 2., ergänzte Auflage. 135 Seiten, 101 Abbildungen. 1951. (1138)

Geschlecht und Geschlechtsbestimmung im Tier- und Pflanzenreich von *M. Hartmann.* 2., verbesserte Auflage. 116 Seiten, 61 Abbildungen, 7 Tabellen. 1951. (1127)

Symbiose der Tiere mit pflanzlichen Mikroorganismen von *P. Buchner.* 2., verbesserte und vermehrte Auflage. 130 Seiten, 121 Abbildungen. 1949. (1128)

Grundriß der Allgemeinen Mikrobiologie von *W.* u. *A. Schwartz.* 2 Bände. 2., verbesserte und ergänzte Auflage.
- I: 147 Seiten, 25 Abbildungen. 1960. (1155)
- II: 142 Seiten, 29 Abbildungen. 1961. (1157)

Botanik

Entwicklungsgeschichte des Pflanzenreiches von *H. Heil.* 2. Auflage. 138 Seiten, 94 Abbildungen, 1 Tabelle. 1950. (1137)

Morphologie der Pflanzen von *L. Geitler.*, 3., umgearbeitete Auflage. 126 Seiten, 114 Abbildungen. 1953. (141)

Pflanzengeographie von *L. Diels †.* 5., völlig neubearbeitete Auflage von *F. Mattick.* 195 Seiten, 2 Karten. 1958. (389/389a)

Die Laubhölzer. Kurzgefaßte Beschreibung der in Mitteleuropa gedeihenden Laubbäume und Sträucher von *F. W. Neger †* und *E. Münch †*. 3., durchgesehene Auflage, herausgegeben von *B. Huber*. 143 Seiten, 63 Figuren, 7 Tabellen. 1950. (718)

Die Nadelhölzer (Koniferen) und übrigen Gymnospermen von *F. W. Neger †* und *E. Münch †*. 4. Auflage, durchgesehen und ergänzt von *B. Huber*. 140 Seiten, 75 Figuren, 4 Tabellen, 3 Karten. 1952. (355)

Pflanzenzüchtung von *H. Kuckuck*. 2 Bände.
I: Grundzüge der Pflanzenzüchtung. 3., völlig umgearbeitete und erweiterte Auflage. 132 Seiten, 22 Abbildungen. 1952. (1134)
II: Spezielle gartenbauliche Pflanzenzüchtung (Züchtung von Gemüse, Obst und Blumen). 178 Seiten, 27 Abbildungen. 1957. (1178/1178a)

Zoologie

Entwicklungsphysiologie der Tiere von *F. Seidel*. 2 Bände.
I: Ei und Furchung. 126 Seiten, 29 Abbildungen. 1953. (1162)
II: Körpergrundgestalt und Organbildung. 159 Seiten, 42 Abbildungen. 1953. (1163)

Das Tierreich
I: Einzeller, Protozoen von *E. Reichenow*. 115 Seiten. 59 Abbildungen. 1956. (444)
II: Schwämme und Hohltiere von *H. J. Hannemann*. 95 Seiten, 80 Abbildungen. 1956. (442)
III: Würmer. Platt-, Hohl-, Schnurwürmer, Kamptozoen, Ringelwürmer, Protracheaten, Bärtierchen, Zungenwürmer von *S. Jaeckel*. 114 Seiten, 36 Abbildungen. 1955. (439)
IV, 1: Krebse von *H. E. Gruner* und *K. Deckert*. 114 Seiten, 43 Abbildungen. 1956. (443)
IV, 2: Spinnentiere (Trilobitomorphen, Fühlerlose) und Tausendfüßler von *A. Kaestner*. 96 Seiten, 55 Abbildungen. 1955. (1161)
IV, 3: Insekten von *H. von Lengerken*. 128 Seiten, 58 Abbildungen. 1953. (594)
V: Weichtiere. Urmollusken, Schnecken, Muscheln und Kopffüßer von *S. Jaeckel*. 92 Seiten. 34 Figuren. 1954. (440)
VI: Stachelhäuter. Tentakulaten, Binnenatmer und Pfeilwürmer von *S. Jaeckel*. 100 Seiten, 46 Abbildungen. 1955. (441)
VII, 1: Manteltiere, Schädellose, Rundmäuler von *Th. Haltenorth*. In Vorbereitung. (448)
VII, 2: Fische von *D. Lüdemann*. 130 Seiten, 65 Abbildungen. 1955. (356)
VII, 3: Lurche (Chordatiere) von *K. Herter*. 143 Seiten, 129 Abbildungen. 1955. (847)
VII, 4: Kriechtiere (Chordatiere) von *K. Herter*. 200 Seiten, 42 Abbildungen. 1960. (447/447a)
VII, 5: Vögel (Chordatiere) von *H.-A. Freye*. 156 Seiten, 69 Figuren. 1960. (869)
VII, 6: Säugetiere (Chordatiere) von *Th. Haltenorth*. In Vorbereitung. (282)

Land- und Forstwirtschaft

Landwirtschaftliche Tierzucht. Die Züchtung und Haltung der landwirtschaftlichen Nutztiere von *H. Vogel.* 139 Seiten, 11 Abbildungen. 1952. (228)

Kulturtechnische Bodenverbesserungen von *O. Fauser.* 2 Bände. 5., verbesserte und vermehrte Auflage.
I: Allgemeines, Entwässerung. 127 Seiten, 49 Abbildungen. 1959. (691)
II: Bewässerung, Ödlandkultur, Flurbereinigung. 159 Seiten, 71 Abbildungen. 1961. (692)

Agrikulturchemie von *K. Scharrer.* 2 Bände.
I: Pflanzenernährung. 143 Seiten. 1953. (329)
II: Futtermittelkunde. 192 Seiten. 1956. (330/330a)

Geologie, Mineralogie, Kristallographie

Geologie von *F. Lotze.* 2., verbesserte Auflage. 178 Seiten, 80 Abbildungen. 1961. (13)

Erzkunde von *H. von Philipsborn.* In Vorbereitung. (1207)

Mineral- und Erzlagerstättenkunde von *H. Huttenlocher †.* 2 Bände.
I: 2. Auflage. 128 Seiten, 34 Abbildungen. In Vorbereitung. (1014)
II: 156 Seiten, 48 Abbildungen. 1954. (1015/1015a)

Allgemeine Mineralogie. 11., erweiterte Auflage der „Mineralogie" von *R. Brauns †,* bearbeitet von *K. F. Chudoba.* 152 Seiten, 143 Textfiguren, 1 Tafel, 3 Tabellen. 1963. (29/29a)

Spezielle Mineralogie. 10., erweiterte Auflage der „Mineralogie„ von *R. Brauns †,* bearbeitet von *K. F. Chudoba.* 170 Seiten, 125 Textfiguren, 4 Tabellen. 1959. (31/31a)

Petrographie (Gesteinskunde) von *W. Bruhns †.* Neubearbeitet von *P. Ramdohr.* 5., erweiterte Auflage. 141 Seiten, 10 Figuren. 1960. (173)

Kristallographie von *W. Bruhns †.* 5. Auflage, neubearbeitet von *P. Ramdohr.* 109 Seiten, 164 Abbildungen. 1958. (210)

Einführung in die Kristalloptik von *E. Buchwald.* 5., verbesserte Auflage. Etwa 138 Seiten, 117 Figuren. 1963. In Vorbereitung. (619)

Lötrohrprobierkunde. Mineraldiagnose mit Lötrohr und Tüpfelreaktion von *M. Henglein.* 4., durchgesehene und erweiterte Auflage. 108 Seiten, 12 Figuren. 1962. (483)

Technik

Graphische Darstellung in Wissenschaft und Technik von *M. Pirani*. 3., erweiterte Auflage bearbeitet von *J. Fischer* unter Benutzung der von *I. Runge* besorgten 2. Auflage. 216 Seiten, 104 Abbildungen. 1957. (728/728a)

Technische Tabellen und Formeln von *W. Müller*. 5., verbesserte und erweiterte Auflage von *E. Schulze*. 165 Seiten, 114 Abbildungen, 99 Tafeln. 1962. (579)

Grundlagen der Straßenverkehrstechnik. Theorie der Leistungsfähigkeit von *E. Engel*. 101 Seiten, 55 Abbildungen. 1962. (1198)

Elektrotechnik

Grundlagen der allgemeinen Elektrotechnik von *O. Mohr*. 2., durchgesehene Auflage. 260 Seiten, 136 Bilder, 14 Tafeln. 1961. (196/196a)

Die Gleichstrommaschine von *K. Humburg*. 2 Bände. 2., durchgesehene Auflage.
I: 102 Seiten, 59 Abbildungen. 1956. (257)
II: 101 Seiten, 38 Abbildungen. 1956. (881)

Die Synchronmaschine von *W. Putz*. 92 Seiten, 64 Bilder. 1962. (1146)

Induktionsmaschinen von *F. Unger*. 2., erweiterte Auflage. 142 Seiten, 49 Abbildungen. 1954. (1140)

Die komplexe Berechnung von Wechselstromschaltungen von *H. H. Meinke*. 3. Auflage. 180 Seiten, 120 Abbildungen. 1963. In Vorbereitung. (1156/1156a)

Theoretische Grundlagen zur Berechnung der Schaltgeräte von *F. Kesselring*. 3. Auflage. 144 Seiten, 92 Abbildungen. 1950. (711)

Einführung in die Technik selbsttätiger Regelungen von *W. zur Megede*. 2., durchgesehene Auflage. 180 Seiten, 86 Abbildungen. 1961. (714/714a)

Elektromotorische Antriebe (Grundlagen für die Berechnung) von *A. Schwaiger*. 3., neubearbeitete Auflage. 96 Seiten, 34 Abbildungen. 1952. (827)

Überspannungen und Überspannungsschutz von *G. Frühauf*. Durchgesehener Neudruck. 122 Seiten, 98 Abbildungen. 1950. (1132)

Elektrische Höchstspannungs-Schaltanlagen von *G. Meiners* und *K. H. Wiesenewsky*. 1963. In Vorbereitung. (796)

Transformatoren von *W. Schäfer*. 4., überarbeitete und ergänzte Auflage. 130 Seiten, 73 Abbildungen. 1962. (952)

Maschinenbau

Metallkunde von *H. Borchers.* 3 Bände. 5. Auflage.
I: Aufbau der Metalle und Legierungen. 120 Seiten, 90 Abbildungen, 2 Tabellen. 1962. (432)
II: Eigenschaften, Grundzüge der Form- und Zustandsgebung. Etwa 180 Seiten, 107 Abbildungen, 10 Tabellen. 1963. (433/433 a)
III: Die metallkundlichen Untersuchungsmethoden von *E. Hanke.* In Vorbereitung. (434)

Die Werkstoffe des Maschinenbaues von *A. Thum †* und *C. M. v. Meysenbug.* 2 Bände.
I: Einführung in die Werkstoffprüfung. 2., neubearbeitete Auflage. 100 Seiten, 7 Tabellen, 56 Abbildungen. 1956. (476)
II: Die Konstruktionswerkstoffe. 132 Seiten, 40 Abbildungen. 1959. (936)

Dynamik von *W. Müller.* 2 Bände. 2., verbesserte Auflage.
I: Dynamik des Einzelkörpers. 128 Seiten, 48 Figuren. 1952. (902)
II: Systeme von starren Körpern. 102 Seiten, 41 Figuren. 1952. (903)

Technische Schwingungslehre von *L. Zipperer.* 2 Bände. 2., neubearbeitete Auflage.
I: Allgemeine Schwingungsgleichungen, einfache Schwinger. 120 Seiten, 101 Abbildungen. 1953. (953)
II: Torsionsschwingungen in Maschinenanlagen. 102 Seiten, 59 Abbildungen. 1955. (961/961 a)

Werkzeugmaschinen für Metallbearbeitung von *K. P. Matthes.* 2 Bände.
I: 100 Seiten, 27 Abbildungen, 11 Zahlentafeln, 1 Tafelanhang. 1954. (561)
II: Fertigungstechnische Grundlagen der neuzeitlichen Metallbearbeitung. 101 Seiten, 30 Abbildungen, 5 Tafeln. 1955. (562)

Das Maschinenzeichnen mit Einführung in das Konstruieren von *W. Tochtermann.* 2 Bände. 4. Auflage.
I: Das Maschinenzeichnen. 156 Seiten, 75 Tafeln. 1950. (589)
II: Ausgeführte Konstruktionsbeispiele. 130 Seiten, 58 Tafeln. 1950. (590)

Die Maschinenelemente von *E. A. vom Ende †.* 4., überarbeitete Auflage. 184 Seiten, 179 Figuren, 11 Tafeln. 1963. (3/3 a)

Die Maschinen der Eisenhüttenwerke von *L. Engel.* 156 Seiten, 95 Abbildungen. 1957. (583/583 a)

Walzwerke von *H. Sedlaczek †* unter Mitarbeit von *F. Fischer* und *M. Buch.* 232 Seiten, 157 Abbildungen. 1958. (580/580 a)

Getriebelehre von *P. Grodzinski †.* 2 Bände. 3., neubearbeitete Auflage von *G. Lechner.*
I: Geometrische Grundlagen. 164 Seiten, 131 Figuren. 1960. (1061)
II: Angewandte Getriebelehre. In Vorbereitung. (1062)

Kinematik von *H. R. Müller.* 171 Seiten, 75 Figuren. 1963. (584/584a)

Gießereitechnik von *H. Jungbluth*. 2 Bände.
I: Eisengießerei. 126 Seiten, 44 Abbildungen. 1951. (1159)

Die Dampfturbinen. Ihre Wirkungsweise, Berechnung und Konstruktion von *C. Zietemann*. 3 Bände.
I: Theorie der Dampfturbinen. 4. Auflage. 139 Seiten, 48 Abbildungen. 1963. In Vorbereitung. (274)
II: Die Berechnung der Dampfturbinen und die Konstruktion der Einzelteile. 3., verbesserte Auflage. 132 Seiten, 111 Abbildungen. 1956. (715)
III: Die Regelung der Dampfturbinen, die Bauarten, Turbinen für Sonderzwecke, Kondensationsanlagen. 3., verbesserte Auflage. 126 Seiten, 90 Abbildungen. 1956. (716)

Verbrennungsmotoren von *W. Endres*. 3 Bände.
I: Überblick. Motor-Brennstoffe. Verbrennung im Motor allgemein, im Otto- und Diesel-Motor. 153 Seiten, 57 Abbildungen. 1958. (1076/1076a)
II: Die heutigen Typen der Verbrennungskraftmaschine. In Vorbereitung. (1184)
III: Die Einzelteile des Verbrennungsmotors. In Vorbereitung. (1185)

Autogenes Schweißen und Schneiden von *H. Niese*. 5. Auflage, neubearbeitet von *A. Küchler*. 136 Seiten, 71 Figuren. 1953. (499)

Die elektrischen Schweißverfahren von *H. Niese*. 2. Auflage, neubearbeitet von *H. Dienst*. 136 Seiten, 58 Abbildungen. 1955. (1020)

Die Hebezeuge. Entwurf von Winden und Kranen von *G. Tafel*. 2., verbesserte Auflage. 176 Seiten, 230 Figuren. 1954. (414/414a)

Wasserbau

Wasserkraftanlagen von *A. Ludin* unter Mitarbeit von *W. Borkenstein*. 2 Bände.
I: Planung, Grundlagen und Grundzüge. 124 Seiten, 60 Abbildungen. 1955. (665)
II: Anordnung und Ausbildung der Hauptbauwerke. 184 Seiten, 91 Abbildungen. 1958. (666/666a)

Verkehrswasserbau von *H. Dehnert*. 3 Bände.
I: Entwurfsgrundlagen, Flußregelungen. 103 Seiten, 53 Abbildungen. 1950. (585)
II: Flußkanalisierung und Schiffahrtskanäle. 94 Seiten, 60 Abbildungen. 1950. (597)
III: Schleusen und Hebewerke. 98 Seiten, 70 Abbildungen. 1950. (1152)

Wehr- und Stauanlagen von *H. Dehnert*. 134 Seiten, 90 Abbildungen. 1952. (965)

Talsperren von *F. Tölke*. 122 Seiten, 70 Abbildungen. 1953. (1044)

Vermessungswesen

Vermessungskunde von *W. Grossmann*. 3 Bände.

I: Stückvermessung und Nivellieren. 11., verbesserte Auflage. 144 Seiten, 117 Figuren. 1962. (468)

II: Horizontalaufnahmen und ebene Rechnungen. 9. Auflage. Etwa 133 Seiten, 97 Figuren. 1963. In Vorbereitung. (469)

III: Trigonometrische und barometrische Höhenmessung. Tachymetrie und Absteckungen. 7., völlig neubearbeitete Auflage. 136 Seiten, 97 Figuren. 1960. (862)

Kartographie von *V. Heissler*. 213 Seiten, 125 Abbildungen, 8 Anlagen. 1962. (30/30a)

Photogrammetrie von *G. Lehmann*. 189 Seiten, 132 Abbildungen. 1959. (1188/1188a)

Hoch- und Tiefbau

Die wichtigsten Baustoffe des Hoch- und Tiefbaus von *O. Graf †*. 4., verbesserte Auflage. 131 Seiten, 63 Abbildungen. 1953. (984)

Baustoffverarbeitung und Baustellenprüfung des Betons von *A. Kleinlogel*. 2., neubearbeitete und erweiterte Auflage. 126 Seiten, 35 Abbildungen. 1951. (978)

Festigkeitslehre. 2 Bände.

I: Elastizität, Plastizität und Festigkeit der Baustoffe und Bauteile von *W. Gehler †* und *W. Herberg*. Durchgesehener und erweiterter Neudruck. 159 Seiten, 118 Abbildungen. 1952. (1144)

II: Formänderung, Platten, Stabilität und Bruchhypothesen von *W. Herberg* und *N. Dimitrov*. 187 Seiten, 94 Abbildungen. 1955. (1145/1145a)

Grundlagen des Stahlbetonbaus von *A. Troche*. 2., neubearbeitete und erweiterte Auflage. 208 Seiten, 75 Abbildungen, 17 Bemessungstafeln, 20 Rechenbeispiele. 1953. (1078)

Statik der Baukonstruktionen von *A. Teichmann*. 3 Bände.

I: Grundlagen. 101 Seiten, 51 Abbildungen, 8 Formeltafeln. 1956. (119)

II: Statisch bestimmte Stabwerke. 107 Seiten, 52 Abbildungen, 7 Tafeln. 1957. (120)

III: Statisch unbestimmte Systeme. 112 Seiten, 34 Abbildungen, 7 Formeltafeln. 1958. (122)

Fenster, Türen, Tore aus Holz und Metall. Eine Anleitung zu ihrer guten Gestaltung, wirtschaftlichen Bemessung und handwerksgerechten Konstruktion von *W. Wickop †*. 4., überarbeitete und ergänzte Auflage. 155 Seiten, 95 Abbildungen. 1955. (1092)

Heizung und Lüftung von *W. Körting*. 2 Bände. 9., neubearbeitete Auflage.
I: Das Wesen und die Berechnung der Heizungs- und Lüftungsanlagen. 171 Seiten, 29 Abbildungen, 36 Zahlentafeln. 1962. (342/342a)
II: Die Ausführung der Heizungs- und Lüftungsanlagen. 1963. In Vorbereitung. (343)

Industrielle Kraft- und Wärmewirtschaft von *F. A. F. Schmidt* und *A. Beckers*. 167 Seiten, 73 Abbildungen. 1957. (318/318a)

Weitere Sonderverzeichnisse aller
Wissensgebiete und Einzelprospekte,
sowie die Verlagskataloge
aus dem Verlag
WALTER DE GRUYTER & CO.
erhalten Sie jederzeit
bei Ihrem Buchhändler.

Sammlung Göschen / Bandnummernfolge

1 Langosch, Der Nibelunge Nôt
3/3a v. Ende, Maschinenelemente
10 Jiriczek-Wisniewski, Kudrun- und Dietrich-Epen
13 Lotze, Geologie
18 Maurer, Hartmann von Aue. Der arme Heinrich
19 Altheim, Römische Geschichte I
20 Hofstaetter, Dt. Sprachlehre
22 Maurer, Gottfried von Strassburg
29/29a Brauns-Chudoba, Allgemeine Mineralogie
30/30a Heissler, Kartographie
31/31a Brauns-Chudoba, Spezielle Mineralogie
35 Treue, Dt. Geschichte von 1648—1740
37/37a Klemm, Anorganische Chemie
38/38a Schlenk, Organische Chemie
39 Treue, Dt. Geschichte von 1713—1806
42 Behn-Hoernes, Vorgeschichte Europas
44 Kresze, Physikalische Methoden in der Organischen Chemie I
45/45a Kresze, Physikalische Methoden in der Organischen Chemie II
47 Fischer-Rohrbach, Arithmetik
51/51a Ringleb, Mathem. Formelsammlung
52 Bieler, Röm. Literaturgesch. I
59 Krahe, Indog. Sprachwiss. I
60 Biehle, Stimmkunde
61 Biele, Redetechnik
64 Krahe, Indog. Sprachwiss. II
65/65a Grotemeyer, Analyt. Geometrie
66 Berneker-Vasmer, Russische Grammatik
70 Nestle-Liebich, Gesch. d. griechischen Literatur I
71 Schulze, Allgemeine und physikalische Chemie I
76 Döring, Einf. i. d. th. Physik I
77 Döring, Einf. i. d. th. Physik II
78 Döring, Einf. i. d. th. Physik III
79/79a Hempel, Got. Elementarbuch
80 Weigert, Stilkunde I
81 Schubert-Haussner-Erlebach, Vierstell. Logarithmentafeln
86/86a Barner, Differential- u. Integralrechnung I
96 Hartmann, Einf. in die allgem. Biologie
99 Hessenberg-Kneser, Ebene und sphär. Trigonometrie
101 v. Wiese, Soziologie
103 Dahrendorf, Industrie- und Betriebssoziologie
104/104a Hofstätter, Sozialpsychologie
111 Hoffmann-Debrunner, Gesch. der griechischen Sprache I
114 Debrunner, Gesch. der griechischen Sprache II
117 Brandenstein, Griechische Sprachwissenschaft I
118/118a Brandenstein, Griechische Sprachwissenschaft II
119 Teichmann, Statik der Baukonstruktionen I
120 Teichmann, Statik der Baukonstruktionen II
122 Teichmann, Statik der Baukonstruktionen III
125 Vossler-Noyer-Weidner, Ital. Literaturgeschichte
128/128a Lausberg, Romanische Sprachwissenschaft I

136 Mahler-Graewe, Physikal. Formelsammlung
141 Geitler, Morphologie der Pflanzen
142 Haack, Darst. Geometrie I
143 Haack, Darst. Geometrie II
144 Haack, Darst. Geometrie III
145 Weimer, Gesch. der Pädagogik
148 Kolms, Finanzwissenschaft I
156/156a Landmann, Philosophische Anthropologie
170 Oehlmann, Musik des 19. Jhs.
171/171a Oehlmann, Musik des 20. Jhs.
173 Bruhns-Ramdohr, Petrographie
174 Schlingloff, Religion des Buddhismus I
180 Böhm, Versicherungsmathematik I
184 Blümcke, Textilindustrie I
196/196a Mohr, Grundlagen der allgem. Elektrotechnik
200/200a Gottschald, Dt. Rechtschreibungswörterbuch
210 Bruhns-Ramdohr, Kristallographie
220/220a Moser, Allg. Musiklehre
221/221a Jander-Jahr, Maßanalyse
222 Hassak-Beutel-Kutzelnigg, Warenkunde I
223 Hassak-Beutel-Kutzelnigg, Warenkunde II
226/226a Hofmann, Gesch. der Mathematik I
228 Vogel, Landw. Tierzucht
231/231a Ehrlich, Gesch. Israels
238 Krahe, Germ. Sprachwiss. I
243 Mahler, Physikal. Aufgabensammlung
247/247a Hofmann-Jander, Qualitative Analyse
250 Lausberg, Romanische Sprachwissenschaft II
252 Vetter, Elektrochemie I
253 Vetter, Elektrochemie II
257 Humburg, Gleichstrommaschine I
264 Lockemann, Gesch. der Chemie I
265/265a Lockemann, Geschichte der Chemie II
270 Kirn, Einführung in die Geschichtswissenschaft
274 Zietemann, Dampfturbinen I
279 Jacob-Hohenleutner, Quellenkunde der deutschen Geschichte I
280 Jacob-Hohenleutner, Quellenkunde der deutschen Geschichte II
281 Leisegang, Einführung in die Philosophie
282 Haltenorth, Säugetiere
284 Jacob-Weden, Quellenkunde der deutschen Geschichte III
318/318a Schmidt-Beckers, Industrielle Kraft- u. Wärmewirtschaft
319 Krug, Australien und Ozeanien
329 Scharrer, Agrikulturchemie I
330/330a Scharrer, Agrikulturchemie II
335 Klug, Fette und Öle
336 Braun-Klug, Seifenfabrikation
342/342a Körting, Heizung und Lüftung I
343 Körting, Heizung und Lüftung II
344 Moser, Musikästhetik
354/354a Valentiner-König, Vektoren und Matrizen
355 Neger-Münch-Huber, Nadelhölzer
356 Lüdemann, Fische
374 Döring, Einführung in die theoret. Physik IV
375 Preller, Geschichte Englands I
389/389a Diels-Mattick, Pflanzengeographie
391 Kolms, Finanzwissenschaft II
394/394a Schilling, Von der Renaissance bis Kant
414/414a Tafel, Hebezeuge
422 Gottschald, Dt. Personennamen
423 Adler-Erlebach, Fünfstellige Logarithmen
432 Borchers, Metallkunde I
433/433a Borchers, Metallkunde II
434 Borchers-Hanke, Metallkunde III

435 Burau, Algebr. Kurven u. Flächen I
436/436a Burau, Algebr. Kurven und Flächen II
439 Jaeckel, Würmer
440 Jaeckel, Weichtiere
441 Jaeckel, Stachelhäuter
442 Hannemann, Schwämme und Hohltiere
443 Gruner-Deckert, Krebse
444 Reichenow, Einzeller
445 Asmus, Physikal.-chem. Rechenaufgaben
447/447a Herter, Kriechtiere
448 Haltenorth, Manteltiere
452 Bahrdt-Scheer, Stöchiometrische Aufgabensammlung
468 Grossmann, Vermessungskunde I
469 Grossmann, Vermessungskunde II
476 Thum-Meysenbug, Die Werkstoffe des Maschinenbaues I
483 Henglein, Lötrohrprobierkunde
492 Stolz-Debrunner, Geschichte der lateinischen Sprache
499 Niese-Küchler, Autogenes Schweißen
500 Simmel, Hauptprobleme der Philosophie
536 Lehmann, Kant
538 Rumpf, Archäologie I
539 Rumpf, Archäologie II
557 Nestle-Liebich, Gesch. der griech. Literatur II
561 Matthes, Werkzeugmaschinen I
562 Matthes, Werkzeugmaschinen II
564 Behn-Hoernes, Kultur der Urzeit I
565 Behn-Hoernes, Kultur der Urzeit II
566 Behn-Hoernes, Kultur der Urzeit III
571 Lehmann, Philosophie des 19. Jahrhunderts I
576/576a Moser, Gesangskunst
579 Müller-Schulze, Techn. Tabellen
580/580a Sedlaczek-Fischer-Buch, Walzwerke
583/583a Engel, Maschinen der Eisenhüttenwerke
584/584a Müller, Kinematik
585 Dehnert, Verkehrswasserbau I
587 Kalitsunakis-Steinmetz, Neugriech.-dt. Gesprächsbuch
589 Tochtermann, Maschinenzeichnen I
590 Tochtermann, Maschinenzeichnen II
594 v. Lengerken, Insekten
597 Dehnert, Verkehrswasserbau II
601 Mutschmann, Engl. Phonetik
619 Buchwald, Kristalloptik
665 Ludin-Borkenstein, Wasserkraftanlagen I
666/666a Ludin-Borkenstein, Wasserkraftanlagen II
668 Knopp, Funktionentheorie I
677 Altheim, Röm. Geschichte II
679 Altheim, Röm. Geschichte III
684 Altheim, Röm. Geschichte IV
691 Fauser, Kulturtechn. Bodenverbesserungen I
692 Fauser, Kulturtechn. Bodenverbesserungen II
698/698a Schulze, Allgemeine u. physikalische Chemie II
703 Knopp, Funktionentheorie II
709 Lehmann, Philosophie des 19. Jahrhunderts II
711 Kesselring, Berechnung der Schaltgeräte
714/714a zur Megede, Technik selbsttätiger Regelungen
715 Zietemann, Dampfturbinen II
716 Zietemann, Dampfturbinen III
718 Neger-Münch-Huber, Laubhölzer
728/728a Pirani-Fischer-Runge, Graph. Darstellung in Wissenschaft u. Technik
735 Ekwall, Historische neuengl. Laut- und Formenlehre
746/746a Pfanzagl, Allg. Methodenlehre der Statistik I
747/747a Pfanzagl, Allg. Methodenlehre der Statistik II
756/756a Kalitsunakis, Gramm. d. Neugriech. Volksspr.

763/763a Beer-Meyer, Hebräische Grammatik I
764/764a Beer-Meyer, Hebräische Grammatik II
768/768a Bieberbach, Einführung in die konforme Abbildung
769/769a Beer-Meyer, Hebräisches Textbuch
770 Schlingloff, Religion des Buddhismus II
776 Kolms, Finanzwissensch. III
780 Krahe, German. Sprachwiss. II
781 Weigert, Stilkunde II
782 Kolms, Finanzwissensch. IV
786 Schulze, Molekülbau
796 Meiners-Wiesenewsky, Elektr. Höchstspannungs-Schaltanlagen
807 Kropp, Erkenntnistheorie
809 Moser, Harmonielehre I
826 Koch, Philosophie d. Mittelalters
827 Schwaiger, Elektromotorische Antriebe
831 Erismann, Allg. Psychologie I
832/382a Erismann, Allg. Psychologie II
833 Erismann, Allg. Psychologie III
834/834a Erismann, Allg. Psychologie IV
837 Baumgartner, Gruppentheorie
845 Lehmann, Philosophie im ersten Drittel des 20. Jhs. I
847 Herter, Lurche
850 Lehmann, Philosophie im ersten Drittel des 20. Jhs. II
851/851a Moede, Psychologie des Berufs- und Wirtschaftslebens
857 Capelle, Griech. Philosophie I
858 Capelle, Griech. Philos. II
859 Capelle, Griech. Philos. III
862 Grossmann, Vermessungskunde III
863 Capelle, Griech. Philos. IV
866 Bieler, Röm. Literaturgeschichte II
869 Freye, Vögel
875 Hofmann, Geschichte der Mathematik II
877 Knopp, Aufgabensammlung zur Funktionentheorie I
878 Knopp, Aufgabensammlung zur Funktionentheorie II
881 Humburg, Gleichstrommaschine II
882 Hofmann, Geschichte der Mathematik III
883 Stuloff, Mathematik der neuesten Zeit
893 Treue, Dt. Geschichte von 1806—1890
894 Treue, Dt. Geschichte von 1890 bis zur Gegenwart
902 Müller, Dynamik I
903 Müller, Dynamik II
910 Jaeger, Afrika I
911 Jaeger, Afrika II
915 Sperber-Fleischhauer, Gesch. der Deutschen Sprache
917/917a Böhm, Versicherungsmathematik II
920 Hoheisel, Gewöhnliche Differentialgleichungen
921 Jantzen-Kolb, W. v. Eschenbach. Parzival
929 Schirmer-Mitzka, Dt. Wortkunde
930 Krull, Elementare und klassische Algebra I
931 Hasse, Höhere Algebra I
932 Hasse, Höhere Algebra II
933 Krull, Elementare und klassische Algebra II
936 Thum-Meysenbug, Werkstoffe d. Maschinenbaues II
952 Schäfer, Transformatoren
953 Zipperer, Techn. Schwingungslehre I
961/691a Zipperer, Techn. Schwingungslehre II
965 Dehnert, Wehr- und Stauanlagen
970 Baldus-Löbell, Nichteuklidische Geometrie
978 Kleinlogel, Baustoffverarbeitung und Baustellenprüfung d. Betons
984 Graf, Baustoffe des Hoch- und Tiefbaues
999/999a Kamke, Mengenlehre

1000 Jaspers, Geistige Situat. der Zeit
1003 Hoheisel, Partielle Differentialgleichung
1008/1008a Mellerowicz, Allgem. Betriebswirtschaftslehre I
1009 Bechert-Gerthsen-Flammersfeld, Atomphysik I
1014 Huttenlocher, Mineral- und Erzlagerstättenkunde I
1015/1015a Huttenlocher, Mineral- u. Erzlagerstättenkunde I
1017 Döring, Einführung in die theoret. Physik V
1020 Niese-Dienst, Elektrische Schweißverfahren
1031/1031a Apel-Ludz, Philosophisches Wörterbuch
1033 Bechert-Gerthsen-Flammersfeld, Atomphysik II
1034 Kranefeldt-Jung, Therapeutische Psychologie
1035 Altheim, Röm. Religionsgeschichte I
1039 Dovifat, Zeitungslehre I
1040 Dovifat, Zeitungslehre II
1044 Tölke, Talsperren
1045 Schubert, Technik des Klavierspiels
1051/1051a Stolberg-Wernigerode, Gesch. d. Vereinigten Staaten
1052 Altheim, Röm. Religionsgeschichte II
1057 Roth, Thermochemie
1059 Hoheisel, Aufgabenslg z. d. gew. u. part. Differentialgl.
1061 Grodzinski-Lechner, Getriebelehre I
1062 Grodzinski-Lechner, Getriebelehre II
1065 Haller-Dannenbauer, Von d. Karolingern zu den Staufern
1070 Sauter, Differentialgleichungen der Physik
1074 Koschmieder, Variationsrechnung I
1075 –, Variationsrechnung II
1076/1076a Endres, Verbrennungsmotoren I
1077 Haller-Dannenbauer, Von den Staufern zu den Habsburgern
1078 Troche, Stahlbetonbau
1082 Hasse-Klobe, Aufgabensammlung zur höheren Algebra
1085 Lietzmann-Aland, Zeitrechnung
1086 Müller, Dt. Dichten und Denken
1088 Preller, Gesch. Englands II
1092 Wickop, Fenster, Türen, Tore
1094 Hernried, System. Modulation
1096 Viëtor, Dt. Dichten und Denken
1099 Hoheisel, Integralgleichungen
1105 Hartung, Dt. Geschichte im Zeitalter der Reformation
1108 de Boor-Wisniewski, Mittelhochdeutsche Grammatik
1109 Knopp, Elemente der Funktionentheorie
1111/1111a Naumann-Betz, Althochdt. Elementarbuch
1113/1113a Strubecker, Differentialgeometrie I
1114 Schubel, Engl. Literaturgeschichte I
1115 Ranke, Altnord. Elementarbuch
1116 Schubel, Engl. Literaturgeschichte II
1117 Haller-Dannenbauer, Eintritt der Germanen in die Geschichte
1121 Naumann, Dt. Dichten u. Denken
1122 Feist, Sprechen und Sprachpflege
1123/1123a Bechert-Gerthsen-Flammersfeld, Atomphysik III
1124 Schubel, Engl. Literaturgeschichte III
1125 Lehnert, Altengl. Elementarbuch
1127 Hartmann, Geschlecht u. Geschlechtsbestimmung im Tier- und Pflanzenreich
1128 Buchner, Symbiose der Tiere
1130 Dibelius-Kümmel, Jesus
1131 Scholz-Schoeneberg, Einführung in die Zahlentheorie
1132 Frühauf, Überspannungen

1134 Kuckuck, Pflanzenzüchtung I
1135 Lehnert, Beowulf
1137 Heil, Entwicklungsgesch. d. Pflanzenreiches
1138 Hämmerling, Fortpflanzung im Tier- und Pflanzenreich
1140 Unger, Induktionsmaschine
1141 Koller, Hormone
1142 Meissner-Lehnert, Shakespeare
1144 Oehler-Herberg, Festigkeitslehre I
1145/1145a Herberg-Dimitrov, Festigkeitslehre II
1146 Putz, Synchronmaschine
1147 v. Waltershausen, Kunst d. Dirigierens
1148 Pepping, Der polyphone Satz I
1152 Dehnert, Verkehrswasserbau III
1153/1153a Mellerowicz, Allgem. Betriebswirtschaftslehre II
1154/1154a Mellerowicz, Allgem. Betriebswirtschaftslehre III
1155 Schwartz, Mikrobiologie I
1156/1156a Meinke, Komplexe Berechnungen v. Wechselstromschaltungen
1157 Schwartz, Mikrobiologie II
1158 Mayrhofer, Sanskrit-Grammatik
1159 Jungbluth, Gießereitechnik I
1160 Dibelius-Kümmel, Paulus
1161 Kaestner, Spinnentiere
1162 Seidel, Entwicklungsphysiologie der Tiere I
1163 Seidel, Entwicklungsphysiologie der Tiere II
1164/1164a Pepping, Der polyphone Satz II
1165/1165a Bechert-Gerthsen-Flammersfeld, Atomphysik IV
1169 Paulsen, Allgemeine Volkswirtschaftslehre I
1170 Paulsen, II
1171 Paulsen, III
1172 Paulsen, IV
1173 Hamann-Funke-Hermann, Chemie der Kunststoffe
1176/1176a Lorenzen, Form. Logik
1178/1178a Kuckuck, Pflanzenzüchtung II
1179/1179a Strubecker, Differentialgeometrie II
1180/1180a Strubecker, Differentialgeometrie III
1181 Franz, Topologie I
1182 Franz, Topologie II
1183/1183a Nicolas, Finanzmathematik
1184 Endres, Verbrennungsmotoren II
1185 Endres, Verbrennungsmotoren III
1186/1186a Mellerowicz, Allgem. Betriebswirtschaftslehre IV
1187 Lau, Luther
1188/1188a Lehmann, Photogrammetrie
1189/1189a Päsler, Mechanik
1190 Stupperich, Melanchthon
1191/1191a Bräuer, Slav. Sprachwissenschaft I
1193 Fürstenberg, Wirtschaftssoziologie
1194 Wendt, Gesch. d. Volkswirtschaftslehre
1195 Ohm, Allgem. Volkswirtschaftspolitik I
1196 Ohm, — II
1197/1197a Onasch, Einf. in die Konfessionskunde der orthodoxen Kirchen
1198 Engel, Straßenverkehrstechnik
1199 Lausberg, Romanische Sprachwissenschaft III, 1. Teil
1200/1200a Lausberg, Romanische Sprachwissenschaft III, 2. Teil
1201/1201a Dehn, Versuche zur allgem. u. phys. Chemie
1202/1202a Nagel, Gesch. des christl. Gottesdienstes
1203 Wendland, Sozialethik
1204 Scheurig, Zeitgeschichte
1205/1205a Hofmann, Ideengeschichte d. soz. Bewegung
1207 Philipsborn, Erzkunde
1208 Lausberg, Romanische Sprachwissenschaft IV
1209/1209a Bock, Therm. Verfahrenstechnik I

Autorenregister

MIX
Papier | Fördert gute Waldnutzung
FSC® C083411

Zeitfracht Medien GmbH
Ferdinand-Jühlke-Straße 7
99095 Erfurt, Deutschland
produktsicherheit@kolibri360.de